宁夏牧草种质资源

伏兵哲 兰 剑 主编

科学出版社

北京

内 容 简 介

本书分为上下两篇。上篇牧草种质资源概述包括四章,分别为:牧草种质资源概况、牧草种质资源研究内容与方法、牧草种质资源创新与利用、宁夏牧草种质资源概述。该篇主要就我国牧草种质资源特点、研究现状、研究内容与方法、创新与利用以及宁夏牧草种质资源的概况、研究利用现状等方面进行了概述。下篇宁夏主要牧草种质资源包括四章,分别为:禾本科牧草种质资源、豆科牧草种质资源、菊科牧草种质资源、其他科牧草种质资源。该篇主要基于翔实的调查研究资料,对宁夏主要牧草资源的资源类别、分布、形态特征、生物学特性、饲用价值进行了阐述。

本书为从事牧草种质资源、牧草育种、草地资源、草地保护和饲草加工利用等方面的教学、科研、推广与管理人员,以及草学、植物学、动物科学等专业本科生、研究生提供参考。

图书在版编目(CIP)数据

宁夏牧草种质资源 / 伏兵哲,兰剑主编. —北京:科学出版社,2019.11
ISBN 978-7-03-062761-2

Ⅰ.①宁⋯ Ⅱ.①伏⋯ ②兰⋯ Ⅲ.①牧草-种质资源-宁夏
Ⅳ.① S540.24

中国版本图书馆 CIP 数据核字(2019)第 242602 号

责任编辑:刘 畅 刘 丹 / 责任校对:严 娜
责任印制:张 伟 / 封面设计:迷底书装

科学出版社 出版
北京东黄城根北街 16 号
邮政编码:100717
http://www.sciencep.com

北京九州迅驰传媒文化有限公司 印刷
科学出版社发行 各地新华书店经销

*

2019 年 11 月第 一 版 开本:787×1092 1/16
2020 年 1 月第二次印刷 印张:16 1/4
字数:396 000

定价:88.00 元
(如有印装质量问题,我社负责调换)

《宁夏牧草种质资源》编写人员

主 编	伏兵哲 兰 剑
副主编	李鸿雁 高雪芹 李小伟
参 编	李 俊 李克昌 张则宇
	周燕飞 李 雪 沙柏平
	周璐璐 周 瑶 梁丹妮
	蔡 伟 陈国靖 饶丽仙
	陶利波 李 杨 庞丁铭
	常 巍

前　言

　　牧草种质资源是经过自然选择、人工选择和长期演化形成的决定各种遗传性状的基因资源，是生物资源的重要组成部分，蕴藏着丰富的遗传基因；是天然的优良牧草基因库，具有潜在的资源优势和广泛的利用前景；是筛选、培育优良牧草种及其品种的素材和基因源；是我国草地畜牧业可持续发展的物质基础；是维持人类生存、维护国家生态安全的重要战略资源。

　　宁夏位于西北地区东部，黄河流域中上游，为腾格里沙漠、毛乌素沙漠与黄土高原交接地带，地形南北狭长，自北向南为贺兰山山地、黄河冲积平原、鄂尔多斯高原、宁中山地与山间平原、黄土高原、六盘山山地六大地貌区，平均海拔 1000m 以上。宁夏天然草原共分 5 个大类 38 个组 304 个型，总面积 244.33 万 hm^2，是宁夏生态系统的重要组成部分和黄河中游上段的重要生态保护屏障。宁夏因地理位置和地貌的多样性，气候和土壤的复杂性，形成了种类丰富、类型多样、品质优良的牧草种质资源。

　　本书分为上、下两篇。上篇主要从牧草种质资源概况、研究内容与方法、创新与利用以及我国和宁夏牧草种质资源的研究与利用现状等方面对牧草种质资源进行了概述。下篇基于翔实的调查研究资料，按照禾本科、豆科、菊科和其他科牧草进行划分，对宁夏主要牧草资源的资源类别、分布、形态特征、生物学特性、饲用价值进行了阐述。本书能够为从事牧草种质资源、牧草育种、草地资源、草地保护和饲草加工利用等方面的教学、科研、推广与管理人员，以及草学、植物学、动物科学等专业本科生、研究生提供参考。

　　本书是在宁夏农业育种专项"牧草种质资源创新与新品种选育"和"宁夏适生优质饲草新品种选育与良种繁育"项目资助下完成的。在此谨向给予项目资助的主管部门和领导表示感谢。同时，对参与本书编写的编者、科学出版社的编辑，以及在编写过程中给予过帮助的人们，表示诚挚的谢意。

　　由于编写人员水平和经验不足，书中难免有疏漏，敬请有关专家和广大读者批评指正，以便今后不断完善和补充。

编　者

2019 年 10 月

目　录

上篇　牧草种质资源概述

下篇　宁夏主要牧草种质资源

上篇

牧草种质资源概述

第一章 牧草种质资源概况

第一节 牧草种质资源概念、类别及价值

一、牧草种质资源概念

种质（germplasm）是决定生物遗传性状，并将遗传信息传递给子代的遗传物质，包括植物的个体、器官、组织、细胞，甚至包括控制植物某一遗传性状的单个基因。在遗传育种领域，把一切具有一定遗传物质或种质，并能繁殖的生物类型统称为种质资源（germplasm resources），由于种质资源包括一切含有遗传功能单位的遗传材料，在遗传学上也常把种质资源称为遗传资源（genetic resources）。种质资源是基因的载体，是经过自然和人工选择，以及长期演化形成的决定遗传性状的基因库（gene bank），其中可能蕴藏着丰富的有益基因，如控制产量和抗性等优良性状的基因和控制代谢的基因等，因此，种质资源又称为基因资源（gene resources）。

牧草种质资源（forage germplasm resource）是指所有牧草遗传物质及其所携带的遗传信息的总和。在植物分类及生态学水平上，牧草种质资源包括野生种、栽培种、近缘种、亚种、变种、变型、生态型及各种自然的突变体；在育种及品种水平上，牧草种质资源包括育成品种、地方品种、引进品种、野生驯化品种等，以及人工创造的种质材料；在个体水平以下，牧草种质资源还包括器官、组织、细胞、染色体、DNA 等。

二、牧草种质资源类别

牧草种质资源主要根据材料的来源进行分类，通常分为本地种质资源、外地种质资源、野生种质资源和人工创造的种质资源 4 类。

（一）本地种质资源

本地种质资源主要来源于当地的地方品种和适应当地推广的其他牧草品种。地方品种是指在当地条件下，经过长期生长和栽培所形成的类型和品种，是当地农牧民在长期

使用过程中，有意或无意地人工选择以及自然选择的结果，对本地区的自然条件、生态环境以及栽培利用方式具有最大的适应性。应当指出，必须要在当地栽培历史较长，时间一般在 30 年以上，具有较强适应性的品种才能认为是地方品种。通常认为它是一个混杂的群体品种，一致性相对较差，群体内个体遗传类型较丰富，蕴含着较丰富的可贵基因资源。地方品种虽然有许多优点，但在某些方面还不能满足生产上的要求，如产量较低、比较混杂、不耐肥、易倒伏等，不能适应现代农业技术水平的要求。在杂交育种时，需要与外来的优良品种杂交，以得到既能适应本地区自然条件，又具有外来品种优良性状的新品种。

（二）外地种质资源

外地种质资源是指从世界各国和国内各地收集来的种、品种或类型。它们反映着气候条件和土壤条件的多样性，并且具有多种多样的生物学性状和优良的农艺性状，如丰产性、抗病虫性等。外地种质资源虽然具有不少优点，但引入新的环境后，往往表现出一些缺点，最主要的是对本地条件的适应性差。因此，在育种工作中，可以与当地品种进行杂交，取长补短，达到培育出更理想品种的目的。

（三）野生种质资源

野生种质资源是育种工作中所应用的野生植物类型。该类型是在某一地区的自然条件作用下，由于长期自然选择形成的。它具有一般栽培品种所没有的顽强的抗逆性，对于恶劣的环境条件具有高度适应性。此外，野生植物类型常常携带着抗病、抗虫、抗旱、抗寒、耐盐碱等优良基因。但是，野生植物类型也常常带有若干不良的野生性状和特性，如落粒性强、种子休眠期长、裂荚、硬实率高、种子发芽不一致、产量低等。这些不良性状与特性常给栽培与育种工作带来一定困难。

野生种质资源的利用，一方面可以通过鉴定、筛选，作为野生栽培种利用；另一方面还可以通过驯化、选择和改良，转化为栽培品种；更多的是以野生种质为亲本，与需要改良的栽培品种杂交，把野生植物的有益性状转入栽培品种，进行品种改良。

（四）人工创造的种质资源

人工创造的种质资源是指经过人工杂交所获得的杂交组合、人工诱变所获得的变异材料、植物组织培养、原生质体培养及融合，甚至转基因的工程植株。它们携带有好的基因和人工诱导的遗传变异，但这些材料还必须经过一系列的育种过程，才能培育成新的品种。

三、牧草种质资源的重要价值

牧草种质资源是生物资源和生物多样性的重要组成部分，其自身价值可直接或间接地体现在社会经济发展和科学研究等多方面。国内外广泛开展了牧草种质资源价值的研究和利用，综合相关文献报道，牧草遗传资源的自身价值可归纳为以下 5 个方面。

（一）生态保育价值

牧草种质资源是形成草地植物群落的遗传基础，在维持草地生态系统稳定、保护生物多样性和维护草地健康等方面具有不可忽视的重要作用。国内外大量科学研究和生产实践证明，牧草根系发达，生态适应性广泛，在保持水土、改良培肥土壤和增加后茬作物产量等多方面具有重要价值。据报道，在坡地上种植紫苜蓿，每年流失水量是种植粮食作物的 1/16，土壤冲刷量是种植粮食作物的 1/9，坡度为 20° 的苜蓿地比同坡度的耕地减少径流 88%，减少冲刷量 97%，增加降水入渗量 50%。豆科牧草根瘤菌固定空气中的游离氮，能够有效增加土壤氮素，从而改善土壤肥力状况。苜蓿地年固氮可达 220～670kg/hm^2，相当于 470～1450kg 的尿素，种植 5 年的苜蓿，根量可达 3.7 万 kg/hm^2（鲜重），相当于 563kg 的尿素含氮量。同时，牧草的地下残体和地上凋落物等有利于增加土壤有机质含量，发达的根系有利于增加土壤孔隙和形成水稳性团粒结构，改善土壤物理性质。种植耐盐性牧草可有效改良盐渍化土壤。草田轮作能够减少病虫害，培肥地力，增加后作产量。

（二）遗传育种价值

牧草种质资源是改良和培育牧草新品种不可缺少的遗传物质基础，是其他作物抗性育种最有利用潜力的遗传资源。就牧草育种而言，在确定了育种目标之后，首先要选择原始材料，能否选择出适宜的原始材料在很大程度上决定了育种的成效，而原始材料的选择则依赖于对种质资源掌握的广度和了解的深度。大量的育种实践表明，新品种的选育，都是依靠现有种质资源中关键性基因的发现、研究和利用才获得突破的，没有好的种质资源，就不可能育成好的品种。

（三）科学研究价值

牧草种质资源是研究物种起源、演化、分类、亲缘关系的重要实验材料，是促进生物技术发展和应用不可缺少的生物资源。众所周知，研究植物起源与演化，必须以大量的植物种质资源为基础，如果不具备足够的种质资源材料，可能得出不完整或不正确的结论。此外，植物分类学、生理学、生物化学和遗传学等的理论研究和发展也依赖于大量包括牧草在内的植物种质资源研究。瓦维洛夫提出栽培植物起源中心学说的基础和依据是对世界 60 多个国家 25 万份植物种质资源的收集和研究。在掌握大量牧草种质资源的基础上，应用遗传学和生物技术等手段研究物种的起源、进化和亲缘关系等是当前国内外种质资源研究领域的热点。国内外学者应用染色体分析技术、等位酶分析技术、分子标记技术等与农艺学研究手段相结合，对牧草的起源和演化、亲缘关系、分类等方面开展了广泛研究，为相关学科的理论提供了有力支撑。因此，牧草种质资源对这些学科的基础研究和学科发展具有重要的科学研究价值。

（四）社会经济价值

牧草种质资源在种植业三元结构调整和优化、促进畜牧业经济良性发展、推进食品加工业的发展等方面具有重要作用和应用前景。牧草的青干草饲喂家畜可以替代粮食。据美国科学家研究，按能量计算，苜蓿替代粮食的替代率为 1.6：1，即 1.6kg 苜蓿干草相当于 1kg 粮食的能量。由于苜蓿富含蛋白质，如按能量和蛋白质综合效能，苜蓿的代粮率可达 1.2：1。种质资源是一切生命的基础，牧草种质资源是人类赖以生存和发展的宝贵财富。Harland（1970）指出，人类的命运将取决于人类理解和发掘植物种质资源的能力。因此，发掘和掌握牧草种质资源对人类食品安全和社会经济的可持续发展至关重要。

（五）文化教育价值

丰富多彩的牧草种质资源形成了千姿百态的植物种类，并进一步与生态环境因子结合构成了变化多样的生态系统和色彩斑斓的植被景观，无疑对人类文明和民族文化产生着深刻的影响。人与自然有着不解之缘，牧草种质资源的起源、演化、传播也与人类文明的进步和地域文化的历史变迁密切相关。从马背民族的诞生，形成逐水草而居和天人合一的民族文化，到生态旅游的兴起，形成回归自然、感受自然和保护生态的新文化理念，无不为牧草种质资源及其构成的草地资源打上文化的烙印。因此，牧草种质资源的自身价值不仅仅体现在物质形态上，也深刻地反映着深厚的文化内涵。从社会文化教育角度来看，牧草种质资源的演变就是一本与人类社会发展息息相关的自然演变历史的教科书，对于了解自然演变的历史和人类社会的变迁具有深远的意义。因此，牧草种质资源在国家经济发展、社会进步和人类文明等多方面具有重要的价值。

第二节　我国牧草种质资源特点与研究现状

一、我国牧草种质资源特点

我国地域辽阔、气候类型多样、生态条件极为复杂及畜牧业发展历史悠久等多种原因，使得我国牧草遗传资源不仅种类十分丰富，而且也极具特点，主要表现在如下几个方面。

（一）牧草种质资源种类丰富

根据 1994 年全国草地资源普查和牧草种质资源调查统计结果，我国有各类野生饲用植物 6704 种。2015 年全国草种质资源数据库统计表明，我国拥有各类草种质资源

8900 余种。在国产野生饲用植物中，绝大多数为被子植物，共有 177 科 1391 属 6262 种（包括亚种、变种和变型），其中优等和良等牧草分别为 295 种和 870 种。豆科中的优等和良等牧草分别为 90 种和 234 种，禾本科中的优等和良等牧草分别为 157 种和 404 种，其他 175 科中的优等和良等牧草分别仅有 48 种和 232 种（表 1-1）。由此可见，我国是世界上牧草种质资源最为丰富的国家之一，而且禾本科和豆科牧草种类较多，其优等和良等牧草种类也较多，饲用价值最高。

表1-1　我国野生牧草种质资源的种类组成及饲用价值等级

类别	科数	属数	种数	饲用价值等级			
				优等种数	良等种数	中等种数	低（劣）等种数
豆科	1	123	1231	90	234	181	726
禾本科	1	209	1127	157	404	68	498
其他科	175	1059	3904	48	232	569	3055
合计	177	1391	6262	295	870	818	4279

（二）牧草类型多样

在植物分类群及经济类群上，牧草主要有禾本科牧草、豆科牧草、杂类草、野生牧草、栽培牧草（育成品种、地方品种、引进品种和野生驯化品种）、近缘野生类牧草、逸生类牧草等类型。在生活型上，牧草主要有草本类、灌木类、小乔木与乔木类、一年生、越年生、短期多年生和多年生等类型。在用途上，牧草主要有放牧型、刈割型、刈牧兼用型、生态饲用型、防风固沙型、水土保持型、草坪型、观赏型、能源型等类型。

（三）优良栽培牧草的野生种、近缘种及逸生种非常丰富

世界上可供家畜采食的饲用植物种类很多，但在世界范围内被广泛栽培和利用的优良草种并不是很多。在我国，世界上著名栽培牧草的野生种、近缘种及逸生种非常丰富。主栽牧草野生类型 68 种。其中，禾本科 23 属 33 种，豆科 16 属 26 种，其他科 8 属 9 种。野生近缘植物 295 种，其中禾本科 30 属 146 种，豆科 21 属 124 种。珍稀濒危植物 60 种，其中国家一级保护 2 科 2 属 2 种，国家二级保护 19 科 17 属 19 种，国家三级保护 23 科 32 属 39 种。禾本科中优良牧草鸭茅，原产于欧亚大陆温带地区，现今在欧洲、亚洲、南美洲、北美洲及大洋洲有大量栽培，并培育出了许多优良品种，在我国新疆及西南诸省（自治区、直辖市）均有自然野生，以在伊犁草地产者最佳，具有植株高大、抗逆性强等特点，是培育高产、抗逆性强新品种的材料。虉草（*Phalaris arundinacea*）是原产于世界温带地区的野生优良牧草，最早在瑞典于 1749 年驯化栽培，至 1850 年北欧其他地方也开始栽培，随后在加拿大和美国栽培，现在南美

洲的阿根廷及大洋洲的澳大利亚均有栽培，且培育出了一些优良品种。䅟草在我国几乎全国都有野生，也有生态变异，是育种的好材料。冰草属（*Agropyron*）的冰草（*A. cristatum*）、沙生冰草（*A. desertorum*）、西伯利亚冰草（*A. sibiricum*）及根茎冰草（*A. michnoi*）于 1896 年开始栽培驯化，取得了极大的成效；美国于本世纪初引入前 3 种冰草，在美国西北部栽培也取得了很大成功，同时加拿大也已栽培成功。上述 4 种冰草的野生种，在我国东北、华北、西北地区有大量自然野生，且长势颇佳。新麦草原分布于俄罗斯的西伯利亚、中亚、蒙古国及我国新疆的天山、阿勒泰等地，美国从西伯利亚引入，已驯化栽培成特别适宜于北部平原种植的优良栽培牧草；在我国新疆伊犁草地生长者为株高可达 110cm、抗逆性强的野生种。草地早熟禾为原产于北半球温带地区的野生优良牧草，现已在欧洲的瑞典、荷兰、奥地利及丹麦，北美洲的加拿大及美国均有大量栽培，根据各国的需要培育出了许多优良栽培品种；在我国东北、华北、和西北地区有大量野生，且有不同的生态型，是育种的珍贵材料。羊茅属（*Festuca*）的苇状羊茅（*F. arundinacea*）、草甸羊茅（*F. pratensis*）及紫羊茅（*F. rubra*）是著名的优良栽培牧草，苇状羊茅和草甸羊茅在我国新疆有自然野生，紫羊茅在东北、华北、西北、华中及西南地区均有野生。豆科著名优良栽培牧草红车轴草（*Trifolium pratense*）、白车轴草（*T. repens*）、草莓车轴草（*T. fragiferum*）及绛车轴草（*T. incarnatum*），在世界农业栽培史上占重要地位。红车轴草原产于小亚细亚和欧洲南部，于 1500 年由西班牙传入荷兰和意大利，1550 年传入德国，英国 1650 年由德国引入，之后由英国殖民者带入美国；在我国新疆（天山）、内蒙古（大兴安岭）及黑龙江（小兴安岭）等地有自然野生，且种子成熟良好，抗逆性强，是培育红车轴草新品种的宝贵种质资源。白车轴草原产于欧洲，现在世界许多国家将其栽培作为放牧型牧草，培育出的品种很多；在我国东北、华北、西北及西南地区有自然野生，产伊犁草地者最佳，是珍贵的种质资源。百脉根（*Lotus corniculatus*）和细叶百脉根（*L. tenuis*）原产欧亚大陆温带地区，现已广泛栽培，并培育出了不少优良栽培品种，前者在新疆有野生，后者在内蒙古有分布。草木犀（*Melilotus officinalis*）和白花草木犀（*M. albus*）是著名的栽培牧草，在我国东北、华北、西北地区有自然野生，耐盐碱性较强，是重要的种质资源。

（四）种内的遗传类型丰富多彩

我国的自然条件复杂多样，广布型优良草种非常丰富。在长期不同生境及自然选择的作用下，种内形成了丰富多彩的生态型或遗传类型，在牧草遗传育种及相关科学研究方面有着很大的利用价值。例如，羊草在自然条件下叶片颜色有黄绿和灰绿两个类型；扁蓿豆有直立、斜升和平卧等不同植株类型；野大豆有叶形完全不同的多种类型；老芒麦则有早熟、中熟和晚熟 3 个类型；偃麦草有植株颜色不同的多种类型。

（五）特有种很丰富

我国牧草种质资源的特有种，指仅分布于我国境内而在其他国家没有自然分布的牧草种。由于我国疆域辽阔、自然条件复杂、受冰川影响较小，又有独特的青藏高原，因此特产于我国的牧草种类也较多。《中国草种质资源重点保护系列名录》中列有我国特有种 320 种，其中禾本科 52 属 182 种，豆科 27 属 83 种，其他科 21 属 55 种。例如，禾本科有黑紫披碱草（*Elymus atratus*）、短芒披碱草（*E. breviaristatus*）、青紫披碱草（*E. dahuricus* var. *violeus*）、紫芒披碱草（*E. purpuraristatus*）、无芒披碱草（*E. submuticus*）、沙芦草（*Agropyron mongolicum*）、毛沙芦草（*A. mongolicum* var. *villosum*）、乾宁狼尾草（*Pennisetum qianningense*）、陕西狼尾草（*P. shaanxiense*）、四川狼尾草（*P. sichuanense*）、喜马拉雅鸭茅（*Dactylis glomerata* L. subsp. *himalayensis*）、中华羊茅（*F. sinensis*）、华雀麦（*Bromus sinensis*）、长花雀麦（*B. inermis* var. *longiflorus*）、阿拉善鹅观草（*Roegneria alashanica*）、长芒鹅观草（*R. dolichathera*）等；豆科有甘蒙锦鸡儿（*Caragana opulens*）、阿拉善苜蓿（*Medicago alashanica*）、西藏野豌豆（*Vicia tibetica*）、海南木蓝（*Indigofera hainanensis*）、塔落岩黄芪（*Hedysarum leave*）、太白岩黄芪（*H. taipeicum*）、黑龙江野豌豆（*Vicia amurensis*）等；其他科有阿拉善沙拐枣（*Calligonum alaschanicum*）、鄂尔多斯韭（*Allium alabasicum*）、黑沙蒿（*Artemisia ordosica*）、藏沙蒿（*A. wellbyi*）、阿尔泰莴苣（*Lactuca altaica*）、华北驼绒藜（*Ceratoides arborescens*）、长毛垫状驼绒藜（*C. compacta* var. *longipilosa*）等。

　　综上所述，我国牧草遗传资源丰富多彩，是世界上牧草种质资源收集、挖掘及利用最具潜力的资源大国，占有十分重要的地位。从当前和未来的需求及资源保护战略分析，我国牧草种质资源挖掘利用潜力巨大，任务十分艰巨。

二、我国牧草种质资源研究现状

　　我国有计划地开展牧草种质资源研究工作始于 20 世纪 70 年代，大致分为三个阶段。第一阶段始于 1979 年，中国农业科学院草原研究所牧草种质资源研究室的成立，标志着我国开始有了专门从事牧草种质资源研究的机构，在这一阶段陆续开展了区域化的牧草种质资源考察。第二阶段始于 20 世纪 80 年代后期，国家作物种质库和中国农业科学院草原研究所国家种质牧草中期库建成并投入使用，在国家科技攻关和省部级相关课题的支持下，牧草种质资源收集进入起步阶段。这一时期牧草种质资源研究的主体是高等院校和科研院所，共收集保存各类种质资源 4888 份，入库保存 3500 多份。第三阶段以 1997 年中央财政设立"牧草种质资源保护项目"为起点，针对我国牧草种质资源收集保存数量少、保存方式单一、优势种质流失、高抗高产牧草品种匮乏、良种率低、良种繁育体系不健全等实际问题，在中央财政专项资金支持下，横向联合科研院所，纵向联合各级草原技术推广机构，以"广泛收集、有效保护、深入研究、积极创新、永续利用"为指导原则，重点开展牧草种质资源收集、保存、评价等一系列工作，使短期内种质资源入库量大幅增加，至此我国的牧草保种工作进入快速、全面发展阶段。

（一）我国牧草种质资源保护协作体系

根据不同气候生态区域、行政区划和技术力量分布情况，经过多年的磨合，在1998年由全国畜牧兽医总站（现为全国畜牧总站）牵头成立了10个国内区域协作组、1个国际引种协作组参与的牧草种质资源保护工作协作体系。即由全国畜牧兽医总站组织牵头，联合有关高等院校、科研院所和推广机构，建立东北、华北、华中、华东、华南、西南、青藏高原、内蒙古高原、黄土高原、新疆10个协作组和国际引种协作组，每个协作组负责联合片区内有关单位开展牧草种质资源联合收集，以及种质资源鉴定评价、遗传多样性分析、优异种质挖掘与创新利用等研究。各协作组名称及主要覆盖区域见表1-2。

表1-2 我国牧草种质资源保护工作协作体系

协作组名称	主要覆盖区域	牵头单位
东北协作组	黑龙江、辽宁、吉林	吉林省草原工作站（现为吉林省草原管理总站）
华北协作组	北京、天津、河北、山西、山东	中国农业科学院北京畜牧兽医研究所
华中协作组	河南、湖北、湖南、江西	湖北省农业科学院畜牧兽医研究所
华东协作组	江苏、上海、浙江、安徽	江苏省农业科学院畜牧研究所
华南协作组	海南、广东、广西、福建	中国热带农业科学院热带作物品种资源研究所
西南协作组	四川、云南、贵州、重庆	四川省草原工作总站
青藏高原协作组	西藏、青海	青海省畜牧兽医科学院草原研究所
内蒙古高原协作组	内蒙古	中国农业科学院草原研究所 内蒙古自治区草原工作站
黄土高原协作组	甘肃、山西、陕西、宁夏	甘肃农业大学
新疆协作组	新疆	新疆维吾尔自治区草原总站
国际引种协作组	国外	中国农业科学院北京畜牧兽医研究所

为了实现种质资源安全保存，牧草种质资源实行种子异地保存备份、无性材料异地保存和原生境保护等原则。目前，牧草种质资源保存体系形成了"1个中心库＋2个备份库＋17个资源圃"的保护格局。1个国家牧草种质资源中心库位于北京，归属全国畜牧总站管理、运行与维护。其前身为全国畜牧兽医总站畜禽牧草种质资源保存利用中心（简称"畜草中心"），始建于1992年，位于中国农业科学院北京畜牧研究所（现北京畜牧兽医研究所），主要包括1个牧草中期库和1个牧草短期库，设计保存能力为1.5万份。2008年、2009年中华人民共和国农业部（现为农业农村部）批准全国畜牧总站在顺义基地建设2个长期库、2个中期库和1个短期库，设计保存能力10.2万份。目前，全国畜牧总站国家牧草种质资源中心库现已形成2个长期库、3个中期库和2个短期库的保存体系，设计保存能力共11.7万份。

1个温带牧草种质资源备份库（中国农业科学院草原研究所国家种质牧草资源中期库）位于内蒙古呼和浩特，归属中国农业科学院草原研究所管理、运行与维护。牧草种质资源中期保存库始建于1986年，是我国第一家牧草种质资源保存中期库，于1988

年竣工投入使用。2006 年，中国农业科学院草原研究所对牧草种质资源中期库进行改扩建，建设 1 个中期库，包括 2 个库体，设计保存能力 2 万份。

1 个热带牧草种质资源备份库位于海南儋州，归属中国热带农业科学院热带作物品种资源研究所热带牧草研究中心管理、运行与维护。该库始建于 2006 年，1 个中期库共有 3 个库体，设计保存能力为 3 万份。同时，热带牧草种质资源备份库还建有 1 座离体保存库，设计保存试管苗 2 万份。

17 个牧草种质资源圃分布在我国不同的草原生态区内，分别位于吉林公主岭，河北廊坊，内蒙古呼和浩特、内蒙古和林，甘肃武威、天祝，青海西宁、同德、刚察，新疆乌鲁木齐、河静、察布查尔，江苏南京，湖北武汉，四川新津，云南寻甸和海南儋州，覆盖我国内蒙古高原、新疆山地、青藏高原等主要草原区和南方草山草坡、热带牧区，面积约 100hm^2，承担无性材料的繁殖、种子扩繁和性状描述等工作。

（二）牧草种质资源收集与保存现状

我国牧草种质资源收集工作真正开始于 20 世纪 80 年代中期，通过野外考察收集、全国征集和国外引进交换 3 种方式开展资源收集。截至 2016 年底，共收集牧草种质资源 65 660 份。其中，野外考察收集资源 107 科 692 属 2105 种 44 668 份；全国征集资源 21 科 119 属 231 种 3617 份；从俄罗斯、美国、CIAT 等 80 余个国家和国际组织引进资源 7 科 40 属 441 种 17 375 份。截至 2016 年底，安全入库保存牧草种质资源 55 811 份（表 1-3）。我国入库保存的草种质资源数量居世界第二。

表1-3　牧草种质资源保存种属统计表

保存方式	豆科			禾本科			其他科			合计份数
	属	种	份	属	种	份	属	种	份	
低温库	125	580	18 611	162	795	29 549	114	485	6 568	54 728
资源圃	4	4	8	24	27	247	11	13	346	601
离体库	4	4	21	1	1	61	1	1	400	482

（三）牧草种质资源鉴定、评价与利用现状

种质资源的鉴定和评价是种质资源利用的基础，目的是有效地利用野生牧草资源。1986～1995 年，我国牧草种质资源鉴定、评价和筛选利用均被列入了国家科技攻关项目，使牧草种质资源鉴定、评价和筛选利用步入初步发展期。以保护和挖掘利用为宗旨，经全国主要骨干单位 100 余人历时 10 年的深入研究，解决和提出了牧草种质资源鉴定、评价、筛选等方面的多项关键技术和方法，初步制定了全国统一的鉴定、评价项目、方法、指标和程序。鉴定了 3186 份牧草种质材料的生物学特性及农艺性状，对其中的 817 份材料进行了抗逆性、细胞学鉴定和研究，从中评选出具有突出优良性状的材料 142 份，筛选出可直接用于生产的优良草种 26 个，其中 9 个已通过国家审定和

登记，在生产上推广应用。

1996 年至今，通过国家科技基础专项、国家重点基础研究发展计划、国家科技基础条件平台项目、全国牧草种质资源项目及省部级项目的多方支持，牧草种质资源鉴定、评价和筛选利用有了长足的发展。通过农业部牧草种质资源保种项目 10 年的攻关协作，由全国畜牧兽医总站牵头的全国 20 余家单位，在内蒙古高原、西南、华北、黄土高原、华南、华东、华中、东北、青藏高原、西北广大区域范围内，累计完成了1.298 万份牧草种质的农艺性状鉴定评价和 8139 份种质的抗逆性鉴定评价，筛选出优异种质 396 份，其中抗旱 103 份、耐盐 176 份、抗寒 18 份、耐热 9 份、抗病 39 份、抗虫 14 份、耐重金属 37 份（表 1-4）；人工创造和筛选出牧草育种材料 69 种 96 份；完成了 5000 余份种质的繁殖更新及其标志性数据的补充采集，采集种质共性及特性数据约 200 万项、图像 2 万余幅，以此为基础自 1987 年至 2017 年审定登记牧草新品种533 个，其中育成品种 196 个、引进品种 163 个、地方品种 58 个、野生栽培品种 116个（表 1-5），在生产中产生了明显的经济效益、社会效益和生态效益。

表1-4　中国抗性鉴定评价和筛选优异种质的数量

性状	抗旱	耐盐	抗寒	耐热	抗病	抗虫	耐重金属	合计
抗性鉴定评价	2872	3002	673	170	1295	59	68	8139
筛选优异种质	103	176	18	9	39	14	37	396

表1-5　1987～2017年审定登记草品种种类统计表

科	育成品种			地方品种			引进品种			野生栽培品种		
	豆科	禾本科	其他科	豆科	禾本科	其他科	豆科	禾本科	其他科	豆科	禾本科	其他科
数量	81	104	11	35	16	7	58	92	13	30	69	17
合计	196			58			163			116		

（四）牧草种质资源保护相关标准、法律和法规的制定

牧草种质资源种类繁多，特征、特性各异，但基于其具备的共同特点制定了牧草种质资源的描述及其分级标准，以便对牧草种质资源进行标准化整理和数字化表达，有利于整合全国牧草种质资源，规范牧草种质资源的收集、整理、保存和评价等基础性工作，创造良好的共享环境和条件，搭建高效的共享平台，有效地保护和高效地利用牧草种质资源。牧草种质资源数据标准规定了牧草种质资源各描述符的字段名称、类型、长度、小数位、代码等，以便建立统一、规范的牧草种质资源数据库。2001 年，在中华人民共和国农业部畜牧兽医局和全国畜牧兽医总站的主持下，编制出《牧草种质资源保存利用中长期规划》《牧草种质资源搜集规程（试行）》《牧草种质资源圃建植管理技术规程（试行）》《牧草种质资源中期库管理技术规程（试行）》等和《牧草耐盐性鉴定方法（试行）》《多年生温带牧草耐热性鉴定方法（试行）》《牧草抗旱性鉴定方法（试行）》《牧草抗寒性鉴定方法（试行）》4 个抗逆性鉴定方法以及《草种质保存材

料送交入库规范（试行）》等规范及标准，初步统一了我国牧草种质性状鉴定的方法、标准以及种子发芽的方法及入中期库的生活力标准，为我国牧草种质资源有效保护和持续利用提供了技术保障。

（五）信息系统和国际合作平台的建设

中国农业科学院草原研究所从"六五"至"九五"开展了大量的研究，积累了丰富的数据信息，建立了我国第 1 个"全国牧草种质资源数据库信息服务系统"。根据中国从南至北热带、亚热带、暖温带、温带和寒温带自然地理分布规律以及牧草资源的特点，目前已建立了 15 个子库，累计信息量达 450 万字。在此基础上，通过国际合作研究项目，发展出多种语言的自动分类描述系统（CDELTA 系统）。牧草种质资源保护工作体系的各个基因库及国家长期库都相继建立了牧草种质资源数据库，大大提高了牧草种质资源保存、利用的工作效率，而且还在国际互联网上建立了牧草种质资源数据库，旨在实现国内、以致全球对我国牧草种质资源相关信息的共享。在国际合作方面，由中国农业科学院和国际家畜研究所（ILRI）共同组建的"中国农业科学院 - 国际家畜研究所畜禽牧草遗传资源联合实验室"。

第二章　牧草种质资源研究内容与方法

第一节　牧草种质资源收集

牧草种质资源收集（collecting）是指考察人员在野外或田间对某一牧草野生种或栽培品种、群体或野生居群进行调查和取样的过程。取样（sampling）是指采用一定的技术和方法，从总体中抽取部分个体的过程，包括对某一牧草野生种或品种选取代表植株、果实、种子等生殖器官的过程。它是牧草遗传资源研究最为基础的一项工作。牧草种质资源收集的对象主要包括牧草标本、分析样品、繁殖器官（大多数为种子或果实）等。

一、牧草种质资源收集目的

牧草种质资源收集的主要目的：①尽量全面、完整地获得草地植物的遗传变异材料，收集、繁殖入库，长期保存种质，保护遗传多样性，防止种质基因的遗失；②鉴定和筛选优良育种材料，扩大遗传基础和变异，培育或改良新品种；③进一步分离有益基因，用于饲草、粮食、食品、工业加工和医药等产业；④与各地、各国进行种质交换，给国内育种单位（者）提供育种原始材料。

二、牧草种质资源收集途径

牧草种质资源收集主要通过征集、考察收集和引种 3 种方式进行。

（一）牧草种质资源的征集

征集一般通过国家行政主管部门和科研单位，向全国或某地区（单位）发通知或公函，由当地人员收集并送给主持单位。征集的种质资源样本应描述清楚其特征特性等。

（二）牧草种质资源的考察收集

考察收集是指野外实际考察并收集牧草种质资源样本，考察收集的重点应当是牧草初生起源中心和次生起源中心、最大多样性地区、尚未进行过牧草种质资源调查和考察的地区，以及种质资源损失威胁最大的地区。采集样本时必须详细记录品种或类型的名称，产地的自然条件、栽培条件，样本的主要形态特征、生物学特性、农艺性状、采集时间和地点等。

（三）牧草种质资源的引种

引种主要是指不同国家、不同地区之间引进种质资源材料，试种表现优良的可以直接用于生产，优良品种和具有特异性状的材料均可以作为育种的原始材料。引种的途径有：派专家进行实际考察和收集、建立国际合作的交换关系、进行种质资源材料的交换等。但必须注意的是，要严格检疫，防止危险性病、虫、杂草随引种而传入。

三、野生牧草种质资源考察收集的内容与程序

考察收集一般由准备工作、考察收集、初步整理（包括技术总结）和临时保存四部分组成。准备工作包括确定考察地点、制订计划、组建考察队与技术培训、物资准备；考察收集包括野外实地调查，种质资源样本、标本及相关信息采集；初步整理与技术总结，包括种质资源样本、标本及数据资料整理和技术总结；临时保存包括收集的种质材料短期保存，编写考察收集名录及建立数据库。

（一）考察收集前的准备工作

1. 确定考察地点　考察应优先放在以下5类地区：①特有牧草的分布中心；②最大多样性中心；③尚未进行考察的地区；④种质资源损失威胁最大的地区；⑤具有珍稀、濒危种质资源的地区。

2. 制订考察计划　考察收集必须制定详细、周密的工作计划，包括：①考察目的和任务；②考察地区和时间；③考察队人员组成；④考察地点和路线；⑤考察和采集技术方法；⑥样本（标本）的整理和保存；⑦运输和检疫；⑧考察资料建档以及物资准备、经费预算等。

3. 组建考察队与技术培训　对某一地区的综合考察收集，一般组建10～20人的考察队。单一牧草的考察收集，可由2～4人组成。考察队应业务水平高、知识面广（特别是对拟考察收集的种质资源的识别能力强）、身体健康。对考察人员特别是未参加过考察的人员，要进行技术培训。培训内容包括：考察目的和任务；拟考察地区的农业生产、自然地理和社会情况、种质资源的分布；考察方法和注意事项，采集样本和标本的技术；植物学分类知识等。

4. 物资准备　考察需准备物资包括交通工具、采集样（标）本的用品（采集箱、样本夹、吸水纸、绳或带、样方框、放大镜、相机、GPS、卷尺、标签、秤、种子袋、镊子、文具、镰刀、指南针、望远镜、笔记本、地图、生活用品以及其他用品）。

（二）考察收集的方法

1. 考察收集时间　考察时间应根据牧草种类而定，如禾本科牧草的考察，最好在接近成熟期进行，如8～9月；某些豆科植物的考察，最好在9月底到10月初。

2. 样（标）本的采集　在牧草种质资源样本的采集中，取样策略、取样频率和大小、取样地点的确定是很重要的，应根据种质类型的不同和繁育方式的差异，采集适宜的种质样本。

1）采集方法：不同材料采取不同采集方法。例如地方品种，应在随机取样的基础上，尽可能将各类型采集齐全，使其尽可能代表该品种的基因型。野生近缘植物样本和标本的采集点，根据居群（亚居群）大小、生态环境和繁殖特性而定。分布于同一地区相同生态条件下的采集点的设置，小麦野生近缘植物间隔50km左右；野生大豆间隔2～10km。小居群种或伴生种或异交种，小麦野生近缘植物间隔100～150km设一个采集点。分布于同一地区不同生境的采集点的设置，阳坡、阴坡各设一个采集点；土壤有别时各设一个采集点；植被不同时各设一个采集点；湿度差异大时分别设采集点。海拔每升高100～300m设一个采集点。

2）采集数量：每个采集点采集样本的多少，应根据物种的居群大小、繁殖特性和遗传特点而定。总的原则是在财力允许的前提下，采集的居群、个体稍多为好。现以小麦野生近缘植物、野生大豆等野生植物为例。异花授粉物种和该物种是采集点的大居群种或优势种，应在500～1500m^{2}范围内随机采集。小麦的野生近缘植物采集100个样本或从100个植株上收获种子（每株取一穗），株间距10m以上。自花授粉植物或该物种是采集点的小居群或伴生种，应在一定范围内随机采集。小麦的野生近缘植物在500～1000m^{2}内采集20个样本或从20个植株上收获种子（每株取一穗），株间距大于10m。野生大豆采集30～100株的种子，每株的取种量应根据科研需要而定，采种间距10m以上；如果发现半野生型或其他特异类型时，单独采种。

3）考察收集数据采集表填写：牧草种质资源考察收集数据采集表的项目分为三部分：①共性信息，每一份样本必须填写的信息；②特定信息，指特定的种质类型填写的信息；③主要特征特性信息，每一份种质的主要特征特性，根据已掌握的或采集过程中可随即观察、测量的信息填写。

每一份种质材料均要做好以下基本内容记录：①编号；②种名：应尽量在现场定名，否则要采集其标本进行室内鉴定；③采集地：以行政地区、县（市）、乡（村、场）注明地点；④地理位置：方位或用GPS仪确定采集点经纬度、海拔；⑤草地类型；⑥植物区系；⑦环境条件：土壤类型、水分状况等；⑧采集日期；⑨其他：包括特殊性状、株型以及其他需要说明的事宜。

（三）收集材料的整理

每完成一地的考察，均应对获得的样本和资料进行整理和工作初步总结。首先应将样本对照现场记录，进行初步整理、归类，不漏掉未定名的种子，发现遗漏和疑问，及时进行复查和补充。对收集的种子及时进行种子清选、称重。如果是多个单位联合考察收集，还需进行分样，分别保存。

第二节　牧草种质资源保存

一、牧草种质资源保存的目的

种质资源的保存指的是维持或增强其生物多样性。保存种质资源的目的是维持样本的一定数量与保持各样本的生活力及原有的遗传变异性。种质资源保护的意义远远超过对某一物种的保护，目标必须是在每一个物种内保持足够的多样性以保证其遗传潜力在将来完全可用。

二、牧草种质资源保存的方式

牧草种质资源的保存有两个基本策略，即原位保存和异位保存。

（一）原位保存

原位保存指的是在进化的动态生态环境中保护种质资源，而这些是它们最初或自然生长的环境，保护范围包括自然的或人为创造的环境。在原来的生态环境中，就地进行繁殖保存种质，如建立自然保护区或天然公园等途径保护野生及近缘植物物种。这种方式不仅可以保存种质还可以保护不同的生态系统，可使农业系统知识得到延续，包括与之相联系的生物学和社会学知识。原位保存尤其适合于保存野生种和农家品种。原位保存可保存更多的种间和种内遗传多样性，这一点是异位保存技术无法达到的，不管是在野生条件下还是人类起决定性作用的人为环境中，原位技术都容许持续进化和适应性的发生。对于许多物种，这是唯一的保存方式。原位保存的主要缺点是：花费较高，尤其是在经济较发达地区。

（二）异位保存

异位保存必须从种质资源（种子、花粉、配子和植株）原始的生长环境中将它们转移出来，必须在种质圃或基因（种子）库中保护。异位保存的主要缺点是种的进化不再发生，因为其不再需要适应环境或是原生地的生物压力，同时选择和继续适应于原产地的进化过程也终止了。其他缺点还有，种质长期保存的完整性问题和异位保存植株的高比例突变，基因漂移的发生（由于样本收集和繁殖而造成的多样性自由流失）

和选择压力的增大（收集材料常常要在不同于其原生地的新生态环境中繁殖）。

1. 低温库保存　种子贮藏寿命的长短除受物种本身固有的遗传因素制约外，更取决于贮藏条件，包括种子含水量、温度、微生物、放射性元素、气体条件，采用适当的环境条件贮存，可延长寿命，其中贮藏温度和种子含水量是保持种子活力和生活力的最关键因素。与控制种子含水量相比，控制温度更容易而且安全可靠，因此种子贮藏都倾向于采用低温种质库。大多数植物种子在低温条件下能长期而稳定地保存，因而低温种质库成为主要的异位保存方式。我国主要采用以下方法。短期库（short-term storage）：温度20℃，相对湿度45%，牧草种子盛于布袋或纸袋内，可保持生活力2～5年。中期库（medium-term storage）：温度4℃，相对湿度45%，牧草种子盛放在密封的铝盒或铝箔袋中，密封，可保持种子生活力25年。长期库（long-term storage）：温度−18℃，相对湿度30%，牧草种子放入真空、密封的小铝盒内，可保持种子生活力75年以上。在低温种质库中，所有贮存种子的贮藏条件是相同的。因此，种子生活力丧失的快慢，就取决于种子本身的遗传因素和贮藏前的环境条件。不同物种的种子，其贮藏寿命由种子本身的遗传因素所决定，可分为短寿命、中寿命和长寿命三种类型。不同品种之间，种子生活力丧失差异也非常大。从繁种到入库贮存，种子质量可能受到几方面的影响：种子发育和收获时期的恶劣气候及其他不良环境因素；收获后的干燥、脱粒及运输等环节导致种子损伤；入库前处理，如临时存放、加温干燥或发芽检测方法不当等。

2. 资源圃保存　资源圃保存（种植保存）是把整个植物迁出其自然生长地，保存在植物园或种植园中。在我国，作育种用的资源材料主要由负责种质资源工作的单位或育种单位进行种植保存。来自自然条件悬殊地区的种质资源，在同一地区种植保存，不一定都能适应。因此，宜采取集中与分散保存的原则，把某些种质资源材料分别在不同生态地点种植保存。在种植保存时，每种作物或品种类型的种植条件，应尽可能与原产地相似，以减少由于生态条件的改变而引起的变异和自然选择的影响。在种植过程中应尽可能避免或减少天然杂交和人为混杂的机会，以保持原品种或类型的遗传特点和群体结构。

牧草资源圃种植保存的主要对象：①无性繁殖的牧草种类；②有性繁殖困难，不容易收到种子的牧草种类；③能收到种子，但种子不耐贮藏或短寿命种子的牧草种类；④特有、珍贵、稀有及濒危的牧草种类。目前，我国在中温带、暖温带、北亚热带、中亚热带、南亚热带、热带等建立起一批多年生牧草资源圃，总面积达10hm² 以上，保存着上百种多年生牧草。

牧草圃保存工作内容包括种质材料获得、隔离检疫、试种观察、编目与繁殖、入圃保存、管理与监测、更新复壮、扩繁、分发、信息资料处理等，工作程序见图2-1。

3. 超干贮藏技术　1986年，英国的Ellis将芝麻种子水分从5%降低至2%，发现可使其贮藏寿命延长40倍，这相当于将贮藏温度从20℃降低到−20℃的效果。超干贮藏的设想就是在此基础上提出的。种子超干贮藏，又称超低含水量贮藏，指将种子含

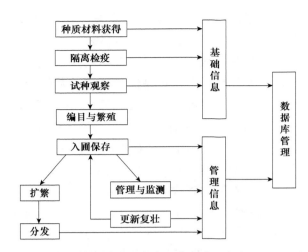

图 2-1   牧草资源圃种植保存工作程序（侯向阳，2013）

水量降至 5% 以下，密封后置于常温或稍微降温条件下贮藏种子的方法。它作为一项简便易行、经济实用，且又能延长种子贮藏寿命的种子保存技术，应用前景广阔。

不同种类种子的超干贮藏效果有较大差异，有的种子超干贮藏效果显著，也有的种子不适于超干贮藏。不同类型种子的耐干程度差异较大。高油种子具有较强的耐干性，小粒种子比大粒种子易于干燥和长期保存。油质种子水分比淀粉种子容易降低，在相同的贮藏温度和含水量下，种子寿命较短，这与油分的脂质氧化有关。种子寿命与水分含量的对数关系存在水分临界值。当种子含水量低于某值，种子寿命便不再延长，甚至会出现干燥损伤。换言之，各类作物的种子存在各自不同的超低水分临界值。

种子超低含水量主要通过干燥剂干燥、真空冷冻干燥和不同的饱和盐溶液等干燥方法而获得。用饱和盐溶液可以知道确切的相对湿度，但不方便，因此使用较少。真空冷冻干燥，对油料种子及小粒种子可快速达到超干目的，但对蛋白质类和淀粉类种子很难使含水量降到很低，因此，真空冷冻干燥在超干种子方面的应用是有一定限制的。目前，超干贮藏大部分是用干燥剂来获得超干种子，其中又以使用氧化钙和硅胶为最多。

种子超干贮藏技术能有效延长种子寿命，有着广泛的应用前景。但由于种子贮藏特性的多样性，最适含水量和具体贮存时间，还需进一步研究。

4. 离体保存   离体保存是将单细胞、原生质体、愈伤组织、悬浮细胞、体细胞胚、试管苗等植物组织培养物储存在使其抑制生长或无生长条件下，达到保存目的的方法。该法具有省时省力，不受自然生态因素影响，便于交流运输等优点。在20 世纪 70 年代后期和 80 年代早期，组织培养或离体培养技术已经开始在植物生理学研究、营养繁殖、病害根除和遗传操作中产生影响。离体保存技术有如下优点：①在控制环境条件下，离体技术系统可以发掘出很高的无性繁殖率；②简化了种质资源国际交流中的检疫程序；③储存空间小，转存运输轻松；④在理想的组织培养储存系统中，遗传侵蚀的发生概率为零；⑤借助于花粉和花药培养，可以产生单倍体植株；⑥作为杂交不亲和中胚拯救和受精胚培养的一种方式；⑦与维持大面积的田间收集库相比，减少了劳动和财经花费。离体保存缺点：①离体培养需要严格控制环境条件，如培养基的构成，而培养条件常常根据不同的种、亚种的培养而调整；②相关时间和劳力高投入用于培养和保存设施的建立；③由于污染或遗失标签造成的损失；④在培养过程中微生物感染的风险；⑤体细胞变异所累积的风险以及设备故障所造成的意外损失。

利用这种方法保存种质资源，可以解决用常规的种子贮藏法所不易保存的某些资源材料，如具有高度杂合性的不能异地保存的材料、不能产生种子的多倍体材料和无性繁殖植物等，可以大大缩小种质资源保存的空间，节省土地和劳力，另外，用这种方法保存的种质，繁殖速度快，还可避免病虫的危害等。目前，作为保存种质资源的细胞或组织培养物有愈伤组织、悬浮细胞、幼芽生长点、花粉、花药、体细胞、原生质体、幼胚、组织块等。

三、保存资料数据库的建立

种质资源的保存还应包括保存种质资源的各种资料，每一份种质资源材料应有一份档案。档案中记录有编号、名称、来源、研究鉴定年度和结果。档案按材料的永久编号顺序排列存放，并随时将有关该材料的试验结果及文献资料登记在档案中，档案资料存入计算机，建立数据库。

第三节　牧草种质资源鉴定与评价

鉴定和评价是牧草种质资源研究的重要手段和利用的基础。通常鉴定评价是在田间或实验室对形态特征、生物学特性、农艺性状、生理生化指标进行观察和测定。就牧草的特征、特性而言，是了解和认识牧草形态、生理、生化等性状，进而利用有价值的性状的方法和途径。

一、表型性状鉴定与评价

牧草种质资源利用的主要目的是培育适应不同需要的牧草品种和筛选可直接用于生产利用的优异种质材料。长期以来，牧草种质资源研究主要是对与栽培生产和品种培育密切相关的种质特征、特性和表型变异的研究。表型和基因型之间存在着基因表达、调控、个体发育等复杂的中间环节，因此，根据表型上的差异来反映基因型上的差异，通过表型变异来检测遗传变异是最直接也是最简便易行的方法。

（一）形态学性状鉴定与评价

形态学性状是人们最早利用的遗传标记，即肉眼可见的外部形态特征。不同牧草种质植物学性状的观测和描述方法是根据不同牧草种质的形态特点、分类及利用需要，在牧草生殖生长盛期（开花结实期），选择有代表性的植株，对各器官的基本形态参照牧草种质资源形态描述标准和规范术语进行观察、描述和记载；包括对植株的根、茎、叶、花、果实和种子的形态特征进行实地观测记载，一般主要观测各器官的形状、颜色、大小、色泽和表面附属物等性状。通常侧重于鉴定生殖器官，如花、花粉、果实和种子的性状特征与变异，目的是为确定种质的分类地位提供依据，同时也为种质资源类群划分、自然变异和优异种质筛选提供依据。

种质形态描述方法因质量性状和数量性状而不同。质量性状描述通常采用编码法，根据表型变异数量的多少分别采用二型编码（只有 2 种变型，如以"1"和"2"分别表示茎的 2 种颜色）、三型编码法（有 3 种变型，如以"1""2""3"分别表示花的 3 种颜色）和级次编码法（如以"1"…"5"分别表示花的 5 种颜色）。数量性状的描述方法通常有级差归类法（如节间长分为"1"＜20mm、"2" 20～50mm、"3"＞50mm 等级）、图示分级法（如株型有"1"直立、"2"半直立、"3"平卧等类型）和模糊归类法（如叶毛分为"1"疏、"2"中、"3"密等类型）等。

植物学性状的分析和评价通常采用比较形态学方法和生物数学方法，比较和分析不同种质间的形态变异，确定种质的分类地位，划分形态变异类群，筛选符合育种需要的亲本材料和用于栽培利用的优异种质。此外，将植物学性状鉴定结果与种质来源的生境环境因子结合进行比较分析，可以揭示表型变异与环境的关系，为遗传多样性分析提供依据。

对于质量性状和数量性状中的间断性变数资料，如茎节数、小花数等计数获得的资料，一般是通过统计某一性状在测定样本内出现的频率或次数来分析同一居群内不同个体间和不同居群间的差异，并以此推断野生种质材料的遗传变异程度，其统计结果通过次数分布表或分布图等直观地反映出来。

数量性状中的连续性变数资料，一般是采用统计分析方差（S^2）和标准差（S）的方法进行比较分析，计算公式为

$$S^2 = \frac{\sum_1^n (X - \overline{X})^2}{(n-1)}$$

$$S = \sqrt{S^2}$$

式中，X 为所研究性状测定值；$\overline{X}$ 为所研究性状平均值；n 为样本数。

方差和标准差反映的是居群内个体植株间变异幅度的大小，而居群之间变异程度的差异，通常采用变异系数（CV）来度量，计算公式为

$$CV = \frac{S}{\overline{X}} \times 100\%$$

变异系数是标准差（S）和平均数（$\overline{X}$）比值的百分数，同时受标准差和平均数的双重影响。用变异系数表示居群间相对变异程度时，需要同时列出平均数和标准差的值。由于表型是基因型和环境共同作用的结果，一些性状的遗传表达有时不太稳定，易受环境条件及基因显隐性的影响。

（二）农艺性状和生物学特性鉴定与评价

农艺性状鉴定与评价主要对与牧草栽培生产和品种选育密切相关的性状进行鉴定和评价，一般包括生育期、生长期（青绿期）、株高、牧草产量、种子产量、再生速度、再生草产量、结实率、千粒重等。对田间测定数据采用生物数学方法进行统计分析，并根据分析结果进行各农艺性状单项和综合评价。

生物学特性鉴定主要测定环境条件、物候期特性、生长发育特性等。通过对测定数据的综合分析，了解种质材料的生长发育规律、生育周期及其对温、光、水、土壤等环境因子的要求和适应能力。鉴定主要分为自然环境下鉴定和人工控制环境下鉴定。

1. 自然环境下鉴定　自然环境下鉴定有两种方法：①在地理条件、土壤条件和气候条件不同的自然地理区域栽培拟鉴定种质材料，通过观测和比较分析，鉴定种质材料在不同地区的适应性和不同种质材料间的生物学特性差异；②在同一地区的不同季节栽培种质材料，观测和比较季节间种质材料生长和产量形成规律，以鉴定种质材料对不同季节栽培的适应性差异。

2. 人工控制环境下鉴定　人工控制环境下鉴定是在温室、大棚、人工气候室等可调控设施中观测种质材料的生长发育状况及其对不同环境条件的适应性和需求变化，可以比较准确地鉴定种质材料对单一或复合环境因子最适应的范围和忍耐的极限，如温度、光照等。

二、抗逆性鉴定与评价

在植物生长发育期间，常常遇到干旱、水涝、盐碱、热害、寒害、冻害、风沙等恶劣环境条件，这些对植物生长发育不利的环境条件统称为逆境。牧草种质抗逆性鉴定与评价就是观测和比较不同牧草种质材料对逆境的反应程度。

（一）抗旱性鉴定与评价

1. 田间鉴定法　田间鉴定控制土壤水分的方法：①在同一地点，人工控制土壤含水量，包括人工灌溉等；②利用不同地点，天然形成不同的土壤含水量。田间鉴定法主要根据存活率、产量评价抗旱性。其优点是方法简便易行，既真实反映植物在不同干旱地区的生长状况，又有产量指标，结果很有说服力。但此法的缺点是受季节限制，所需时间长（尤其多点多年份的重复鉴定），工作量大，速度慢，每年结果可比性差，难以重复。

2. 干旱棚、抗旱池、生长箱或人工模拟气候箱法　将鉴定品种种于可人工控制水分及其他环境条件的干旱棚、抗旱池、生长箱或人工模拟气候箱内，进而可研究不同生育期内水分胁迫对生长发育、生理过程或产量的影响，或以田间自然土壤水分状况为对照，比较指标的变化来评价作物的抗旱性。但该法需要一定设备，能源消耗大，不能大批量进行。同时干旱棚与大田的环境条件差异可能带来试验误差。

3. 土壤干旱胁迫法 通过控制盆栽植物的土壤含水量造成植株水分胁迫来鉴定植物抗旱性。①苗期反复干旱法：三叶期进行干旱处理。在 50% 幼苗达到永久萎蔫时浇水使幼苗恢复，再干旱处理使之萎蔫，重复 2～3 次，以最后存活苗的百分率评价品种苗期抗旱性。②土壤干旱法：从拔节初期开始控水至成熟，盆土含水量用称重法控制，将干旱处理分为对照、轻度干旱、中度干旱、重度干旱 4 种水分胁迫梯度。③土壤缓慢干旱法：用人为称重控水的方法，以土壤含水量每日减少 7%～10% 的脱水速率，经 7～10d，降至严重干旱。土壤干旱胁迫法简便易行，结果可靠，缺点是结果说明的是个体而非群体，但在选育抗旱品系中很有意义。

4. 高渗溶液法 用聚乙二醇（PEG）、蔗糖、葡萄糖或甘露醇溶液等进行干旱模拟，造成植物的生理干旱。观察种子萌发和植株能否正常生长发育，根据种子萌发百分率或活力指数评价品种苗期的抗旱性。抗旱性鉴定首要问题是抗旱性指标的选择，抗旱性指标有百余种，但简便、实用又准确可靠的指标却不多，归纳起来有形态指标、生理生化指标、生长发育指标、生产性能指标、直接指标、间接指标等，如根、叶部形态指标，相对含水量，叶水势，细胞膜透性，脯氨酸含量，酶活力，根冠比，产量等。牧草种类、品种繁多，对干旱适应表现出多样性。因此，研究者从不同角度出发，分别对牧草的生态学、解剖学、形态学、生理学的抗旱表现进行了深入研究，提出了各种抗旱性鉴定指标，包括：①形态特征、产量鉴定指标；②生理生化指标，包括渗透调节物质、酶活性、光合作用与呼吸作用强度、内源激素含量等；③综合评价指标。

（二）耐盐性鉴定与评价

牧草品种的耐盐性鉴定是耐盐品种选育的基础，所以国内外学者非常重视耐盐种质资源评价工作。我国自 20 世纪 80 年代以来开展了大量的耐盐性植物种质资源评价工作。

目前，国内外对牧草耐盐性的评价主要集中在发芽期和幼苗期，主要是因为这两个时期是牧草对盐胁迫最敏感和生长最重要的时期。但实际上，植物的耐盐性是随个体的发育阶段而变化的。牧草的耐盐性评价采用的盐胁迫溶液主要有 $NaCl$、Na_2CO_3、$NaHCO_3$、Na_2SO_4 等的溶液。有研究者认为用单盐溶液易引起植物单盐毒害而影响测定结果，因此建议用不同阴离子的钠盐配制胁迫溶液。还有的研究利用实验地盐结皮加蒸馏水过滤，此法接近于大田的实际盐分情况，取得了较好的实验结果。但目前使用最多的还是 $NaCl$ 溶液，因其易于操作，而且由于单盐毒害作用，评价筛选出来的材料也许更耐盐。

近年来各国学者对植物抗旱、耐盐碱生理生化基础进行了研究，主要涉及水分以及盐胁迫下植物渗透调节物质的合成、光合与代谢等方面的研究。常采用的指标主要有：形态指标（种子发芽率、幼苗存活率、生物量、株高、根长、苗高等）、生理生化指标（渗透调节、生物膜以及光合系统等有关指标），以及选择几个代表性的指标进行综合性评价。

（三）抗寒性鉴定与评价

温度是影响植物生长及分布的重要环境因素，也是危害农业生产的主要自然灾害之一。低温对植物的影响包括冷害（0℃以上低温引起的伤害）和冻害（0℃以下低温造成的伤害）两种。低温是限制植物自然分布和栽培区带的主要因素，它影响植物的生长代谢，引起植物相关生理生化指标的变化，导致植物受到伤害、减产，甚至死亡。对牧草资源进行抗寒性评价，是研究牧草的抗寒性，进行牧草抗寒育种的需要。

鉴定植物抗寒性既需要合适的研究方法，也需要建立在合适研究方法基础上的量化指标。植物抗寒性与植物的生产及应用密切相关，因此受到各国学者的普遍关注。研究的指标涉及形态结构、质膜透性、过氧化酶类、渗透调节物质、光合和呼吸途径等。

测定方法有田间抗寒性测定、越冬率测定、幼苗冷冻法、黄化苗生长量测定、人工气候室抗寒性鉴定、电导法测定细胞耐冻性、根系可溶性糖浓度测定等。

1. 田间直接鉴定

1）试验方法：小区面积为 2m×3m，3 次重复，随机区组排列。以苜蓿为例，热带苜蓿属春播，温带苜蓿属秋播，可采用穴播或条播，在气候寒冷的地区亦可夏播或春播。出苗后加强田间管理，穴播需及时间苗，每穴保留 1 株，试验期一般不灌溉。根据当地生产条件，也可适当灌溉，同时记载灌水量。这种方法适宜在多点多年进行，并分析多种自然因素，提高试验的准确性和可靠性。

2）观察记载项目：包括物候期、株高、留茬高度、秋季枯黄期、越冬返青期、越冬死亡率、返青率、越冬返青后的生长表现及产草量以及田间管理等。结合冬季气象观测资料及降雪、降水状况分析其越冬适应性。越冬存活率及死亡率应根据越冬前、后成活或死亡株数计算，亦可根据小区目测调查估算，但应注明调查估算方法。

2. 实验室间接鉴定　植物组织逐步受到零下低温胁迫后，细胞膜受害逐步加重，透性发生变化，细胞内含物外渗，使浸提液电导率增高。活组织受害越重，离子外渗量越大，电导率也越高，表明植物抗寒性越弱，反之，则抗寒性越强。

1）幼苗培养：采用沙基培养。试验种子用 5% NaCl 溶液消毒，播种在塑料培养盒（35cm×25cm×15cm，下有排水孔）中，播种深度 2cm，喷适度的自来水，移入培养箱中，出苗后改用 Hongland 营养液培养。生长箱内昼/夜温度为（22+1）℃/（18±1）℃，相对湿度为 70%±110%，光强为 8000～85 000lx，光期 12h。

此外，幼苗培养也可采用塑料棚内塑料箱育苗，还可在田间育苗。

2）低温处理：待幼苗长出 6～7 片叶后，每一种采取整株幼苗 1～2g，用自来水冲洗 3 次，用滤纸吸干水分，放入冰箱，在 5℃下放置 2h。对每种鉴定材料在生长箱进行不同温度（-5℃、-10℃、-15℃、-20℃、-25℃、-32℃）和不同时间（1h、2h、3h、4h、5h）处理，至少 6 次重复。采用控温仪监控温度，温度仅允许 ±1℃的波动。

低温处理后的幼苗再冻 1h 后，进行细胞膜相对透性的测定。

低温处理的材料，也可以采用 90d 苗龄，同位、同色的叶片。

3）相对电导率及拐点温度指标测定：将低温处理的幼苗用无离子水冲洗 3 次，放入试管中，每管装 5ml 无离子水，用玻璃棒压入水中，真空抽气 15min，振荡 10min，1h 后测定初电导率。然后，把试管加塞放入沸水中煮 10min，冷却到室温后，测定煮沸电导率。细胞膜透性变化用相对电导率表示。

$$相对电导率 = \frac{初电导率}{煮沸电导率} \times 100\%$$

三、抗病性和抗虫性鉴定与评价

（一）抗病性鉴定与评价

抗病性是种质资源抵御病害发生的潜能。抗病性表现是植物各种性状中变异性比较大的，是多种因子相互作用的综合表现，其中生物因子包括寄主和病原物两类。植物抗病性表现受寄主抗病性基因型、病原物致病基因型及寄主植物生存环境的影响。由于牧草多是异花授粉，种质材料之间、同一种质材料不同个体之间、同一植株不同生育期和不同部位之间都存在差异。病原方面的变异有菌系间致病力和毒性的差异，数量、繁殖速度和分布的差异。环境方面的变异有气象因子差异、栽培条件差异和人为影响因素的差异。由此可见，在进行抗病性鉴定时要尽可能消除种质材料以外的因素引起的误差，保持环境条件标准化、接种方法规范化和病原物遗传稳定性等。

牧草种质资源抗病性鉴定主要包括直接鉴定和间接鉴定。

1. 直接鉴定

1）田间鉴定：将待鉴定的种质材料播种到自然发病率高或人工接种病原物的病圃内，在田间条件下进行自然诱发鉴定和人工诱发鉴定。

2）室内鉴定：在温室或人工气候室环境条件下进行。

3）病情调查与统计：植物抗病性评价通常采用发病率、严重度和病情指数进行病情调查和统计。发病率是表示群体中发病情况的指标，用百分数表示，如病株率、病叶率、病穗率等，其计算公式为

$$发病率 = \frac{病株或病器官数}{调查总株数或总器官数} \times 100\%$$

严重度是表示个体发病情况的指标，按发病严重程度定级。一些症状连续的病害，不能简单地把感病株和未感病株截然分开，因此用严重度表示，其计算公式为

$$严重度 = \frac{器官染病面积或体积}{器官总面积或总体积} \times 100\%$$

病情指数是发病率和严重度的综合值，是将发病率和严重度结合在一起，来全面

说明病害发生程度的指标。它是根据一定数目的植株（或器官），按发病程度将病株（或器官）分成不同的级别，按各病级统计发病株（或器官）数，用以表示平均发病程度的数值。根据病情指数可判断种质材料的抗病能力。

$$病情指数 = \frac{\sum[病级株（器官）数 \times 病级代表数值]}{[株（器官）数总和 \times 发病最高级的代表数值]} \times 100\%$$

2. 间接鉴定　植物受到病原物侵染后，会产生一些特殊的代谢产物。这些物质的产生可能是植物体的保卫反应，也可能是同与病原物代谢活动的结果。检测这些物质的量，可作为牧草抗病性鉴定的指标，如毒素的测定、植物保卫素的测定、酶活性测定、同工酶电泳、血清试验等。间接鉴定只能建立在直接鉴定，特别是田间鉴定的基础上，作为田间鉴定的辅助手段。

（二）抗虫性鉴定与评价

抗虫性鉴定是牧草抗虫研究的基础，鉴定的准确性和标准性直接影响种质材料的筛选、品种选育、遗传研究等。目前抗虫性鉴定主要是无控制条件下的自然虫源的田间鉴定，鉴定结果的一致性难以保证，而温室条件下，害虫的危害能力有所下降，因此，鉴定结果的准确性也很难得到保证。所以，对牧草的抗虫性应进行控制条件下的标准化精准鉴定，以提高鉴定的一致性和准确性。

牧草的抗虫性鉴定主要采用田间目测法和室内人工接虫鉴定法。

1. 田间目测法　利用自然虫源鉴定牧草对害虫的抗性，特别是对食叶性、刺吸性等害虫的鉴定时，常采用田间目测法。一般是以叶片的损失率作为评价标准，也就是用受害叶面积占总叶面积的百分比进行抗虫性评价。同时也可采用虫口密度作为抗虫性评价指标。

2. 室内人工接虫鉴定法　在温室或人工气候室环境条件下进行人工接虫鉴定时，一般以单株虫口密度作为危害指数，将危害指数分成不同的级别，根据不同级别的危害指数来确定牧草种质材料的抗虫性。在进行抗虫性评价时，还要考虑植株的受害状况及损失情况。

四、品质鉴定与评价

牧草营养价值（化学成分）、采食量和消化率是决定家畜生产性能的主要因素，这三个因素不仅受家畜和牧草等其他因素的影响，三者之间也存在着相互作用。

牧草营养品质的优劣不仅影响家畜的生长发育，也影响畜产品的品质。牧草品质评价包括适口性、消化率、营养价值、有毒有害成分含量等。牧草的适口性影响家畜的采食，牧草消化率的高低影响家畜对营养物质的吸收。牧草的营养价值取决于所含营养成分。其中，粗蛋白质和粗纤维含量是两项重要指标，提高粗蛋白质含量，降低粗纤维含量是提高牧草营养价值，改善牧草品质的重要手段。

（一）适口性

适口性是评价牧草品质的基本指标，主要指牧草为家畜提供的视觉、味觉、嗅觉和触觉刺激的能力，反映了家畜对牧草的喜食程度。适口性好，家畜喜食，采食的速度加快从而采食量增加，有利于家畜的生长；而适口性不好的牧草，家畜厌食，采食量下降而不利于家畜的生长。一种牧草能长期为家畜喜食，同时能保证家畜的健康和正常生产性能，就是营养价值高的表现。牧草适口性主要受两方面的影响：①牧草本身的特征，如植物的化学成分（含蛋白质多，消化率高的适口性好）、生长期（幼嫩时家畜喜食，之后适口性呈下降趋势）和形态特征（绒毛、刺、株高）等；②家畜种类、体况、年龄、健康、饥饿程度及气候、季节等因素。对牧草适口性评定通常以同一种家畜为标准，对不同种类、不同调制状态和生育期的牧草进行评定，有利于草原畜牧业生产在时间、空间上作出安排。

1. 适口性评价方法　一般采用直接观察法和访问调查法。

1）直接观察法：在同一个放牧地或饲养场，在一昼内（早晨、中午、午休前后、晚上等）对许多家畜进行系统的若干次观察，可得到有关牧草对牲畜适口性的更详细的资料。

2）访问调查法：为了获得较可靠的资料应在每个居民点详细讯问几个人（放牧员、饲养员、挤奶员），查明什么植物、何种家畜、在什么情况下、嗜食程度如何。因为同一种植物有不同的当地名称，所以在询问时一定要指明所询问的是腊叶标本还是专门采集的植物。询问的资料登记在表格上。

2. 适口性等级划分　根据采食状况，将牧草分为嗜食、喜食、乐食、采食 4 个等级。

1）嗜食：家畜特别喜食的植物，在任何情况下都挑选采食，表现很贪食，适口性属优等。

2）喜食：家畜喜食的植物，一般情况下都吃，但不专门从草丛中挑选着吃，适口性良好。

3）乐食：家畜经常采食，但不像前两类那样贪食喜爱，适口性中等。

4）采食：家畜可以吃，但不太喜食的植物，只有在上述植物被吃掉后，才肯采食的，适口性中下等。

（二）消化率

牧草的消化率是评价其营养价值的主要指标之一。牧草消化率的高低影响家畜对营养物质的吸收，提高牧草所含营养物质的消化率，也就提高了牧草单位干物质中的可消化营养成分，从而有利于家畜的生长。可消化程度越高的牧草，对家畜的营养价值越大；相反，可消化程度低的牧草，单位时间内不能被家畜充分消化，不能充分提供给家畜用以维持生存和生产需要的营养，所以牧草的消化率与家畜的生产性能之间存在高度的正相关。

测定牧草消化率的方法很多，如全收粪法、Cr_2O_3 指示剂法、瘤胃瘘管尼龙袋法等。其中，瘤胃瘘管尼龙袋法为常用方法。

（三）营养价值

营养价值的高低是评价牧草是否优良的重要指标。营养价值的评定包括植物体内含有可以为草食动物利用的营养物质的品质与数量。测定牧草中各种营养成分的含量是测定其营养价值的一种基本方法。

1. 概率养分指标　评价指标有粗蛋白质、粗脂肪、粗纤维、粗灰分与无氮浸出物、钙、磷和胡萝卜素。

2. 纯养分指标　评价指标有各种常量矿物质、微量元素、维生素，以及蛋白质中的各种氨基酸和粗纤维中的纤维素、半纤维素、木质素，还有无氮浸出物中的淀粉、五碳糖、六碳糖及其他糖类。

3. 总能量指标　即单位重量牧草干物质的能量含量。

概率养分指标数据容易获得，可根据营养成分的多少，将牧草划分为蛋白质饲料、能量饲料、纤维饲料等。纯养分指标的数据较难获得，多在科学研究中使用。总能量指标的数据也容易获得，其优点是只用一个测定指标，概括性强，缺点是各种饲草的总能量差异性不大，难以区分优劣，但它是牧草营养价值进一步评定消化试验和代谢试验的基础数据，因此，这一指标仍然很重要。

主要营养成分（水分、粗蛋白质、粗脂肪、粗纤维、粗灰分、钙、磷以及氨基酸）的测定方法，可以参考《苜蓿种质资源描述规范和数据标准》《中国饲用植物化学成分及营养价值表》以及中华人民共和国国家标准《饲料中粗蛋白的测定　凯氏定氮法》（GB/T 6432—2018）、《饲料中粗脂肪的测定》（GB/T 6433—2006）、《饲料中粗纤维的含量测定　过滤法》（GB/T 6434—2006）、《饲料中水分的测定》（GB/T 6435—2014）、《饲料中钙的测定》（GB/T 6436—2018）、《饲料中总磷的测定　分光光度法》（GB/T 6437—2018）、《饲料中粗灰分的测定》（GB/T 6438—2007）等。

（四）有毒有害成分

牧草中的有毒有害成分是指动物采食后对其自身健康有损害作用的物质。牧草中有毒有害物质的种类很多，主要有苷类（皂苷、氰苷、百脉根苷）、硝酸盐、生物碱类（麻黄碱等），以及有毒氨基酸（β-草酰氨基丙酸）等。这类物质有的使家畜中毒表现明显，如家畜死亡；而很大一部分则表现为流产、繁殖力降低、慢性或者营养性疾病等。

牧草中常见有毒有害成分如下。

1. 单宁　单宁对反刍动物的影响表现为两面性。一方面，单宁与口腔唾液蛋白结合，产生不良的涩味和收敛性，降低动物的摄食量，从而影响其日增重、消化率、净毛率和酮体品质，降低其生产性能。单宁与动物消化道内微生物分泌的酶结合使其活性丧失，减慢饲料的消化速度，延长胃的排空时间，从而降低摄食量。缩合单宁在消化道中可与蛋白质结合形成不溶性化合物，也可与钙、铁和锌等金属离子化合形成沉淀，从而降低它们的利用率。单宁对肠道微生物的广谱抑菌性，使动物对含单宁饲草的消化能力降低，影响动物对蛋白质、纤维素、淀粉以及脂肪的消化，降低牧草的营养价值。另一方面，由于单宁可与植物蛋白质结合，反刍动物采食适量的含单宁饲草后，减少瘤胃可降解蛋白质，增加过瘤胃蛋白质的比例，从而提高反刍动物利用蛋白质的效率。单宁可提高动物的生产性能和抗病能力。缩合单宁具有提高反刍动物繁殖性能的作用。单宁对动物的寄生虫也有一定的抑制作用，因此饲草中的缩合单宁可作为非化学替代性驱虫剂。缩合单宁可减少草食动物膨胀病的发生，温带豆科牧草中的苜蓿、红车轴草、白车轴草和沙打旺等都缺少单宁，而不引起膨胀病的百脉根、红豆草、冠状岩黄芪等豆科牧草的植株及叶片中含有缩合单宁。

2. 硝酸盐及亚硝酸盐　亚硝酸盐吸收入血后，亚硝酸离子与血红蛋白相互作用，使正常的血红蛋白氧化成高铁血红蛋白，从而使血红蛋白失去携氧功能，引起机体组织缺氧。母畜长期采食硝酸盐、亚硝酸盐含量较高的饲草，可引起受胎率降低，并因胎儿高铁血红蛋白血症，导致死胎、流产或胎儿吸收；硝酸盐含量高时，可使胡萝卜素氧化，妨碍维生素 A 的形成，引起维生素 A 缺乏症；硝酸盐和亚硝酸盐可在体内争夺合成甲状腺素的碘而致甲状腺肿，且参与致癌物 N- 亚硝基化合物的合成。

3. 草酸及草酸盐　一般来说，绿色植物中或多或少含有草酸或草酸盐，含草酸或草酸盐的植物具有某种适口性，只有植物中草酸含量达到 10%（干重）以上，才会对动物构成潜在威胁。

草酸盐在消化道中能与二价、三价金属离子如钙、锌、镁、铜和铁等形成不溶性化合物，不易被消化道吸收，从而降低这些矿物质元素的利用率。大量草酸盐对胃肠黏膜有一定的刺激作用，可引起腹泻，甚至引起肠胃炎。可溶性的草酸盐被大量吸收入血后，能夺取体液和组织中的钙形成草酸钙沉淀，导致低钙血症而扰乱体内钙的代谢。长期摄食可溶性草酸盐，草酸盐从肝脏排出时易形成草酸钙结晶在肾小管腔内沉淀，可导致肾小管阻塞性变性和坏死，严重者出现尿毒症。

4. 苷类物质　牧草中存在的主要苷类物质如下。①氰苷：氰苷本身不表现毒性，但含有氰苷的植物被动物采食、咀嚼后，植物组织的结构遭到破坏，氰苷经过与共存酶的作用，水解产生氢氰酸（HCN）而引起动物中毒。反刍动物由于瘤胃微生物的活动，中毒状况出现较早且较敏感，牛最敏感，羊次之。一般来说植物每 100g 干物质中，氢氰酸含量超过 20mg 就有引起急性中毒的危险。长期少量摄入含氰苷的植物也能引起慢性中毒。②硫代葡萄糖苷（简称硫苷）：本身不具备毒性，只是其水解产物如硫氰酸酯、异硫氰酸酯等有毒性。硫氰酸酯有辣味，严重影响适口性，高浓度的硫氰酸酯对黏膜有强烈的刺激作用，长期或大量采食可引起胃肠炎、肾炎及支气管炎，甚至引发肺水肿。硫氰离子（SCN⁻）与碘离子竞争而导致甲状腺肿，可使动物生长缓慢。③皂苷：皂苷多具苦味和辛辣味，影响适口性。皂苷一般溶于水，有很高的表面活性，其水溶液经强烈振摇产生持久性泡沫，且不因加热而消失。反刍动物因受瘤胃微生物的影响，摄入皂苷后不会降低血浆及组织中的胆固醇含量，但可降低瘤胃甲烷排放。皂苷水溶液能使红细胞破裂，具溶血作用。当反刍动物大量采食新鲜苜蓿时，由于皂苷具有降低水溶液表面张力的作用而形成大量持久性泡沫。当泡沫不断增多，导致瘤胃鼓气，严重干扰反刍动物的进一步取食，引起牲畜厌食甚至死亡。

5. 生物碱　生物碱是植物体内一类含氮有机化合物的总称。大多数生物碱存在于双子叶植物中的根、叶和果实中，如毛茛科乌头属和飞燕草属植物含有的乌头碱、牛扁碱等剧毒成分。包括千里光碱、野百合碱、天芥菜碱等双稠吡咯烷类，金雀花碱、羽扇豆碱等双稠哌啶烷类在内的生物碱有强烈的肝脏毒性，并有致癌、致畸作用。

6. 有毒蛋白质、肽类及氨基酸　蛋白质及多肽，如酶、激素、转运蛋白和抗体等这一大类物质中，有些对产生其自身的生物体无毒，但对其他生物体有毒性作用。例如，存在于大戟科植物茎叶和种子中的蓖麻毒蛋白在幼嫩的新茎叶中含量为 0.7%～1%，干叶中 3.3%，籽实中 2.8%～3%。蓖麻毒蛋白具有溶血作用，能使血液凝集和红细胞溶解，并使内脏组织细胞原生质凝固；还作用于中枢神经，使其麻痹。另外，巴豆含有巴豆毒蛋白，刺槐含有刺槐毒素，相思豆含有相思子毒蛋白。银合欢虽然是热带地区一种不可多得的饲草，但它含有含羞草素，其进入瘤胃后便分解为致甲状腺肿物质 3,4- 二羟基吡啶（DHP）。

7. 蛋白酶抑制物　蛋白酶抑制物本身是蛋白质或蛋白质的结合物，具有一般蛋白质的营养价值，但活性很高时却能抑制某些酶对蛋白质的分解，从而降低蛋白质的利用率。在所有的植物中都含有能抑制某些酶的蛋白质水解活性的物质，尤其是豆科植物。最常见的蛋白酶抑制物存在于植物种子中，可以降低动物对蛋白质的利用率，抑制动物生长和引起胰腺肥大。其原因是它能抑制肠道中蛋白质水解酶对饲料蛋白质的水解作用，从而阻碍动物对饲料蛋白质的消化利用，导致动物生长减慢或停滞。

8. 脂肪族硝基化合物　脂肪族硝基化合物是带有硝基的吡喃化合物，本身没有毒性，在动物消化道内分解成带有硝基的硝基丙酸或者硝基丙醇被吸收进入血液循环，作用于中枢神经系统，影响动物的控制、协调等自主应答能力。含有脂肪族硝基化合物的植物主要是豆科黄芪属植物，目前全世界 263 种黄芪属植物含有硝基化合物，我国有 20 余种，主要在叶中。在开花到豆荚未成熟阶段脂肪族硝基化合物含量最高，一旦叶变干并失去绿色，其含量降低。例如，紫云英和沙打旺植株含有脂肪族硝基化合物，在家畜体内可代谢为 β- 硝基丙酸和 β- 硝基丙醇等有毒物质。脂肪族硝基化合物与亚铁血红蛋白作用引起生理性缺氧。

9. 酚类物质　属多酚类化合物，其具有芳香气味。草木犀植株体内含有香豆素，其含量为 1.05%～1.40%，具有苦味，影响适口性。

五、分子标记辅助种质评价

分子标记辅助种质评价目标在于通过分子标记辅助确定种质资源的遗传结构和鉴

定、管理含有与重要经济性状有关的等位基因的种质，以弥补种质资源表型评价的不足。分子标记可以进行基于基因、基因型和基因组水平上的种质鉴定，与经典的表型鉴定相比，分子标记鉴定可以提供更确切的信息。分子标记可以解决种质资源评价中的一致性、可重复性、遗传多样性、污染和再生植株的完整性等问题。另外，分子标记也是无性繁殖物种的重要基因位点识别工具。分子标记揭示出的很多特点，如独特的基因、基因频率及杂合性等，反映出种质资源在分子水平上的遗传结构。在更深层次上，分子标记信息能指导种质样本中有利基因的鉴定，辅助将这些基因转移到新的当家品种中。

（一）种质资源遗传多样性研究

遗传多样性是生物多样性的重要组成部分，遗传多样性水平的度量和保护已成为生物多样性研究的核心问题。

分子标记是统计遗传多样性水平的有效工具，可以应用于以下几个方面：①在群体间或群体内鉴定分子变异，在单个基因位点检测基因型频率的偏差；②根据遗传距离构建系统树，或进行收录种质的分类，确定杂交牧草的杂种优势群；③分析遗传距离与杂种优势表现及杂种优势与特殊配合力之间的相关性；④不同种质类群间的遗传多样性比较。

近年来，研究人员利用分子标记技术从 DNA 水平上对牧草种质资源遗传多样性、各品种间的亲缘关系、起源及进化等进行了研究探讨。张吉宇等（2006）利用随机扩增多态脱氧核糖核酸（RAPD）标记分析胡枝子属 14 个野生居群遗传多样性，揭示了居群间存在较高的遗传多样性。孙建萍和袁庆华（2006）利用微卫星分子标记对我国 16 份披碱草进行遗传多样性研究，结果表明披碱草的遗传多样性主要存在于居群内。李鸿雁利用简单序列重复区间（ISSR）和简单序列重复（SSR）分子标记研究了内蒙古地区扁蓿豆的遗传多样性，指出内蒙古地区扁蓿豆种质材料存在丰富的遗传多样性。Xie 等（2015）利用 SSR 分子标记研究老芒麦种质的遗传多样性，发现老芒麦种质存在极大遗传差异，其中材料内的遗传变异占 52.0%，种质间的遗传差异占 73.3%，种子落粒性变异为 21.3%～56.1%，为筛选低落粒性的材料提供了基础。王小丽等（2010）利用 ISSR、扩增片段长度多态性（AFLP）分析人工老化对扁蓿豆遗传完整性的影响，指出人工老化处理使扁蓿豆种质的遗传多样性水平有所下降，但对其遗传完整性没有显著影响，表明扁蓿豆种质的耐贮性较强。

（二）分子标记遗传图谱的构建和基因定位

遗传图谱既是遗传研究的重要内容，又是植物资源、育种及分子克隆等许多应用研究的理论依据和基础。分子标记构建遗传连锁图谱和经典遗传图谱原理相同：分子标记的选择和基因型分析系统；在标记位点具有高多态性的种质库中亲本的选择；构建群体或随着分离群体中标记数量的增加的衍生系；用分子标记对每个株系或个体进行基因型分析；用标记数据进行连锁图谱构建。在群体的构建中，以下因素应该充分考虑：亲本的选择（DNA 多态性、纯合度、育性、细胞学特征）、群体的类型和群体大小。建立作图群的主要群体构成有：测交群体、F_2 群体、重组近交系群体、永久 F_2 群体、双单倍体群体等。图谱的长度差异来自于染色体数、总基因组大小和不同标记数的使用（增加标记数将增加图谱长度到一定阈值），包括偏分离标记（趋于扩大图谱距离）和不同作图软件的使用（遗传距离估计上有差异）。利用高密度的遗传图谱，可以很方便地对新发现的基因进行定位，并找到与该基因紧密连锁的分子标记。

　　近年来，随着分子生物学快速发展，分子标记遗传图谱的构建取得较大进展，在牧草研究中，主要集中在苜蓿、黑麦草、高丹草等重要价值牧草。分子标记应用于二倍体苜蓿遗传图谱的构建及相关研究较早，也比较成熟，最早的二倍体苜蓿遗传图谱是以紫苜蓿 W_2xiso 和蓝花苜蓿 PI440501 杂交获得的 F_2 群体为材料，用 130 个 RFLP 标记构建了包括 10 个连锁群，覆盖图距 467.5cM 的遗传图谱。利用紫苜蓿变种和蓝花苜蓿杂交的 F_2 重组群体也构建了遗传图谱，该图谱具有包括 RFLP、RAPD、同工酶标记和表型标记的 89 个分子标记。此外，采用 RFLP、RAPD 绘制了二倍体栽培苜蓿 F_1 群体和 1 个回交群体的遗传图谱，并用 16 个公共标记整合成 1 张包括 130 个标记、8 个连锁群的图谱。此后，以黄花苜蓿（野苜蓿）、蓝花苜蓿、二倍体紫苜蓿和截形苜蓿等不同材料为亲本对其杂交后的 F_1 和 F_2 群体构建了较为饱和的二倍体苜蓿遗传图谱，但不足之处是这些遗传连锁图谱利用的是不同的二倍体群体和不同的标记，因此不能将这些遗传连锁图谱完全整合。四倍体紫苜蓿具有四倍体遗传特性和自交不亲和特点，与二倍体苜蓿相比进行分离群体的分析更困难，其遗传图谱构建进程相对缓慢，目前只有为数不多的几个完整的四倍体苜蓿遗传图谱的报道。最早的报道是利用四倍体苜蓿 F_1 群体，分析 32 个 RAPD 标记的分离结果，发现了 9 个连锁群，分别属于 4 个连锁组，并且研究了构建四倍体苜蓿遗传图谱的策略。四倍体苜蓿的连锁图谱构建的困难主要在于对 3 种杂合基因型位点剂量的鉴定。有的分子标记如 SSR 和 RFLP 等不能区分四倍体杂合体基因位点单剂量、双剂量或三剂量几种类型，即在技术上鉴别 AAAa、AAaa 和 Aaaa 是不可能的。目前四倍体苜蓿遗传图谱的建立有两种途径。一种是基于 Brouwer 和 Osborn 提出的利用单剂量位点（single dose allele，SDA）检测和估计分子标记间的连锁距离。SDA 在配子体中的分离情况为 1∶1（有∶无），这与简单的二倍体基因型中的一个显性等位基因类似。另一种途径是利用专门用于建立同源四倍体物种遗传图谱的软件 TetraploidMap，对 F_1 群体同时利用单剂量和双剂量的分子标记作图。通过这一途径已成功地建立了一套四倍体苜蓿遗传图谱。然而，大多数分子标记，如 SSR、AFLP 等不能够满足基因的精细定位和全基因组关联研究。单核苷酸多态性（single nucleotide polymorphism，SNP）是第三代分子标记技术，是目前最具发展潜力的分子标记，因其在基因组中数量多、分布广，且具有遗传稳定性高，在基因分析过程中不需要根据片段大小将 DNA 分带，可实现大规模自动化，适合于数量庞大的检测分析。美国研究人员采用 SNP 技术对四倍体苜蓿和二倍体苜蓿群体构建高密度的遗传连锁图谱，初步获得了一些与产量"秋眠性"抗寒性及水分利用效率性状相关的数量性状基因座（QTL）位点。

（三）品种鉴定与纯度分析

牧草和草坪草品种大多是由野生种驯化而来，或是遗传背景相近品种的杂交组合，而鉴定品种纯度的常规方法是根据田间表型性状进行鉴定。随着登记品种的增多，利用形态标记这一传统方法来区分品种已变得十分困难，利用生化标记方法鉴定品种真实性和纯度时受组织或器官特异性差异影响，且成本比较高；利用 DNA 指纹分析技术对牧草品种进行分析鉴定，不仅不受牧草生长环境、发育阶段和组织的影响，而且能够简便、快速、省时和准确地鉴定不同的品种、品系及其相互之间的亲缘关系。

刘公社等利用 SSR 标记对黑麦草属和羊茅属的品种进行鉴定，证明 AC（GACA）$_4$ 能有效地区分黑麦草和羊茅。Akagi 等用 17 个 SSR 标记有效地区分了 59 个亲缘关系密切的日本粳稻品种。郑玉红等对采自中国不同地区的 6 份狗牙根（*Cynodon dactylon*）优良选系进行了 RAPD 分子标记实验，结果表明 RAPD 分子标记可成功地用于中国狗牙根优良选系遗传多样性的研究及品种鉴定。钟小仙等利用 RAPD 技术对美洲狼尾草不育系 23A、23DA 和恢复系 3B-6 及其相应的 3 个 F$_1$ 杂交种基因组进行多态性分析，引物 S369 扩增条带清晰且重复性好，为美洲狼尾草亲本材料及其杂交种鉴定和纯度分析提供了一种快速、准确的检测手段。傅小霞等利用 RAPD 标记鉴定柱花草种子，首次为柱花草种子的品种鉴定提供了完整的分子标记检测方法。毛培胜等采用分子标记方法进行紫苜蓿品种鉴定。

（四）遗传漂移

遗传漂移是在偏离亲本群体的后代群体中，等位基因频率波动的随机现象，这将导致等位基因频率从一代到另一代出现随机波动或某些等位基因最终从群体中丧失。维持遗传多样性和预防遗传漂移是种质资源保存的重要目标。在种质中期、长期储藏过程中，种质的基因信息可能发生改变，主要原因为：①突变；②染色体畸变；③异质群体中基因型生存能力的差异产生基因漂移。为满足种质资源分发要求，大量种质资源样本需要定期繁殖，在这一过程中，存在因为遗传漂移、选择或基因流危害种质资源遗传完整性的风险。遗传漂移可以通过调整繁殖群体大小或开发改良繁殖方法等措施得到控制。因为遗传漂移的随机性，可以利用中性或共显性分子标记度量遗传漂移值。分子标记分析可用于监测一个长期的植物育种阶段培育的品种之间的基因流、一个相对短时期内培育的谱系相关的栽培品种间的基因流以及栽培品种和杂草之间的基因流。

第三章　牧草种质资源创新与利用

第一节　种质资源创新概念及意义

一、种质资源创新概念

种质资源创新，是通过各种育种途径，把某些有用基因从供体材料转入目标材料或改变基因型的过程。创造的新种质一般遗传背景有较大的改进，可用作培育新品种的亲本。种质资源创新的概念有狭义和广义之分。狭义的种质资源创新（germplasm enhancement）指对种质做较大难度的改造，如通过远缘杂交进行基因导入，利用基因突变形成具有特殊基因源的材料，综合不同类型的多个优良性状进行聚合杂交。而广义的种质创新除了上述含义外还应包括：①种质拓展（germplasm development），指使种质具有较多的优良性状，如将高产与优质结合起来；②种质改进（germplasm improvement），泛指改进种质的某一性状。种质资源研究中所进行的种质资源创新，一般指的是狭义的种质资源创新。

种质资源创新根据设计目标的不同可以分为两大类：①以遗传学工具材料为主要目标的种质资源创新，如非整倍体材料、近等基因系的创建等；②以育种亲本材料为主要目标的种质资源创新。这两大类都是种质资源创新的重要内容，但国内学者比较重视的是后者，对于前者国内学者重视程度远不及国外。

二、种质资源创新的意义

种质资源创新不是新品种选育，它以创造新的种质为终极目标。从种质资源研究的范畴讲，种质资源创新不仅使种质资源不断得到丰富，也使种质资源的价值得以提高和发展。育种工作者在选育新品种的同时，也在进行着种质的创新，其种质资源创新的目的在于根据生产和育种的要求，创造出农艺性状优良、适应性强、配合力高、遗传基础广泛的优异新种质，为育种的突破性进展提供亲本材料。从资源研究的角度看，更要提倡和促进种质资源的创新。育种过程中保留下来的适于作亲本利用的中间材料也要妥为保存。为发挥创新种质的作用，有关种质资源创新的信息要尽快发布，以更好地促进利用。创新材料只有在品种选育中充分利用，选育出生产需要的品种，并在生产中创造价值，创新的意义才能充分体现。

从利用的意义讲，任何一份种质都可能有其潜在利用价值，尤其是育种工作需要那些表现优良的品种作亲本。大量的牧草品种经过观察和鉴定，发现了许多较理想的材料，除生产直接利用外，在育种中也得到广泛利用。因此，种质资源创新是种质资源研究不可缺少的内容，尤其在我国资源的收集、保存和评价取得重大进展的情况下，更应将种质资源创新列为种质资源研究的重点。积极开展牧草种质资源创新与利用研究，对丰富我国牧草种质资源及遗传多样性、培育牧草新品种、促进草产业可持续发展将起着积极的作用。

虽然经过近几十年的努力，我国牧草种质资源创新研究已取得了巨大的成绩，但与国外畜牧业发达国家比较，仍有一定的差距。欧美的畜牧业发达国家牧草种质资源创新研究表现为研究重点明确、研究材料相对集中、技术手段多样且先进。欧洲、北美洲、大洋洲一些国家在结合本国气候及资源特点的基础上广为开展集约化发展，在运用远缘杂交、杂种优势利用方法等基础上，充分发挥基因连锁群、遗传作图、分子标记和 QTL 等现代生物技术，并将各种技术相互渗透，形成综合的多元化创新发展模式，并取得了突出的成绩。这正是我国应该学习的牧草种质资源创新之路。

综合我国牧草种质资源创新研究进展发现，作为常规与新技术的结合纽带，生物技术应用将是现今及未来一段时间种质资源创新取得突破的主要切入点，相关基因分子标记、优良基因发掘应用、基因组成、应用分子技术改良抗性及生物器功能研究开发等领域将是未来种质资源创新及牧草生物技术研发的热点，具有广阔的发展前景。此外，太空育种借助航空搭载获得变异种质，针对其特性进行研究及改良也是牧草种质资源创新的发展方向。在牧草种质资源创新方面，常规方法仍是种质资源创新的主要构成，起到主导作用，但针对不同牧草使方法及技术相应合理化将是未来主要研究内容。总之，随着牧草种质资源创新进入分子时代，通过借鉴国外以及我国农作物的研究成果及草业工作者的不断努力，有望在不远的将来，缩短与畜牧业发达国家的差距，从而更好地服务于国家现代化建设及畜牧业、草业发展。

第二节　种质资源创新方法与利用

种质资源创新的方法多种多样，概括起来主要有以下 3 类：①充分利用自然的基因突变进行培育、改造；②通过种内杂交、远缘杂交、组织培养、无性系变异、人工诱变等手段，创造新的变异类型，是目前种质资源创新的主要手段；③利用基因工程手段进行种质资源创新是 20 世纪 80 年代以来发展起来的，它不仅可以在不同科、族间，而且可以打破动植物的界限进行基因转移，极大地丰富了变异类型，增加了遗传多样性。

目前，我国在牧草种质资源创新研究中采用最多的方法是杂交、诱变和转基因。

一、杂交

杂交是指通过 2 个或 2 个以上遗传性状完全不同亲本材料进行的有性杂交，以产生新的变异个体或特性。根据进行杂交的亲本亲缘关系远近，可分为远缘杂交和种内杂交。远缘杂交指在种间或属间甚至亲缘关系更远的物种之间的杂交，种内杂交指的是在种内（品种或品系）进行的杂交。

杂交方法已有 200 多年的历史，但至今仍是国内外应用最广泛、最重要且行之有效的育种和种质资源创新手段之一。通过合理地选配亲本进行杂交，其后代经过单株选择、混合选择、集团选择或轮回选择等，能培育出某些数量性状超过双亲的牧草新种质材料和新品种。例如，'蒙农青饲 2 号'高丹草的选育，从高粱雄不育系 A4×白壳苏丹草杂种 F_2 代分离群体开始选择优秀单株，通过 4 次单株选择、1 次混合选择及品种比较试验、区域试验和生产试验，历经 9 个世代育成'蒙农青饲 2 号'高丹草。蒙农杂种冰草（*Agropyron cristatum* × *A. desertorum*）是从美国引进的冰草杂交种 Hycrest 群体中，经 2 次单株选择，1 次混合选择育成的高产冰草新品种。截至 2013 年，中国通过审定登记的牧草育成品种 462 个，其中，通过杂交育种方法育成的新品种占 30%。

（一）种内杂交

1986 年孙云越等采用杂交方法育成的豌豆早熟高产新品种'中豌 4 号'，1990 年潘世全等采用引进高粱雄性不育系与甜高粱杂交产生杂种优势抗病性强优良品种'辽饲杂 1 号'饲用高粱，1991 年王克平等采用轮回选择法结合有性杂交育成的'吉生 4 号'羊草，1991 年张执信等从多个杂交组合中优选育成的'龙牧 1 号''龙牧 3 号'多茎多穗型饲用玉米，1991 年冯芬芬等育成的高产优质'吉青 7 号'玉米，2002 年白淑娟等利用美洲狼尾草［*Pennisetum americanum*（L.）K. Schum］育系 Tift23DA 和恢复系 Bil3B-6 配制种内杂交育成的品种'宁杂 3 号''宁杂 4 号'狼尾草，2009 徐国忠等开展的决明属牧草种内杂交结合辐射育种新品种的选育研究，都是采用种内杂交方法辅助其他育种手段开展的品种繁育研究。

种内杂交育种主要包括亲本选择、杂交组合方式、杂交技术及杂种后代的选育几个方面，目前技术及方法相对比较成熟，已广泛应用于牧草常规育种及新技术结合育种。

（二）远缘杂交

远缘杂交可以打破种间或科属间界限，使不同物种间的遗传物质进行交流和结合，因而是培育新品种、创造新物种的一条重要途径。特别是近年来，随着对远缘杂交交配不易成功和杂种结实率低原因的逐步阐明及远缘杂交技术的巨大进步，远缘杂交在作物及牧草育种中的应用越来越广泛。远缘杂交产生的特异杂种优势对于种质资源创新具有重要意义。

在我国牧草育种领域，远缘杂交主要在禾本科及豆科牧草属间、种间开展，经几代科研工作者的努力，已经取得了一定的成绩。1987年吴永敷等育成的'草原1号''草原2号''草原3号'杂花苜蓿是应用黄花苜蓿与紫苜蓿种间杂交培育而成。该系列品种表现出抗逆性强、产量高等优良特性，是较为突出的优良苜蓿品种，目前已在内蒙古地区广泛栽培。1988年和1998年闵继淳等分别育成了'新牧1号'和'新牧3号'杂花苜蓿，均为利用种间杂交获得抗病性、抗寒性、高产、直立性强等一个或几个优异性状的杂交后代，结合选育等育种方法培育出的优良品种。1991年曹致中等以内蒙古呼伦贝尔盟野生黄花苜蓿为主，从黄花苜蓿和紫苜蓿的多个人工杂交组合和开放传粉杂交组合的后代中选育，育成'甘农1号'紫苜蓿，该品种株型以半匍匐型为主。1992年王殿魁等利用辐射二倍体扁蓿豆和四倍体苜蓿种子，诱发突变体杂交，解决了二倍体扁蓿豆与四倍体苜蓿杂交不孕的问题，突破了属间远缘杂交不育的亲和性成功，通过品种比较试验、区域试验和生产试验，最终育成正反交两个异源四倍体苜蓿新品种'牧801苜蓿'和'牧803苜蓿'新品种抗寒、耐盐碱性较强，再生性好。1998年钱章强等成功培育第一个通过品种审定的高粱与苏丹草杂交型饲草（'皖草2号''皖草3号'高丹草系列），该系列表现出产量高、适口性好、营养价值高等优点，而且抗旱性极强。1999年云锦凤等利用种间杂交技术结合单株选择和混合选择培育成功的'蒙农杂种'冰草品种在产量及品质上均较已有栽培冰草有较大幅度改良，并成为内蒙古地区广泛栽培品种。1999年梁英彩等以引进美国的高产杂交狼尾草F_1为母本、优质的矮象草为父本进行有性杂交，杂交后代比亲本质量更好、产量更高，获得'桂牧1号'杂交象草。2000年孙守钧等进行的三元杂交是利用高粱不育系和苏丹草与甜高粱杂交选育的恢复系配制的种间杂种，培育出'天农青饲1号''天农青饲2号'高丹草系列。2003年支中生等用苏丹草与高粱进行远缘杂交，经过十几年的杂交选育，育成'内农1号'苏丹草，新品种表现出植株粗壮、高大、抗倒伏、抗病、耐旱、高产的特点。远缘杂交因其特定的杂种优势和广泛的基因交流具有广阔的发展空间，也因此成为我国牧草育种领域最有前途的研究方向，我国科研工作者也在不断地充实和完善相关理论与实践。综合来看，运用远缘杂交在我国牧草育种领域方兴未艾。

二、诱变

诱变是指利用物理、化学因素诱发作物产生遗传性变异的方法，一般分为物理诱变和化学诱变。物理诱变（辐射诱变）是用物理方法（射线、激光微束、离子束、微波、超声波、热力等）处理种质材料，使其遗传物质（DNA）的分子结构发生改变，进而引起性状变异。化学诱变则是采用化学诱变剂（碱基类似物、烷化剂、移码诱变剂、硫酸二乙酯等）处理种质材料产生性状变异。

我国的诱变研究工作开始于 20 世纪 50 年代后期，几十年来，经过不断的努力和探索，诱变研究取得了很大成就。在牧草方面，虽然诱变研究工作起步较晚，但随着诱变研究的不断发展，研究者通过新诱变源开发、突变体筛选技术改进等，开发出了离子束注入、航天搭载等诱变新技术，在牧草种质资源创新和培育牧草新品种取得了可喜的成果。

（一）物理诱变

在利用诱变方法进行种质资源创新和培育新品种的报道中，大多数采用的是物理诱变方法，且主要集中在射线辐射、离子束注入和空间诱变研究上。

1. 射线辐射　多年来，研究人员利用射线辐射诱变了许多牧草种类，如沙打旺、苏丹草、苜蓿、高羊茅、黑麦草、新麦草、五叶地锦等，育成了超早熟沙打旺、'新牧 1 号'杂花苜蓿、小冠花、多花黑麦草等，成功获得了一批牧草新种质材料，其中一些新种质经选育后已登记成新品种，为我国草业发展做出了重要贡献。

1983 年辽宁省农业科学院等单位以早熟、高产为选种目标，用 ^{60}Co-γ 射线照射沙打旺干种子，并对变异后代进行系统选育，育成早熟沙打旺品种。1984 年和 1989 年中国科学院水利部水土保持研究所等单位和黑龙江省畜牧研究所利用 ^{60}Co-γ 射线照射方法分别育成'彭阳早熟'和'龙牧 2 号'两个沙打旺品种。1998 年康玉凡等以 0～140kR ^{60}Co-γ 射线辐照苜蓿干种子，结果表明，种子的活力指数、根长、幼苗存活率、苗高、株高、青草产量与剂量呈负相关。1999 年支中生等用 γ 射线辐照黑籽苏丹草，用 CO_2 激光器处理了不同品种的苏丹草种子，研究结果为选育新品种打下基础。2000 年李凤光等用不同剂量的 γ 射线对'草原 1 号'苜蓿进行诱变，结果显示以高产育种为目标的可以选择 15.48C/kg 处理的材料，以抗性育种（抗旱、抗寒）为目标可选择 5.16C/kg、10.32C/kg 处理的材料。2001 年黄慧德等利用 ^{60}Co-γ 射线辐射圭亚那笔花豆的种子并进行盆栽试验，结果表明，辐射处理后的种子的发芽率在品种间存在极显著差异，'CIAT184'和'CIAT136'种子极显著高于其余品种；照射量为 10.32C/kg 的种子发芽率最高；对生产上的主要品种'CIAT184'来说，用照射量 10.32～15.48C/kg 对其种子进行辐射诱变的效果较好。2004 年吴关庭等用低剂量 γ 射线处理高羊茅成熟种子可促进愈伤组织形成，而且诱导愈伤组织中胚性愈伤组织的比例有一定提高，因此，成熟种子辐照处理可作为提高高羊茅组织培养效率的一种辅助手段。2005 年张彦芹用 ^{60}Co-γ 射线照射高羊茅'爱瑞 3 号'干种子和分化苗，结果表明，出苗率和植株存活率随照射剂量增加而降低，干种子适宜诱变剂量为 100～150Gy，分化苗适宜诱变剂量为 20～25Gy；被辐射的当代材料在植株形态性状和抗旱（寒）性状上均发生了明显变异。2005 年王传海等研究了 UV-B 辐射增加对黑麦草营养生长和干草产量的影响，结果表明，UV-B 辐射强度增加导致黑麦草的茎、叶干重显著下降，对根、茎、叶的生长有显著的抑制效应，对三叶期前的幼苗生长无显著影响。2006 年王月华等利用 ^{60}Co-γ 射线辐射处理草地早熟禾的干种子，表明低剂量（50Gy）的辐射对种子的萌发有促进作用，高剂量的辐射对种子的萌发有抑制作用，且随着辐射剂量的加大，抑制作用增强。2008年郭海林等采用^{60}Co-γ射线对狗牙根的匍匐茎和根茎进行辐射诱变，使狗牙根的坪用性状发生了丰富的不定向变异，同一亲本通过诱变既可以产生良性变异，也可以产生劣性变异；综合评价结果选育出坪用价值优良的诱变后代3份，其中C75502M1为坪用价值高且生长速度快的优良诱变后代。2009年费永俊等用^{60}Co-γ射线辐射高羊茅'猎狗5号'种子，辐射材料子代性状产生了变异。2009年段雪梅等采用快中子不同剂量辐射巫溪红车轴草种子，低辐射剂量（6.608～23.86Gy）可促进红车轴草根、芽生长，提高出苗率和幼苗株高，但抑制发芽率；高辐射剂量（＞38.634Gy）对种子萌发、根长、茎长、出苗率和株高均有一定抑制作用；辐射剂量14.432Gy对巫溪红车轴草种子萌发及幼苗生长均有良好的促进作用。

2. 离子束注入　离子束注入诱变技术是指将离子经高能加速器加速后辐照生物体，使质量、能量和电荷共同作用于生物体，从而诱发突变的一种诱变技术。

1989年，我国科学家余增亮首次报道了离子束注入水稻的初步研究，从此，离子束注入技术作为一种新的植物诱变源和育种方法被采用。近年来，牧草科研人员在一些草种上也开展了离子束注入相关研究，且已经获得了一些表现良好的牧草新品系或新材料。2004年吕杰等将N$^+$注入紫苜蓿种子，提高了种子发芽势和发芽率。2004年颉红梅等采用80MeV/u ^{20}Ne^{10+}离子束贯穿处理豆科与禾本科牧草种子，在禾本科牧草中选出叶片变厚、叶色深绿、生长势增强的新株系，在菊科牧草中选出叶片形状、茎秆和叶脉颜色发生很大变化的新株系。2005年葛娟等将不同剂量的Ar$^+$注入紫苜蓿后发现，在一定的剂量范围能提高种子的发芽率（势）、根长和有丝分裂指数。2006年刘亚萍等将低剂量的N$^+$注入燕麦，提高了燕麦发芽率、田间出苗率和分蘖率。2007年闫茂华等利用低能N$^+$诱变改变了狐米草的经济性状，并筛选出了生物量大、光合能力强、营养丰富，较适合于沿海滩涂种植的N$_5$和N$_3$狐米草优良突变系。2008年刘瑞峰等利用低能离子束N$^+$注入高羊茅种子，发现随剂量梯度增大，高羊茅种子的发芽率呈下降趋势。2010年于靖怡等将不同剂量N$^+$注入'05-28'鹅观草属植物种子，低剂量N$^+$注入对'05-28'种子萌发指数、苗高与第1叶长有促进作用，高剂量有抑制作用。2012年黄洪云在活体组织离子束注入后可以存活的前提下，确定离子束介导无芒雀麦愈伤组织的转化剂量范围是$2.6×10^{15}$Ar$^+$/cm^2、$5.2×10^{15}$Ar$^+$/cm^2、$7.8×10^{15}$Ar$^+$/cm^2，然后通过转化实验确定最佳转化剂量为$5.2×10^{15}$Ar$^+$/cm^2；在此剂量注入后，将GUS基因和构建好的植物表达载体pBI21/Gy3转入无芒雀麦的愈伤组织，并将大豆球蛋白基因Gy3 cDNA导入牧草无芒雀麦以使其成为高蛋白质含量的优质抗旱牧草，从而为我国畜牧业的发展做出贡献。

3. 空间诱变　空间诱变是通过各类飞行器（返回式卫星、飞船等）进行生物飞行搭载，利用太空中的特殊环境（太空辐射、微重力、高真空、弱地磁等因素）诱发突变的一种技术。它是近几十年来发展起来的创造新种质和新品种的有效途径，可以看做是一种特殊的物理诱变方式。

　　我国是继俄罗斯、美国之后第 3 个掌握返回式卫星技术的国家，自 1987 年开始尝试性研究，于 2006 年专门发射了实践八号农业科研卫星，航天育种工程成为近十多年来快速发展的农业新领域之一。目前，我国航天育种走在世界前列，已通过国家或省级审定或鉴定的小麦、水稻、番茄和辣椒等品种有 70 多个，但与农作物相比，牧草航天育种起步较晚，尚处于初始阶段。1994 年，我国首次搭载了红豆草、紫苜蓿、新麦草 3 种牧草进行空间诱变，此后，神舟三号飞船、神舟四号飞船、神舟五号飞船和实践八号卫星，先后搭载了紫苜蓿、草地早熟禾、野牛草和白车轴草等。1996 年徐云远等将红豆草、苜蓿和沙打旺 3 种豆科牧草种子搭载于 940703 卫星，返回地球后，对其田间生长情况、发芽率、耐盐性、抗旱性及同工酶等方面的改变做了初步探索。红豆草经空间处理后，SP_1 代花期有一定程度的延长，SP_2 代对盐胁迫和渗透胁迫出现抗性，并产生一定程度的抗病害能力；沙打旺处理后抗病性也有明显增强。2002 年李聪等对 1996 年搭载的吕梁和民权两个沙打旺地方材料进行研究发现，空间搭载对沙打旺 SP_1 代农艺性状有明显的诱变效应，表现出半匍匐、多分枝、叶片大等有益变异类型；SP_2 代出现了广谱性状分离，经过选择，民权的材料消化率有望提高 5.99%，吕梁的材料有望提高 6.517%，诱变效应非常显著。2002 年中国农业科学院兰州畜牧与兽药研究所与甘肃省航天育种中心及天水市农业科学研究所合作，首次在兰州创建了我国第一个牧草航天育种资源圃，入圃种植的有 6 类牧草的 14 种航天搭载材料，包括 8 种紫苜蓿、1 种红车轴草、1 种猫尾草、2 种燕麦、1 种黄花矶松和 1 种沙拐枣；搭载飞行器包括神舟三号飞船、神舟八号飞船、神舟十号飞船和天宫一号目标飞行器。在资源圃内，选择出 58 份优质单株育种材料，包括 29 份紫苜蓿，变异类型有多叶、白花、速生和高产、大叶、早熟、矮生并分枝性强、抗蓟马和蚜虫；11 份燕麦，变异类型主要有分蘖强、种子产量高、草产量高和早熟；5 份红车轴草，变异类型主要为大叶、分枝强、异黄酮含量高；13 份猫尾草，变异类型主要为长穗、分蘖强；这些种质材料丰富了我国牧草育种种质新材料。2004 年韩蕾等对神舟三号飞船搭载的草地早熟禾进行研究，获得了植株明显矮化，可有效减少生长季内刈割次数，降低管理养护成本的变异类型植株，以及生长速度快，分蘖增多，叶片数明显增加，可有效缩短成坪期的变异类型植株，这些变异类型在生产应用和遗传育种方面均具有一定的价值。2004 年胡繁荣等对经返回式卫星搭载处理的黄叶高羊茅研究表明，空间技术引起的 SP_1 代生理损伤轻，SP_2 代未发现叶绿素缺失突变，但株叶形态、熟期和耐热性变异丰富，从中筛选鉴定了半矮秆、匍匐性、细叶、迟熟、耐热性等优质抗逆黄叶高羊茅突变体。2004 年张蕴薇等研究表明，经神州四号飞船搭载的当代红豆草，叶片细胞壁不规则增厚，细胞质稀薄，液泡大，叶绿体变小，形状多不规则，叶绿体内淀粉粒细小、数量多，基粒片层直径小，但数量明显多于地面对照，匍匐型突变体表现尤为明显。2006 年任卫波等对搭载于第 18 颗返回式卫星的'中苜 1 号'、'龙牧 803'、敖汉苜蓿 3 个苜蓿品种进行研究，结果表明，'中苜 1 号'苗期搭载单株株高显著低于地面对照，而分枝期和开花期搭载单株株高比地面对照显著增高；'龙牧 803'苗期和分枝期搭载单株的株高相比地面对照显著增高，初花期则无显著差异；敖汉苜蓿搭载单株在 3 个时期的株高都显著高于地面对照，可见生物学效应因品种和时期而异，3 个品种的诱变效率存在差异。同时，对返回式卫星搭载的牧草进行了标准发芽率、田间出苗率、株高、分蘖数、生育期等生物学性状进行观察和研究。结果表明，空间搭载后标准发芽率、硬实率和田间出苗率没有显著变化。空间诱变对牧草株高和分蘖数的影响因物种而异，搭载时种子含水量对空间诱变效应影响大小也因物种而异。2008 年严欢等对实践八号卫星搭载后的'长江 2 号'多花黑麦草和宝兴鸭茅种子的标准发芽率、物候期和农艺性状进行了研究。结果表明，搭载后'长江 2 号'多花黑麦草种子的发芽率为 98.34%，宝兴鸭茅为 78.66%，均高于对照，但发芽势均略降低；与对照相比，搭载后'长江 2 号'多花黑麦草的生育天数稍微增加，宝兴鸭茅的生育天数有所减少，均无明显差异；搭载后'长江 2 号'多花黑麦草的后期生长速度比对照快，宝兴鸭茅生长上相对于对照表现为先快后慢；搭载后'长江 2 号'多花黑麦草各农艺性状的变异系数远远大于对照，宝兴鸭茅的分蘖数与小穗数明显减少。2008 年冯鹏等对搭载后的紫苜蓿种子开展了种子含水量对诱变效应影响的研究，发现以含水量 13%～15% 为最佳。2009 年张月学等对返回式卫星搭载的 2 个苜蓿品种进行研究，发现空间环境促进了苜蓿种子根尖细胞的有丝分裂活动，并有一定数量的微核产生；空间搭载还引起了紫苜蓿发芽率和苗期致畸率的变化；同时在田间分枝数和鲜重产量指标上品种间变化不同；在细胞学和苗期变异上，肇东苜蓿对辐射敏感性大于'龙牧 803'，在田间分枝数和鲜重产量上肇东苜蓿的损伤程度高于对照，大于'龙牧 803'；张月学等认为空间诱变的同一批紫苜蓿不同品种，在发芽率、单株分枝数等性状上存在差异。2010 年王健等利用实践八号搭载普通白车轴草坪草种子地面种植后开展相关研究，结果表明：空间诱变处理后的种子发芽势和发芽指数显著高于对照，芽长显著大于对照，根长显著小于对照，株高无显著差异，幼苗的过氧化物酶活性显著高于对照，空间诱变促进了白车轴草的分枝；SP₁代植株叶片的叶绿素 a 和叶绿素总量显著下降，叶片叶绿体扭曲、淀粉粒多、大小不一，甚至有的无序堆满整个叶绿体，线粒体有明显的溢裂现象。2010 年王蜜等对实践八号卫星搭载的苜蓿的二代种子的千粒重、发芽率、硬实种子数和苗重指标进行了研究，发现与地面对照相比，搭载种子的千粒重增加了 5%～9%，种子发芽率、种苗苗重、芽长和根长显著增加（$P<0.05$），硬实种子数、霉变种子数显著减少（$P<0.05$），空间诱变对苜蓿二代种子有显著的正向诱变效应；搭载于实践八号卫星的 3 个紫苜蓿品系 SP₁代和 SP₂代种子的发芽率和盐胁迫发芽率均无显著变化；通过田间观测和数据分析发现，搭载后的紫苜蓿 SP₁代单株株高、分枝数、单株鲜草产量、干草产量均出现不同程度的增加，与地面对照差异均达到显著水平（$P<0.05$）；SP₂代种子的千粒重增加了 5%～9%。2005 年中国农业科学院航天育种中心以美国燕麦品种'PAUL'进行了模拟航天处理后地面种植，经 2006～2010 年田间选育而成'航燕 1 号'新品

系，品质优良、综合农艺性状优良。2011年马学敏等研究得出航天诱变对植株的抗逆性产生正效应，并在含水量13%～15%时达到最大的诱变效应。2012年杨红善等用搭载于神舟八号飞船的岷山猫尾草种子进行地面种植，形成SP₁代单株材料，以未搭载原品种为对照，当年以营养生长为主，第二年进行各项农艺性状指标的田间观测记载，根据分蘖枝、穗长、株高、叶长、叶宽、单株生物量、单株种子产量等指标，共选出15株变异单株，其中4株显著变异单株。2012年杨红善等用搭载于神舟八号飞船的岷山红车轴草种子地面种植，形成SP₁代单株材料，以未搭载原品种为对照，进行各项农艺性状指标的田间观测记载，根据分蘖枝、叶面积、株高、单株生物量、单株种子产量、异黄酮含量等指标，共选出10个变异单株，其中5株显著变异单株，第二年对上年选择的变异单株株行种植，其中7株单株的变异性状能够稳定遗传。2013年李红等对搭载后地面筛选的2个紫花苜蓿突变株系进行了蛋白质表达机制的研究，结果显示搭载的突变株系与未搭载对照相比蛋白质图谱及其蛋白质表达量产生了较大的差异，表明空间诱变可能促使基因结构的改变，从而影响了蛋白质的表达。2013年郭慧慧等以神舟八号飞船搭载的'中苜3号'紫花苜蓿为基础，田间筛选出株高增加和多分枝两种变异类型，利用高效液相层析（HPLC）、甲基化敏感扩增多态性（MSAP）方法对变异单株进行DNA甲基化变化研究，结果表明：航天搭载对紫花苜蓿的DNA甲基化有显著影响，表现为甲基化和去甲基化两种，以超甲基化为主；两种变异类型中，以多分枝变异的DNA甲基化水平最高，其次是株高增加变异单株，无显著变异的单株DNA甲基化水平最低。2013年杨红善等用搭载于神舟八号飞船的燕麦种子，地面种植形成SP₁代单株材料，以未搭载原品种为对照，田间观测记载各项农艺性状指标，制定评价标准，从株高、叶长、叶宽、有效分蘖、单株生物量、单株种子产量、分蘖单枝种子产量和千粒重等指标，共选择出19株变异单株材料，其中5株显著变异单株作为重点育种材料进行后代选育研究。同年杨红善等用搭载于天宫一号目标飞行器的燕麦种子地面种植后，根据各项农艺性状指标，共计选择出37株变异单株，其中6株显著变异单株，所选单株将在下一年继续进行遗传稳定性评价。

'航苜1号'紫花苜蓿新品种为利用空间诱变育种技术选育而成牧草育成品种，2014年通过甘肃省草品种审定委员会审定，成为我国第一个空间诱变多叶型紫花苜蓿新品种。该品种基本特性是优质、丰产，表现为多叶率高、产草量高和营养含量高。叶以5叶为主，多叶率达41.5%，叶量为总量的50.36%。在'航苜1号'的基础上开展的'航苜2号'新品系选育研究，以多叶（7叶为主）、优质、高产为育种目标，已经初步形成以7叶为主，复叶多叶率在50%以上的新品系。

（二）化学诱变

目前，我国应用化学诱变方法进行牧草种质资源创新和新品种培育的报道较少，研究主要集中在苜蓿，并且尚未获得生产上可利用的种类。继红等将紫花苜蓿叶片诱导产生愈伤组织，然后用化学诱变剂甲基磺酸乙酯（EMS）对愈伤组织进行处理，经低温筛选后获得抗寒性突变体，对并用生理生化方法对愈伤组织突变体的抗寒性进行了鉴定，结果证明突变体愈伤组织是抗寒的。李波等以 3 个苜蓿品种幼茎诱导产生的愈伤组织为材料，用叠氮化钠进行诱变处理，经 -7℃低温筛选后表明，诱变处理后 3 个苜蓿品种愈伤组织的抗寒性明显高于对照。李波等用不同浓度的硫酸二乙酯（DES）诱变处理苜蓿愈伤组织，在 -7℃低温下筛选后获得抗寒性突变体，结果表明，其抗寒性增强。王小华等采用硫酸二乙酯对柱花草愈伤组织进行化学诱变处理，1℃下光照培养 8d 对小苗进行低温筛选，结果表明幼苗的抗寒能力显著强于对照植株。

三、转基因

将人工分离和修饰过的基因导入生物体基因组中，由于导入基因的表达，引起生物体性状的可遗传修饰，这一技术称之为转基因技术。

1985 年，Vasil 在第一次提出利用遗传转化技术将其他来源的特定基因导入牧草的可行性，为应用转基因技术改良牧草奠定了理论基础。随后国外畜牧业发达国家陆续开展了大量的转基因研究，并在抗性育种、减少鼓胀病危害、提高干物质消化率、品质改良等方面取得了进展和突破。孟山都公司和美国国际苜蓿遗传公司合作育成抗 Roundup 除草剂的苜蓿新品种，在 2004 年已生产应用。澳大利亚育成转基因高含硫氨基酸苜蓿新品种也已投放生产。我国在牧草上应用转基因技术的研究较晚，与国外相比尚存在一定的差距，至今无转基因苜蓿品种商品化。但随着近些年草业的发展和转基因技术的成熟，我国牧草转基因研究工作已大量开展，且取得了一定的成绩。

（一）品质改良

提高牧草饲料中蛋白质的含量，特别是提高含硫氨基酸（如甲硫氨酸和半胱氨酸）的含量，可显著增加羊的生长量及羊毛产量。

1994 年 Ealing 等将豌豆（*Pisum sativum*）清蛋白 1（PA1）基因成功转入白车轴草，增加了白车轴草中含硫氨基酸的含量。1997 年 Morris 等将参与缩合单宁生物合成的关键酶基因转入苜蓿，增加了转基因植株的单宁含量。1998 年 Sharma 等已经通过农杆菌介导法，利用白车轴草成功地表达出了富含硫的 δ- 玉米蛋白，在嫩叶中的表达量为 0.06%～0.30%，在老叶中表达量达 1.3%，并且在叶柄、根、种子中均能检测到 δ- 玉米蛋白，结果表明通过增加 δ- 玉米蛋白来改良白车轴草的品质是可行的。2000 年吕德杨等通过农杆菌介导法将高含硫氨基酸蛋白（HNP）基因转入苜蓿，并成功地诱导出再生转基因植株。对转基因植株进行氨基酸分析，发现含硫氨基酸的含量明显提高。2000 年 Lepage 等将果聚糖转移酶 *SacB* 基因转入白车轴草，发现转基因植株茎中可溶性碳水化合物积累增加。2000 年 Christiansen 等用小亚基核糖酮磷酸羧化酶启动子（Assu）、花椰菜花叶病毒 35S 启动子（CaMV 35S）和紫苜蓿小亚基 Rubisco 启动子

（Lssu）分别调控 SSA 基因转化白车轴草，经 Western 杂交检测表明 Assu 启动子驱动下 SSA 蛋白的积累量最高，占叶蛋白的 0.1%。2007 年韩胜芳等通过农杆菌介导法建立了高效表达黑曲霉 phyA 基因的白车轴草遗传转化体系，在植酸盐为唯一磷供源条件下，转基因系的植株较对照含磷量增加 34.88%，磷累积量增加 2.54 倍，鲜重增加 1.79 倍，干重增加 1.62 倍，表明由 patatin 信号肽引导下超量表达黑曲霉 phyA 基因能显著增强白车轴草利用有机态磷的能力。研究表明，在白车轴草中超量表达 phyA 基因，有利于改善其对土壤中高比例有机态磷植酸盐的利用，提高植株磷素营养，这可能是增强白车轴草抵御磷胁迫逆境的一条有效途径。2009 年张改娜等采用农杆菌介导法将 PA1 基因转入紫苜蓿，并对其转化体系进行了优化，得到了多个转基因胚性愈伤组织及其再生植株。PCR 和 Southern 杂交检测表明，PA1 基因已被整合到了宿主细胞，SDS-PAGE 分析表明该基因在再生植株中有一定表达。游离氨基酸分析表明，转基因苜蓿中甲硫氨酸和半胱氨酸的含量从 0.1% 提高到 0.4%。2009 年关宁等将含硫氨基酸基因 zeolin 转化百脉根，经过共培养、筛选分化、再生，得到抗性植株，对抗性植株进行了 PCR、RT-PCR 检测表明，zeolin 基因已经整合到百脉根基因组中，在核酸水平得到了表达。含硫氨基酸数据分析表明，转 zeolin 基因植株含硫氨基酸含量极显著高于对照植株的含量。

（二）抗逆性

抗逆性主要包括抗寒性、抗旱性、耐盐碱性等。提高牧草的抗逆性对于扩大优良牧草的种植区域，保证牧草的稳定高产，以及改善不良生态环境具有重要的意义，是我国目前牧草转基因研究的重点。

1. 抗寒性、抗旱性　低温和干旱是限制牧草种植的重要影响因素。1991 年 Hightower 等将烟草中 Mn-SOD 基因成功转入苜蓿，经过 3 年的田间试验，转基因苜蓿植株的抗旱性和产量都有所提高。1996 年 Mckersie 等以携带有烟草 Mn-SOD 基因的两个质粒载体 pMit SOD 和 pChl SOD 分别转化紫苜蓿，结果显示，转基因苜蓿的越冬率大于对照植株，并且其植株生长不受低温影响；在干旱胁迫下，转基因植株的产量也比对照高。2002 年 Samis 等将 Mn-SOD 基因导入紫苜蓿，增强了苜蓿的抗逆性，并且生物量明显增加。2003 年 Cunningham 等指出，植物根系中 Gas 基因的表达和随后脯氨酸的积累与苜蓿抗寒性密切相关，可以用在苜蓿遗传改良中，以提高苜蓿越冬率。2004 年韩利芳等用 Mn-SOD 基因转化保定苜蓿，部分转基因苜蓿的 Mn-SOD 活性高于对照。据以上报道得知，烟草 Mn-SOD 基因能够提高苜蓿的抗旱抗寒能力，可以进一步用于苜蓿转基因的多抗性研究中。磷脂酶 D（PLD）是植物中广泛存在的一种酶，在自然状态下，当植物受到逆境如病虫害、干旱、水淹、盐害、寒冷和高温等胁迫时，磷脂酶活性会在短时间内急剧变化，使膜的透性改变，引起植物的应答反应或伤害。如果能在一定范围内抑制 PLD 的活性，则有可能改变植物对逆境的反应，减少伤害。2005 年 Zhang 等将蒺藜苜蓿中克隆的转录因子基因的 cDNA（WXP_1），通过农杆菌介导的方法导入苜蓿基因组中，得到含有目的基因的转化植株，试验结果证实，WXP_1基因的过量表达能使苜蓿叶片表皮的蜡质大量增加，从而减少转基因植株水分的散失，提高了苜蓿的抗旱性。2005 年赵志文等利用农杆菌侵染组培苗的幼芽导入了转反义PLD_γ基因，经 PCR 和 Southern 杂交检测，证实$PLD\gamma$基因已整合入白车轴草基因组中，但无抗逆试验数据。2005 年吴关庭等通过农杆菌介导法将抗逆基因CBF_1导入高羊茅，获得了 112 株转基因植株，经低温、干旱等逆境胁迫处理后的叶片相对电导率平均比对照植株低 25%～30%，证明转基因植株的抗逆性有所增强。2006 年杨凤萍等利用基因枪法将抗逆调节转录因子$DREB_1B$基因转入多年生黑麦草，获得了 62 株转基因植株，经过 25d 人工温室的干旱处理，对照都已因缺水干旱死亡，但转基因植株有 5株仍存活。2006 年王渭霞等将CBF_1基因转入匍匐剪股颖中，断水处理 5d 后，对照植株颜色失绿变暗，并逐渐死亡，而大部分转基因植株生长基本未受影响。2007 年贾炜珑等用基因枪法将海藻糖合酶基因TPS转入多年生黑麦草，对获得的转基因植株进行抗旱性鉴定表明，转基因黑麦草在干旱胁迫条件下的保水能力增强，电解质渗出率明显低于对照，抗旱性提高。2009 年郝凤等分别将抗冻蛋白基因AFP和抗冻基因CBF_2转入和田苜蓿中，都得到了转基因苜蓿植株，但没进行抗寒性鉴定。2011 年刘晓静等构建了抗冻基因CBF_2的表达载体，并将其转入紫苜蓿，得到抗性愈伤组织。在转基因紫苜蓿抗寒性研究中，蔗糖的累积是否可以保护植物体不受低温侵害的研究也在进行。蔗糖 - 磷酸盐合成酶基因能够使蔗糖积累，蔗糖 - 磷酸盐合成酶基因已转化入紫苜蓿并表达，并将进行田间试验，以确定是否可以提高其耐寒能力。2012 年李志亮等利用基因枪法将P_5CS基因转入白车轴草，PCR 检测和 Southern 杂交鉴定证实白车轴草中已导入目的基因。对转基因白车轴草植株的不同抗旱指标进行分析发现，与对照相比，转P_5CS基因株系的抗旱能力得到了较大的提高。干旱胁迫下，与对照相比，转P_5CS基因植株的脯氨酸含量和相对含水量分别比对照高 20.0%～21.2% 和 5.6%～8.5%。

2. **耐盐碱性**　土壤盐渍化是影响干旱半干旱地区牧草产量的主要非生物因子之一，解决盐害的有效途径是培育耐盐的牧草新材料和新品种以提高对盐土的利用效率。

2008 年赵桂琴等将液胞膜逆向转运蛋白基因$AtNHX_1$转入白车轴草，耐盐实验结果表明转因植株总叶面积和地上部分干重都显著高于非转基因对照，证明液胞膜上的$AtNHX_1$基因有助于提高白车轴草耐盐性。2008 年赵宇玮等用农杆菌介导法将$AtNHX_1$基因导入豆科牧草草木樨状黄芪中，共获得 103 株 Kan 抗性再生植株。对野生型和转基因株系诱发的愈伤组织进行耐盐生长实验，结果显示相同盐胁迫条件下，转基因植株愈伤组织的相对生长率显著高于野生型植株愈伤组织。施加梯度 NaCl 胁迫后，植株叶片K^+、Na^+含量和叶片相对电导率测定结果显示，转基因植株叶片比野生型积累更多的Na^+和K^+，维持较高的K^+/Na^+；而转基因株系叶片相对电导率显著低于野生型，说明$AtNHX_1$基因的导入和表达在提高草木樨状黄芪耐盐性的同时减轻了盐胁迫对植物细胞膜的伤害。2008 年李世林等将编码硝酸盐运转蛋白的$DsNRT_2$基因导入'中苜 1 号'，增强了苜蓿的抗逆性。2008 年刘艳芝等用农杆菌介导法将HAL_1基因转化'龙牧 803'苜蓿，共获得了 11 株转基因植株，培养基耐盐性实验表明非转基因植株在 NaCl 浓度高于 0.6% 时不能生根，逐渐死亡；转基因植株在 NaCl 浓度 0.6%～1.0% 范围内仍能生根并正常生长。2009 年燕丽萍等对转 *BADH* 基因的苜蓿 T_1 代进行耐盐性试验，结果显示 T_1 代转基因植株的耐盐性效果明显且具有遗传稳定性。2009 年王锁民等将霸王的抗逆功能基因聚合转入紫苜蓿，育成了转基因苜蓿新品系，具有良好的抗旱、耐盐、抗瘠薄能力。2009 年曲同宝等通过基因枪技术将胆碱单氧化物酶基因 *CMO* 和甜菜碱醛脱氢酶基因 *BADH* 导入羊草中，PCR 扩增后电泳检测及 Southern 杂交分析表明，外源基因已整合到受体植物基因组中并正常表达。在高浓度混合盐和高 pH 胁迫下，转双基因植株甜菜碱含量高于对照植株。同年，燕丽萍等又将 *BADH* 基因转入紫苜蓿'山苜 2 号'，并对其 T_1～T_3 代植株的耐盐性进行鉴定和筛选，得到抗性强且遗传稳定的转基因苜蓿新品系。2011 年燕丽萍等以通过农杆菌介导技术获得的 T_0 代转 *BADH* 基因苜蓿为试材，利用分子生物学方法对其自交株系的世代群体连续进行抗盐性鉴定筛选和系统选育，首次获得了具有抗盐碱能力的转基因苜蓿稳定株系。同时，通过品种比较试验、区域试验和生产试验，表明在不同盐碱地条件下，转 *BADH* 基因的苜蓿植株产草量明显高于对照（未转基因的'中苜 1 号'），生产试验的干草增产率为 13.11%～24.98%，有望培育出耐盐转基因苜蓿新品种。2011 年 Liu 等通过土壤农杆菌介导法将 *BADH* 基因转入紫苜蓿，得到 247 株转化植株，经 PCR 检测 43 株为转基因阳性植株，RT-PCR 和 Southern 杂交进一步鉴定证实，*BADH* 基因已经整合到苜蓿基因组中并表达，在盐胁迫实验中转基因苜蓿植株生长正常，对照死亡。对 T_1 代转基因植株的相关生理指标进行测定，丙二醛（MDA）含量低于野生型植株，过氧化物酶（POD）、超氧化物歧化酶（SOD）活性均高于野生型植株。结果证实，外源 *BADH* 基因的表达提高了转基因苜蓿的耐盐性。2011 年 Li 等将苏打猪毛菜液泡膜 Na^+/H^+ 逆向转运蛋白基因 *SsNH X1* 转入苜蓿基因组，*SsNH X1* 在苜蓿体内有效表达，且转基因苜蓿能在 400mmol/L 的高浓度 NaCl 中生长 50d 左右。对转基因和野生型植株的生理指标（Na^+ 和 K^+ 含量、超氧化物歧化酶活性、电解质渗透率、液泡含量）的测定显示，叶片细胞质中大量的 Na^+ 通过外源的 Na^+/H^+ 逆向转运蛋白被运送到液泡内，使转基因苜蓿避免了 Na^+ 对细胞的毒害作用。

3. 耐酸性　牧草在酸性土壤中生长不良，主要原因是酸性土壤中可溶性铝的含量较高。Al^{3+} 进入牧草根部后可抑制根的生长和发育，进一步影响营养物质和水的吸收，导致减产。

2004 年罗小英等通过农杆菌介导法将苜蓿根瘤型苹果酸脱氢酶基因 *neMDH* 导入苜蓿胚性愈伤组织，筛选的转化植株在 $20\mu mol/L$ Al^{3+} 溶液中处理 24h 后根部的伸长量比对照植株提高 3.6%～22.5%，表明在铝胁迫下的转基因苜蓿能够更好的生长。2004 年刘洋将从棉花中克隆的铝诱导蛋白基因 *GhAlin* 转入苜蓿，转基因株系在 $25\mu mol/L$ Al^{3+} 处理 7d 后，根的相对生长量明显高于对照，侧根发育明显，根尖伸长区根毛明显多于对照。

4. 抗病虫性　各类病虫危害普遍存在于牧草生产中，给牧草生产造成极大的损失。我国利用转基因技术对牧草进行抗病虫遗传改良的研究不多，尤其在抗虫转基因方面报道的更少。

1992 年 Narvaez，1994 年 Thomas 将马铃薯蛋白酶抑制剂基因和烟草尖蛾蛋白酶抑制剂基因导入苜蓿，转基因植株对咀嚼式口器昆虫具有明显的毒杀作用。1996 年 Sneh 将苏云金芽饱杆菌杀虫晶体蛋白（Bt）基因转入苜蓿，转基因苜蓿对海灰翅叶蛾和甜菜叶蛾均表现出较高的抗性。Javie 等将番茄蛋白酶抑制剂基因转入苜蓿，转基因植株对鳞翅目昆虫具有良好的抗性。2000 年 Voisey 等将 Bt 蛋白 Bt CryIBa 和蛋白酶抑制剂（PIs）基因转入白车轴草，检测到 Bt 蛋白在转基因植株叶中积累为 0.1%，PIs 积累为 0.07%；将获得的转基因植株饲喂幼虫，结果表明转基因植株对其有较强的抗性。2004 年赵桂琴等用农杆菌介导法将外源的苜蓿花叶病毒外壳蛋白（AMV4）基因转入红车轴草，得到了转基因植株。抗病性检测表明，表达苜蓿花叶病毒外壳蛋白基因的植株病症减轻，发病率、病情指数及病毒积累量都明显低于对照，有的甚至不表现症状，达到了免疫的程度。2004 年卢广等将雪花莲凝集素基因 GNA 通过农杆菌导入截形苜蓿中，发现转基因苜蓿在种苗期间体内积累了 GNA 毒素，苜蓿苗期抗蚜性有所提高；2005 年又将 AMV 基因转入白车轴草，抗病实验证明白车轴草转基因植株病症减轻，发病率、病情指数及病毒积累量都明显低于对照，有的甚至不表现症状。2005 年佘建明等用农杆菌介导法将 Bt 基因转入草地早熟禾，获得了转 Bt 基因草地早熟禾。生物学抗虫性鉴定结果显示，饲喂 3d 后，转基因植株的叶片受损轻微，而非转基因植株叶片的叶肉则被耗尽；转 Bt 基因植株对 1～2 龄棉铃虫均具有抗性，其中用 6 号转基因植株饲喂的棉铃虫幼虫校正死亡率高达 70% 以上。2005 年 McManus 将大豆胰岛素抑制蛋白基因 SBTI 导入白车轴草，验证了大豆胰岛素抑制蛋白在叶片中的积累，并证明了其表达可使白车轴草有很好的抗虫效果。2006 年马生健等通过农杆菌介导法将抗真菌病的几丁质酶基因 Chi 导入高羊茅，获得了抗真菌病的转基因高羊茅植株。对转基因植株进行接种禾谷镰刀菌实验，发现接种真菌 7d 后，非转化对照植株叶片出现很明显的芝麻大小病斑，且尖部发病较严重，而转基因植株则表现出很好的抗性，未发现病斑。2008 年孔政将苦瓜几丁质酶基因 - 益母草抗菌肽基因 CHI-AFP 转入黑麦草，对获得的转基因植株接种立枯丝核菌，实验表明接种 4 周后，转基因植株平均叶绿素含量比对照植株高出 52.1%；两个月后，对照植株死亡，而转基因黑麦草植株仍然存活。2012 年安惠惠等利用农杆菌介导法首次将溶菌酶基因 Lyz 导入匍匐剪股颖中，摸索出基因转化的适宜条件，并获得了剪股颖转基因植株。

5. 抗除草剂　杂草严重影响饲草的产量和质量，使用化学除草剂在控制杂草生长的同时，也对牧草具有一定的潜在危害，况且存留到一定剂量对牲畜也有一定毒害作用。目前抗除草剂的基因主要为 bar 基因。

早在 1990 年，Kuthleen 等将两种广谱除草剂 Basta 和 Heibac 的抗性基因导入紫苜蓿体内，使得转基因苜蓿获得除草剂抗性。2004 年刘艳芝等利用农杆菌介导法将抗草丁膦的 bar 基因导入'草原 1 号'苜蓿，经叶片筛选试验证实转基因植株对除草剂具有抗性，通过 PCR 检测，初步证实目的基因已转入苜蓿基因组中。2006 年易自力等

将抗除草剂的 *bar* 基因导入‘矮生’‘凯蒂莎’‘爱神特’3 种多年生黑麦草品种，对 PCR 和 Southern 杂交检测显阳性的植株进行抗除草剂鉴定表明，在所鉴定的 21 株转基因植株中，有 8 株表现出对除草剂有不同程度的抗性，其中 3 株在 20d 后开始出现叶片发黄；另有 3 株后期生长缓慢，且出现矮化和不抽穗现象；其余 2 株后期一直生长正常，当 Basta 喷洒浓度加大至 0.25% 时，其形态特征也都没有出现任何异常。2006 年刘艳芝等通过根癌农杆菌介导法将外源目的基因 *bar* 基因导入百脉根，经筛选分化、再生，得到具有 Basta 抗性的转基因植株。试管苗叶片筛选实验表明，经 2 个月筛选后有 18 株转基因植株叶片依然能够存活，而对照叶片均于 1 周后死亡。

（三）生物反应器

牧草具有生物量大、多年生、再生快、栽培管理成本低等优点，所以利用转基因技术，将牧草，特别是多年生豆科牧草作为生物反应器，来生产疫苗、蛋白质、酶制剂和抗体等产品的研究已经取得了很大进展。

2005 年王宝琴等将口蹄疫病毒（FMDV）的结构蛋白基因 *VP1* 作为抗原基因转入百脉根，*VP1* 在转化的百脉根中有转录活性并且获得了正确、有效地翻译，扩繁和移栽后批量获得了转基因百脉根，为下一阶段的动物试验提供了试验材料。2007 年王炜等将口蹄疫病毒 $P_{12}A$-*3C* 基因整合到百脉根基因组中，并使其表达，通过转基因百脉根粗蛋白质提取物与弗氏不完全佐剂混合制成疫苗免疫豚鼠，ELISA 检测表明豚鼠产生了特异性抗体，血清效价最高可达 1/64。2007 年贺红霞等利用根癌农杆菌介导法成功地将乙肝表面抗基因导入百脉根并使之表达，这将为下一步在豆科植物中生产乙肝疫苗的研究提供基础资料。2007 年唐广立等将兔出血症病毒（RHDV）衣壳蛋白 *VP60* 基因导入百脉根，为利用百脉根生产动物口服型疫苗建立了技术基础。2007 年李传山等利用农杆菌介导法将兔出血症病毒 YL 株外壳蛋白基因 *VP60* 转入串叶松香草，建立了转化体系，并已筛选到两株转基因植株，为利用串叶松香草生产兔出血症病毒动物可食用疫苗初步建立了技术基础。2008 年张占路等将 H5N1 亚型禽流感病毒血凝素 *HA* 基因成功地导入百脉根基因组中，得到抗性植株 124 株，经分子检测确定 *HA* 基因在 73 株植株中得到表达，转化率达到 58.8%；经 Western 杂交检测在百脉根组织中已有 HA 抗原蛋白，证明利用百脉根表达禽流感血凝素蛋白是可行的。2010 年玉春等利用农杆菌介导法将木聚糖酶 *xynB* 基因转入紫苜蓿，RT-PCR 检测 *xynB* 基因已经导入苜蓿中，丹磺酰（DNS）法检测转基因植株的木聚糖酶活性为 10.5U/g 鲜叶片，为利用紫苜蓿生产酶制剂奠定了基础。

第四章 宁夏牧草种质资源概述

第一节 宁夏自然环境与草地资源概况

一、宁夏自然环境概述

宁夏回族自治区是中国五个少数民族自治区之一，位于西北地区东部，黄河流域中上游，地理坐标东经 104°17′~109°39′，北纬 35°14′~39°23′，远离海洋，深居内陆西北高原，跨越西北干旱区域和东部季风区域。宁夏全区面积 6.64 万 km²，地跨黄土高原和内蒙古高原，地形南北狭长，南北相距约 456km，东西相距约 250km。地貌可分为黄土高原、鄂尔多斯高原、黄河冲积平原、宁中山地与山间平原、贺兰山山地及六盘山山地 6 个地貌区，基本包括了中国西部地区的大部分生态类型，集中了西部地区生态建设的所有特征，是中国西部地区的一个缩影。

宁夏属典型大陆性气候，干旱少雨、日照充足、昼夜温差大，蒸发强烈、风大沙多，年均气温 8~9℃，≥10℃积温 3200~3300℃，无霜期 150~195d，年降水量 180~350mm。宁夏林地面积 196.65 万 hm²，占土地总面积（519.50 万 hm²）的 37.85%；森林面积 51.10 万 hm²，占林地面积 25.99%；森林覆盖率为 9.84%。荒漠化总面积 297.45 万 hm²，占土地总面积的 57.26%；沙化土地面积 118.26 万 hm²，占土地总面积的 22.76%。草原面积 301.41 万 hm²，占土地总面积的 58.02%。自然保护区 13 个，总面积为 54.71 万 hm²，占土地总面积的 10.53%。森林与草原共同构成宁夏植被的主体，是生态系统的重要组成部分和黄河中游上段的重要生态保护屏障。黄河自南向北过境，全长 397km，是支撑宁夏社会经济发展的主要水资源。

宁夏地势南高北低，从海拔 2100m 呈阶梯状下降到 1090m，两端海拔相差约 1000m，年均气温从 5.2℃上升到 8~9℃，温度相差 4℃左右，蒸发量自 1400mm 上升到 2400mm，南部地形的抬高伴随着降水量的增加，年降水量自南部的 600mm 以上减少到北部的 180mm 以下，干燥度自南部不到 1.0 上升到北部的 4.0 以上。≥10℃积温从 1900℃上升到 3252℃，生长季从 180d 上升到 200d 左右，年日照时数从 2400h 上升到 3000h。

二、宁夏天然草地资源概况

全区天然草原 244.33 万 hm²，主要分为 5 个大类 38 个组 304 个型。

1. **温性草甸草原**　面积 0.87 万 hm²，占草原总面积 0.35%，主要分布于六盘山及小黄峁山、瓦亭梁山、月亮山、南华山等山地，年降水量为 500～600mm，主要建群种有铁杆蒿、牛尾蒿、异穗苔草、甘青针茅等。

2. **温性典型草原**　面积 63.59 万 hm²，占草原总面积 26.03%，主要分布于盐池县（南部）、同心县、海原县、原州区、彭阳县，年降水量为 300～500mm，主要建群种有长芒草、硬质早熟禾、铁杆蒿、牛枝子、百里香、阿尔泰狗娃花、星毛委陵菜、冷蒿、漠蒿、甘草、短花针茅、角蒿、大针茅、荒漠锦鸡儿、蒙古冰草、糙隐子草等。

3. **温性荒漠草原**　面积 144.30 万 hm²，占草原总面积 59.06%，主要分布于宁夏中北部的灵武市、中卫市、青铜峡市、石嘴山市、红寺堡区、中宁县、盐池县，年降水量为 200～300mm，主要建群种有短花针茅、糙隐子草、刺旋花、猫头刺、川青锦鸡儿、冷蒿、漠蒿、耆状亚菊、珍珠、红砂、木本猪毛菜、老瓜头、骆驼蒿、多根葱、大苞鸢尾、牛枝子、披针叶黄华、甘草、苦豆子、荒漠锦鸡儿、柠条锦鸡儿、小叶锦鸡儿、中亚白草、赖草、芨芨草、卵穗苔、黑沙蒿等。

4. **温性草原化荒漠**　面积 22.70 万 hm²，占草原总面积 9.29%，主要分布于青铜峡市、沙坡头区、中宁县、平罗县的石质土石质山丘坡地或滩地，主要建群种有珍珠、红砂、列氏合头草、木本猪毛菜、猫头刺、沙冬青、麻黄骆驼蒿、多根葱、栉叶蒿、冠芒草、三芒草、白刺、柠条锦鸡儿等。

5. **温性荒漠**　面积 4.87 万 hm²，占草原总面积 1.99%，主要分布于宁夏中北部干旱地区银北贺兰山洪积扇、青铜峡市西部、灵武市东部、中卫市东北部、盐池县惠安堡，主要建群种有盐爪爪、西伯利亚白刺、芨芨草、白沙蒿等。

除上述主要类型外，宁夏还有山地草甸、低地草甸、灌丛草甸、灌丛草原、荒漠和疏林草原 6 类非地带（隐域）性草原类型，因分布零散，面积不大，未进行资源统计，但其生态意义重大，生物多样性明显，尤其是山地草甸、低地草甸、灌丛草甸类草原，生境良好，草本、灌木等多种植物群聚共生，植物种类繁多，种质资源较丰富。

第二节　宁夏牧草种质资源现状

一、宁夏牧草种质资源种类及丰富度

宁夏地处我国干旱、半干旱和半湿润地带，自然地形比较复杂，草地类型多样，又处在农牧交错带，荒漠区、绿洲区交错分布，地理条件复杂，社会活动频繁，这些自然、社会环境成就了宁夏丰富的植物种质资源。据《宁夏植物志》记载，全区共有各类植物资源 130 科 645 属 1909 种（含亚种、变种、变型）。据 20 世纪 80 年代，宁夏草业工作者组织开展的宁夏草地资源调查统计，宁夏天然草地有重要维管植物资源 1290 种，其中菊科植物 152 种，禾本科植物 149 种，豆科植物 95 种，藜科植物 56 种，莎草科植物 33 种，其他科植物 805 种，种数在 30 种以上的大科还有毛茛科、百合科、藜科、唇形科和十字花科（表 4-1）。

表4-1   宁夏天然草地植物重要科属组成

科名	属数	种数	科名	属数	种数
麻黄科	1	5	报春花科	5	14
杨柳科	2	15	兰雪科	1	5
榆科	1	4	龙胆科	12	21
蓼科	5	62	萝科	2	9
藜科	17	56	旋花科	3	8
石竹科	12	27	紫草科	12	17
毛茛科	14	64	唇形科	19	30
十字花科	15	30	茄科	5	11
蔷薇科	20	88	玄参科	9	23
豆科	25	95	车前科	1	3
亚麻科	1	3	菊科	43	152
蒺藜科	5	10	香蒲科	1	4
芸香科	3	4	禾本科	50	149
远志科	1	2	莎草科	8	33
大戟科	4	13	百合科	18	39
柽柳科	3	10	鸢尾科	2	9
瑞香科	3	4	其他科	130	246
伞形科	14	25	合计	467	1290

二、宁夏牧草种质资源品质特点

宁夏植物种质资源中具有重要饲用价值的牧草种质资源有 490 种，主要集中在禾本科、豆科和菊科等科（表 4-2）。优等饲用价值牧草种质资源 117 种，占 23.9%，其中，禾本科 45 种，豆科 46，菊科 8 种，其他科 18 种。良等饲用价值牧草种质资源 102 种，占 20.8%，其中，禾本科 39 种，豆科 12，菊科 11 种，其他科 40 种。中等饲用价值牧草种质资源 271 种，占 55.3%，其中，禾本科 14 种，豆科 23 种，菊科 58 种，其他科 176 种。

表4-2　宁夏主要饲用植物种数和比例

科名	优等饲用价值		良等饲用价值		中等饲用价值	
	种数	比例/%	种数	比例/%	种数	比例/%
禾本科	45	9.2	39	8.0	14	2.9
豆科	46	9.4	12	2.4	23	4.7
菊科	8	1.6	11	2.2	58	11.8
其他科	18	3.7	40	8.2	176	35.9
总计	117	23.9	102	20.8	271	55.3

三、宁夏自然保护区牧草种质资源与多样性

近些年，一些研究者分别对宁夏自然保护区植物资源与多样性进行了调查研究。

宁夏南部的六盘山国家级自然保护区有高等植物 123 科 382 属 1000 种，其中经济价值较高的资源植物 150 种，饲用植物 850 种，药用植物有 600 余种。植被覆盖率达 80% 以上，植被类型有高山草甸、草甸草原、阔叶混交林、针阔混交林、阔叶矮林等。

贺兰山国家级自然保护区现有野生植物 690 种，隶属于 80 科 324 属，种子植物共 678 种，占中国种子植物总数的 2.8%，许多植物具有较高的经济价值，可用于防沙、治沙或作为牧草、油料、中药材等开发利用。其中有国家级重点保护的 5 种，分别是沙冬青［*Ammopiptanthus mongolicus*（Maxim. ex Kom.）Cheng f.］、野大豆（*Glycine soja* Sieb. et Zucc.）、蒙古扁桃（*Prunus mongolica* Maxim.）、羽叶丁香（*Syringa pinnatifolia* Hemsl.）和四合木（*Tetraena mongonlica* Maxim.）。贺兰山特有种（斑子麻黄、贺兰山棘豆、单小叶棘豆、贺兰山麦瓶草）和特有变种（贺兰山稀花紫堇、贺兰山翠雀花、紫红花大萼铁线莲、大叶细裂槭、贺兰山丁香等）10 种。此外，贺兰山也是模式标本产地，从这里采集、命名的植物模式标本有 33 种。

云雾山国家级自然保护区内共计有种子植物 51 科 131 属 182 种，占黄土高原半干旱区植物种数的 41%。其中，裸子植物 1 科 1 属 1 种，被子植物 50 科 130 属 181 种。

罗山国家级自然保护区有 65 科 204 属 366 种维管植物。

四、宁夏牧草种质资源主要来源与分布

宁夏牧草种质资源主要来自以下 4 个方面。

（一）天然草地的牧草资源

1. 北部干旱、风沙干旱地带超旱生、强旱生牧草资源　如膜果麻黄（*Ephedra przewalskii* Stapf）、斑子麻黄（*Ephedra lepidosperma* C. Y. Cheng）、红砂［*Reaumuria*

songarica（Pall.）Maxim.]、珍珠猪毛菜（*Salsola passerina* Bunge）、猫头刺（*Oxytropis aciphylla* Ledeb.）、短花针茅（*Stipa breviflora* Griseb.）、细弱隐子草（*Cleistogenes gracilis* Keng）、牛枝子（*Lespedeza potaninii* Vass.）、冷蒿（*Artemisia frigida* Willd.）、黑沙蒿（*Artemisia ordosica* Krasch.）、沙生针茅（*Stipa glareosa* P. Smirn.）、白草（*Pennisetum centrasiaticum* Tzvel.）、大苞鸢尾（*Iris bungei* Maxim.）、沙蓬［*Agriophyllum squarrosum*（L.）Moq.]、甘草（*Glycyrrhiza uralensis* Fisch.）、披针叶黄华（*Thermopsis lanceolata* R. Br.）、苦豆子（*Sophora alopecuroides* L.）、罗布麻（*Apocynum venetum* L.）等。

2. 半干旱地带旱生、广旱生牧草资源　如大针茅（*Stipa grandis* P. Smirn.）、长芒草（*Stipa bungeana* Trin.）、糙隐子草［*Cleistogenes squarrosa*（Trin.）Keng]、百里香（*Thymus mongolicus* Ronn.）、星毛委陵菜（*Potentilla acaulis* L.）、甘肃蒿（*Artemisia gansuensis*）等。

3. 阴湿、半阴湿山地中生、旱中生牧草资源　如地榆（*Sanguisorba officinalis* L.）、大火草［*Anemone tomentosa*（Maxim.）Pei.]、白花枝子花（*Dracocephalum heterophyllum* Benth.）、嵩草［*Kobresia bellardii*（All.）Degl.]、珠芽蓼（*Polygonum viviparum* L.）等。

4. 河谷湿地中生、盐中生牧草资源　如马蔺［*Iris lactea* Pall. var. *chinensis*（Fisch.）Koidz.]、盐地碱蓬［*Suaeda salsa*（Linn.）Pall.]、碱蒿（*Artemisia anethifolia* Web. Stechm）、盐地风毛菊［*Saussurea salsa*]、扁杆藨草（*Scirpus planiculmis* Fr. Schmidt）、水葱（*Scirpus validus* Vahl）、长芒棒头草［*Polypogon monspeliensis*（Linn.）Desf.]、水莎草［*Juncellus serotinus*（Rottb.）C. B. Clarke]、华扁穗草（*Blysmus sinocompressus* Tang et Wang）、具刚毛荸荠（*Heleocharis valleculosa* f. setosa.）、芦苇［*Phragmites australis*（Cav.）Trin. ex Steud.]、狭叶香蒲（*Typha angustifolia* L.）等。

（二）人工、半人工草地的牧草资源

1. 二年生和多年生牧草资源　如紫苜蓿（*Medicago sativa* L.）、直立黄芪（*Astragalus adsurgens* Pall.）、驴食草（*Onobrychis viciifolia* Scop.）、白花草木犀（*Melilotus albus* Medic. ex Desr.）、老芒麦（*Elymus sibiricus* L.）、无芒雀麦（*Bromus inermis* Leyss.）、冰草［*Agropyron cristatum*（L.）Gaertn.]、沙芦草（*Agropyron mongolicum* Keng）等。

2. 一年生牧草资源　如苏丹草［*Sorghum sudanense*（Piper）Stapf]、高粱［*Sorghum bicolor*（L.）Moench]、燕麦（*Avena sativa* L.）、粱［*Setaria italica*（L.）Beauv.]等。

3. 引进推广牧草资源　如聚合草（*Symphytum officinale* L.）、榆钱菠菜（*Atriplex hortensis* L.）、千穗谷（*Amaranthus hypochondriacus* L.）和皇竹草（*Pennisetum sinese* Roxb）、巴天酸模（*Rumex patientia* L.）等。

（三）灌木、乔木牧草资源

1. 天然饲用灌木　如胡枝子（*Lespedeza bicolor* Turcz.）、蒙古扁桃［*Amygdalus*

mongolica（Maxim.）Ricker］、木碱蓬［*Suaeda dendroides*（C. A. Mey.）Moq.］、木地肤［*Kochia prostrata*（L.）Schrad.］、柽柳（*Tamarix chinensis* Lour.）等。

2. 人工栽培饲用灌木　如北沙柳（*Salix psammophila*）、中间锦鸡儿（*Caragana intermedia* Kuang et H. C. Fu）、柠条锦鸡儿（*Caragana korshinskii* Kom.）、细枝岩黄耆（*Hedysarum scoparium* Fisch. et Mey.）、山竹子（*Hedysarum mongolicum* Turcz.）、沙棘（*Hippophae rhamnoides* L.）、山杏［*Armeniaca sibirica*（L.）Lam.］、山桃［*Amygdalus davidiana*（Carrière）de Vos ex Henry］等。

3. 饲用乔木　如刺槐（*Rubinia pseudoacacia*）、榆（*Ulmus pumila* L.）、桑（*Morus alba* L.）、沙枣（*Elaeagnus angustifolia* L.）、构树［*Broussonetia papyrifera*（Linn.）L'Hér. ex Vent.］等。

（四）水域牧草资源

水域饲用植物主要包括生于湖沼、水库、沟渠中的水生植物，如眼子菜（*Potamogeton distinctus* A. Benn.）、狐尾藻（*Myriophyllum verticillatum* L.）、金鱼藻（*Ceratophyllum demersum* L.）、杉叶藻（*Hippuris vulgaris* L.）等。

第三节　宁夏牧草种质资源研究及保护利用现状

一、宁夏野生植物资源的调查

自 20 世纪 80 年代全区开展宁夏草场植被资源调查后，又相继开展了贺兰山、罗山、六盘山、云雾山等自然保护区植被调查。目前编写的与宁夏野生植物资源调查有关的书籍有《宁夏植物志》《宁夏大罗山植被研究》《宁夏罗山维管植物》《宁夏主要饲用及有毒有害植物》《贺兰山植被》《贺兰山植物志》《六盘山国家级自然保护区综合科学考察报告》《宁夏云雾山草原自然保护区综合科学考察报告》《宁夏草地资源与牧草种植》《宁夏主要农业野生植物》等。

二、宁夏牧草种质资源研究与新品种选育

（一）宁夏牧草种质资源收集与评价

1958～1960 年，宁夏回族自治区先后引进苏丹草、鹰嘴豆、救荒野豌豆、毛苕子、红豆草、无芒雀麦等优良牧草种质资源在盐池草原进行引种试验。20 世纪 70 年代，先后引进了羊草、鹅冠草、加拿大披碱草、老芒麦、沙打旺等优良牧草，并开展了引种试验。80 年代，姚之春等从邻近省引进 8 种豆科牧草和 4 种禾本科牧草在盐池县四墩

子乡开展了牧草引种适应性试验研究；耿本仁对收集的 43 种牧草种质材料的引种适应性、主要性状遗传变异力以及种子膨胀吸水量进行了系列研究。21 世纪以后，赵功强等于 1999~2005 年先后从国内外引进 67 份苜蓿种质资源在分别在固原市黑城乡、火石寨乡等地方开展引种试验、品种比较试验和区域试验，筛选一批适合宁夏干旱区种植的苜蓿品种，建立了宁夏干旱区苜蓿种质资源圃。成红等于 2005~2007 年从国内外引进 10 个多年生禾本科牧草和 14 个一年生牧草种质材料分别在宁南黄土丘陵区和固原井灌区开展了引种试验。兰剑等于 2005~2006 年分别收集 27 份早熟禾、17 份黑麦草、30 份高羊茅和 24 份苜蓿种质资源，并对其进行了萌发期和苗期抗旱耐盐性鉴定评价。伏兵哲等于 2012~2015 年对国内外培育的 41 个苜蓿品种在宁夏引黄灌区开展品种比较试验，筛选出了适合引黄灌区种植的苜蓿品种。伏兵哲等（2011）对宁夏天然草原生长的沙芦草、早熟禾、无芒雀麦、牛枝子、草木樨状黄芪、猫尾草等重要乡土牧草种质资源进行了收集，总共收集牧草种质资源 100 余份。

2014~2018 年在宁夏农业育种专项的支持下，伏兵哲等累计收集牧草种质资源 1381 份，其中饲用玉米自交系 277 份，饲用高粱自交系 500 份，苜蓿 538 份，燕麦、沙芦草、无芒雀麦等 20 份，其他禾本科牧草种质材料 46 份。对收集的 100 份饲用玉米自交系进行表型鉴定，筛选出农艺性状和适应表现好的种质材料 72 份。对这 72 份饲用玉米自交系分别进行萌发期耐盐性、苗期耐盐性、全生育期耐盐性鉴定，筛选出萌发期耐盐材料 30 份，苗期耐盐材料 10 份，全生育期耐盐材料 6 份。对 72 份饲用玉米自交系分别进行萌发期抗旱性和苗期抗旱性鉴定，筛选出萌发期抗旱材料 22 份和苗期抗旱材料 7 份。对收集的 153 份高粱种质资源材料进行生物学性状和含糖量的鉴定，筛选出 5 份株高在 4m 以上产量高的材料，7 份含糖量高于 20% 的材料，具有高产性状的饲用高粱材料 26 份。对 114 份饲用高粱在 300mmol/L NaCl 浓度下进行耐盐性鉴定，筛选出 35 份耐盐性强的饲用高粱材料，在 75mmol/L $NaHCO_3$：Na_2CO_3（5：1）碱土壤中进行耐碱性鉴定，筛选出 7 份耐碱材料。对收集的 360 个苜蓿种质材料进行表型性状鉴定，筛选出了 50 份高产优质苜蓿种质材料；对 98 份苜蓿材料进行了萌发期和苗期耐盐性鉴定，筛选萌发期耐盐材料 20 份，苗期耐盐材料 6 份；对 59 份苜蓿材料进行苜蓿种质资源萌发期和苗期抗旱性鉴定，筛选出萌发期抗旱性强的材料 19 份，苗期抗旱性强的材料 17 份。对收集的 1381 份种质资源建立牧草种质资源电子数据库以及二维码电子身份信息，在平吉堡现代农业示范园区建立了 1 个多年生牧草种质资源综合圃，在同心县王团镇宁夏旱作节水农业科技园区建立 1 个多年生牧草种植资源抗旱性鉴定圃，在宁夏大学科技楼建立 1 个牧草种质资源低温库。

（二）牧草新品种选育

截至目前，宁夏审定登记的牧草品种有 14 个（表 4-3），其中国审品种 4 个，自治区审定品种 8 个；育成品种有 3 个（21.4%），地方品种有 2 个（14.3%），引进品种有 9 个（64.3%）；4 个为禾本科，9 个为豆科，1 个为藜科。

表4-3　宁夏审定登记牧草名录

序号	科名	属名	种名	品种名称	拉丁学名	审定登记年份	审定登记单位	品种类型
1	禾本科	稗属	湖南稷子	海子1号	*Echinochola crusgalli*（L.）Beauv. var. *frumentacea*（Roxb）W. F. Wight	1988	全国牧草品种审定委员会	育成
2	禾本科	稗属	无芒稗	宁夏无芒稗	*Echinochola crusgalli*（L.）Beauv. var. *mitis*（Pursh）	1999	全国牧草品种审定委员会	地方
3	禾本科	高粱属	苏丹草	宁农苏丹草	*Sorghum sudanense*（Piper）stapf.	1996	全国牧草品种审定委员会	育成
4	禾本科	高粱属	苏丹草	盐地苏丹草	*Sorghum sudanense*（Piper）stapf.	1996	全国牧草品种审定委员会	育成
5	豆科	苜蓿属	紫苜蓿	宁苜1号（美熊杂1号）	*Medicago sativa* L.	2003	宁夏农作物品种审定委员会	引进
6	豆科	苜蓿属	紫苜蓿	宁苜2号（Dei）	*Medicago sativa* L.	2003	宁夏农作物品种审定委员会	引进
7	豆科	苜蓿属	紫苜蓿	宁苜3号（WL325）	*Medicago sativa* L.	2003	宁夏农作物品种审定委员会	引进
8	豆科	苜蓿属	紫苜蓿	固原紫花	*Medicago sativa* L.	2003	宁夏农作物品种审定委员会	地方
9	豆科	苜蓿属	紫苜蓿	三得利	*Medicago sativa* L.	2003	宁夏农作物品种审定委员会	引进
10	豆科	苜蓿属	紫苜蓿	中苜1号	*Medicago sativa* L.	2003	宁夏农作物品种审定委员会	引进
11	藜科	甜菜属	甜菜	宁引饲甜2号（FF10000）	*Beta vulgaris* L.	2005	宁夏农作物品种审定委员会	引进
12	豆科	苜蓿属	紫苜蓿	CW272	*Medicago sativa* L.	2006	宁夏农作物品种审定委员会	引进
13	豆科	苜蓿属	紫苜蓿	CW400	*Medicago sativa* L.	2006	宁夏农作物品种审定委员会	引进
14	豆科	苜蓿属	紫苜蓿	甘农3号	*Medicago sativa* L.	2006	宁夏农作物品种审定委员会	引进

第四节　宁夏牧草种质资源研究利用存在问题与对策

一、宁夏牧草种质资源研究和利用中存在的问题

宁夏拥有较丰富的牧草种质资源，但是对牧草种质资源的研究和利用则相对滞后，主要体现在以下几方面。

（一）野生牧草资源研究、保护和利用不够

野生牧草是经过长期自然选择保存下来的草种资源，具有适应性好、抗寒、抗旱、耐风沙、耐瘠薄、耐酸、耐盐碱等优良特性，是一些栽培品种无法比拟的，但由于生态环境的恶化，草地生物多样性受到严重破坏，一些重要牧草种质出现数量

减少，面临灭绝的现象。而宁夏牧草研究主要还是以栽培牧草品种资源的引进筛选为主，缺乏对野生种质资源的全面收集、系统深入鉴定评价和对重要濒危野生牧草资源的保护。

（二）牧草种质资源研究持续性和系统性差

宁夏在我国属于比较小的省（自治区），在牧草种质资源研究方面重视程度不够，缺乏长期稳定的经费支持，牧草种质资源的研究一直处于品种资源引进评价，再引进再评价的初级阶段，缺乏广泛的收集、评价、保存和利用深入系统的研究，而且一直没有长期固定的牧草种质资源圃和种质资源保存库，即使通过引进和评价出具有优良性状的种质资源也很难保留下来，造成资源遗传背景不清，利用价值不明，难以开发利用。

（三）可供筛选和育种的优异种质仍然缺乏，严重影响牧草品种的选育

宁夏牧草的育种工作非常薄弱，审定登记的品种多为引进品种，自己真正培育的育成品种只有 3 个，近 10 年来没有 1 个审定登记品种。牧草新品种培育少的直接原因就是资源评价不够系统、深入，资源遗传背景不清，可用基因缺乏，创新力不强。因此，总结其他作物及国外牧草种质资源和育种的研究经验，加快牧草种植资源研究和现代化育种进程，尤为重要。

（四）牧草种质资源的研究方法相对滞后

随着试验手段的不断改进以及生物技术的广泛应用，牧草种质资源的研究方法已经从原来的形态学水平逐步更新发展到目前的分子水平。目前，宁夏地区对牧草种质资源的研究仍停留在植物学特征、生态生物学特性和主要农艺性状方面，在抗逆性、抗病虫、营养品质及遗传特性等方面的鉴定、评价较少，重点优良草种优异遗传特性分子水平上的深入研究、用现代生物技术和转基因技术有目的地创造新种质的研究工作更少，而国外的育种工作者很早开始着重研究分子生物学育种技术中的一些关键问题，如基因克隆、高效表达载体的构建、可选择的分子标记等，并在牧草抗病、抗除草剂、抗虫以及延缓植株木质化过程等基因工程育种方面取得了很大的进展。

（五）牧草种质资源研究技术体系不健全

由于牧草种质资源种类多，所以收集、鉴定、评价和利用等方面缺少国家标准或行业标准，造成其研究内容、指标、方法、获得的数据及格式等不一致和不全面，数据信息利用的局限性和可比性较差。由于没有全国性的牧草种质资源管理规章和制度，收集到的国内外牧草种质资源缺乏统一的登记与编目，造成收集种质来源不明、重复收集和得而复失、种质有效保护和利用效率低等问题。尚未形成和完善收集、保护、

鉴定评价、种质创新利用等一系列技术体系。

二、对策

（一）加强宁夏牧草种质资源的收集、保存和鉴定工作

从宁夏现有的牧草种质资源工作基础和总体目标出发，查明宁夏野生优良牧草资源物种及其遗传多样性受威胁状况，广泛收集和深入研究优良珍贵牧草种质资源，加强牧草种质资源圃、种质资源保存库和科学研究试验场圃等设施建设，保障和提高宁夏具有重要经济价值和科学研究价值的野生牧草种质资源的保护。从种草养畜、生态环境改善和城市绿化等需要出发，鉴定和筛选出一批可供育种利用的优异种质材料。建立和完善收集、保存及评价鉴定技术体系。

（二）加强同国内外牧草种质资源的交流与合作

加强与周围省（直辖市、自治区）及国外的交流与合作，派人实地收集、引进外来种质，丰富宁夏牧草的种质资源，并解决保护和利用的关键技术，进行深入研究，为科研和生产服务。对从境外引进的新物种，要特别重视生物多样性保护和生物安全的检测，对每次引进的牧草种质要首先进行生态适应性评价和生物安全性检测，以免对我国的生态环境造成负面影响。

（三）利用现代生物技术开展牧草种质资源研究

生物技术的快速发展，为牧草种质资源的研究开辟了广阔的前景，借鉴国内外先进技术与方法，积极开展牧草优良基因的发掘、功能研究以及利用平台构建，从细胞、分子水平深化对遗传多样性的认识，开展控制优良性状基因定位、遗传图谱建立、新遗传性状诱导、创造，研究开发具有抗盐性、抗旱性、优质的优良草种，促进宁夏地区的经济发展，管理和利用好宝贵的生命资源。

（四）拓宽宁夏牧草种质资源的利用途径

牧草种质资源收集、保存的最终目的是为了更好地利用这些资源为育种工作服务，为生产服务，为子孙后代造福。通过以下途径拓宽种质资源的利用：①牧草种质资源在经过引种试种、鉴定评价后，可筛选优良品种直接用于牧草生产；②在鉴定评价的基础上，筛选出来的具有某些特殊性状的材料，可作为培育新品种的重要材料；③对收集到的性能良好的牧草种质资源材料按照牧草型、水土保持型、草坪型、观赏型、药用型、良好育种材料型等不同类型进行适用价值研究，并对其进行大面积推广应用；④与育种工作者密切配合，开展行之有效的野生驯化、轮回选择和杂交育种的品种开发工作，使资源尽快地服务于生产实践，提高资源的利用率。

（五）制定扶持政策，增加资金投入

牧草种质资源的保护和利用是一项经常性的基础性工作，也是一项利国利民的社会公益性事业，需要国家和政府部门给予极大的支持和保障才能顺利地开展。首先，政府要加大对牧草种质资源保护的宣传，充分利用新媒体、电视等现代媒体资源宣传牧草种质资源保护的意义，引导和鼓励社会各界为牧草种质资源的保护和利用献计献策，并积极参与其中。其次，政府部门也要根据我区牧草种质资源的保护现状制定必要的扶持政策，加大对牧草种质资源保护和研究的经费投入，积极引进专业的牧草种质资源研究人才和先进的技术，加强国际间的交流合作，从而促进宁夏牧草种质资源保护和利用工作的持续稳定发展。

下篇

宁夏主要牧草种质资源

第五章　禾本科牧草种质资源

大麦

【学　　名】*Hordeum vulgare* L.

【别　　名】牟麦、饭麦、赤膊麦

【资源类别】本地种质资源

【分　　布】全区有栽培。我国各地栽培：黑龙江、吉林、辽宁、内蒙古、山西、甘肃、青海、新疆、西藏种植春大麦；河北及其以南地区种植冬大麦。

【形态特征】一年生栽培作物，高 50～100cm。秆直立，与叶鞘皆无毛；叶鞘顶端具叶耳，叶舌膜质。穗状花序，每节着生 3 个完全发育的小穗，通常均无柄；颖线形或线状披针形，先端常延伸成芒；外稃先端延伸成长 8～13cm 的芒；内稃与外稃等长。颖果成熟后黏着内外稃，不易脱落。自花授粉植物。

【生物学特性】大麦生育期较短，一般为 160～250 天，种子萌发的最低温度为 0～3℃，最适为 18～25℃。分蘖发生的适宜温度为 13～15℃，最低为 3℃。生长最低温度为 3～4.5℃，最适为 20℃，最高为 28～30℃；成熟期以不低于 17～18℃为宜，高于 25℃易早衰，影响灌浆。大麦根系较弱，在土壤田间最大持水量为 70% 左右，根际温度 14～18℃时最利于根系的生长。早晨 6～8 时与午后 3～5 时开花为多，中上部小花先开，然后向上、向下依次开花。一朵花开放时间为 20～30min，全穗小花经 3～4 天、单株各穗经 7～9 天开花完毕。大麦以种植在排水良好的肥沃砂壤土或黏壤土为好，宜中性略偏微碱，pH 以 6～8 为适宜。耐酸性、耐湿性和苗期抗寒性均比小麦弱，耐盐碱性和抗旱性则较强。

【饲用价值】大麦为优质饲料作物，叶量较多，秸秆柔软，适口性好；青嫩期各类家畜都喜食。与其他农作物秸秆混合饲喂牛、羊、马，能提高其他秸秆的采食率。不足之处是穗状花序芒长而粗硬，影响饲用价值。大麦秸秆含粗蛋白质 5.79%，可消化粗蛋白质 17g/kg。籽实可做精饲料，粗蛋白质含量一般在 12%～14%，可消化粗蛋白质 90～120g/kg。

紫大麦草

【学　　名】*Hordeum violaceum* Boiss. et Huet.

【别　　名】紫野麦草

【资源类别】野生种质资源

【分　　布】产于银川、中卫、海原等地。分布于我国河北、内蒙古、陕西、甘肃、青海、新疆、广西、云南等地。

【形态特征】多年生草本，高 30～50cm；秆丛生。穗状花序弯曲，绿色或带紫色；穗轴每节着生 3 小穗，两侧小穗退化，具 1mm 的柄，退化外稃针状；中间小穗无柄，颖刺芒状；外稃披针形，先端具 3～5mm 的芒；内稃与外稃等长。成熟后穗轴易逐节脱落。

【生物学特性】耐盐中生植物，生长在水分条件较好的草地、河边路旁。分布区海拔 800～3450m，年均温 0～10.3℃，≥10℃积温 2100～3300℃，年降水量 100～500mm。其生境水分较好，pH7.5～8.0，可为轻盐碱化。耐冬季 −36℃低温及夏季 36℃高温。4 月中旬返青，7 月上旬抽穗，7 月中旬开花，7 月末结果，8 月成熟，生育期 120 天；高海拔地区 5 月中旬返青，生育期 90 天。分蘖力及再生性强，灌溉地栽培可刈、牧兼用。结籽后易脱粒，种子 70% 成熟时需适期收获。

【饲用价值】优等饲用植物。青绿期草质柔软，适口性好，羊、牛、马均喜食；抽穗后适口性略有下降。调制成青干草，适口性良好，各类家畜喜食；属于牧、刈兼用的饲草。缺点是成熟时种子易脱落，采种较困难。

█ 垂穗披碱草

【学　　名】*Elymus nutans* Griseb.

【资源类别】野生种质资源

【分　　布】产于贺兰山、六盘山、南华山、月亮山及中卫、贺兰。分布于我国河北、内蒙古、陕西、甘肃、青海、新疆、四川、西藏。

【形态特征】染色体数：$2n=6x=42$。多年生草本，高 40～60cm。叶片上面疏被白色长柔毛。穗状花序较紧密，小穗排列多少偏于一侧，弯曲而先端下垂；穗轴每节通常具 2 小穗，近顶端仅 1 小穗，小穗成熟后带紫色，含 3～4 花，仅 2～3 花发育；颖显著短于第一小花，先端渐尖或具长 1～4mm 的短芒；第一外稃顶端具 10～20mm、开展或外曲的芒；内稃等长于外稃。

【生物学特性】生于海拔 450～4500m 的平原、高原、山坡、沟谷、河滩地、路边。耐高寒，可忍耐冬季 −38℃低温。在宁夏南部阴湿、半阴湿山地，常为亚优势种、优势种或伴生种，生于杂类草山地草甸中，也与芨芨草一起生长于河漫滩、沟谷、路边。靠根茎及种子繁殖。幼苗当年可抽穗，第 2 年 4 月中、下旬返青，6 月上、中旬抽穗开花，8 月上、中旬种子成熟，生育期 102～120 天。分蘖力强，当年株可分蘖 2～10 枝，土壤肥沃可达 20～45 枝，第 2 年 30～80 枝，有效分蘖占 50% 左右。开花期刈割，至 9 月下旬可收获再生草，是在高海拔地区建立割草场或刈、牧兼用草场的优良草种。

【饲用价值】良等饲用牧草，各类家畜四季喜食。未抽穗前草质青嫩，营养丰富，刈割青饲或放牧均可。开花后生殖枝变硬，适口性降低。垂穗披碱草可采种作为改良阴湿山区退化草甸草地的草种，也是高海拔地区建设人工割草地或放牧草地的良好草种。

老芒麦

【学　　名】*Elymus sibiricus* Linn.

【别　　名】西伯利亚披碱草、垂穗大麦草

【资源类别】野生种质资源

【分　　布】产于贺兰山、六盘山、南华山、月亮山及盐池。分布于我国内蒙古、四川、西藏等地。

【形态特征】染色体数：$2n=4x=28$。多年生草本，高 $60\sim90$cm，秆直立，丛生或单生。叶片扁平。穗状花序较疏松，下垂，长 $10\sim20$cm，每节具 2 枚小穗，基部、上部常 1 小穗，小穗排列不偏于一侧；小穗灰绿色或稍带紫色，含（3）$4\sim5$ 花；颖显著短于第一小花，先端渐尖或具短芒；第一外稃芒长 $15\sim20$mm，展开或向外反曲；内、外稃几等长。

【生物学特性】中生植物。生于海拔 $2100\sim2500$m 的山坡针叶、落叶阔叶疏林下、林缘草甸、草甸草原、沟渠边、路旁。多散生，局地可成小面积占优势的群落。在年水量 $400\sim500$mm 地区可旱地栽培。根系深达 1.2m 以上，幼苗可忍耐 $-4\sim-3$℃严寒，冬季 $-38\sim-36$℃越冬率达 96%；生育期需活动积温 $1500\sim1800$℃，有效积温 $700\sim800$℃。适 pH $7\sim8$ 生境，在弱酸、微碱性土壤也可生长，不耐重盐化土。返青后 $90\sim120$ 天开花，花果期 $6\sim9$ 月，结果后 10 天乳熟，15 天蜡熟，20 天左右完熟，生育期 $120\sim140$ 天。花期茎、叶、穗比为 $1:1.5:0.35$。分蘖力和再生性强，水肥条件好时可刈 2 次，再生草占两次产量的 20%，叶占再生草的 $60\%\sim70\%$。

【饲用价值】良等饲用植物，在披碱草属中是蛋白质含量较高的。适口性好，叶量丰富，再生性好，可四季放牧利用，冬季叶量保存好，马、牛、羊等家畜都喜食。适宜割制青干草，也可制作青贮。

披碱草

【学　　名】*Elymus dahuricus* Turicz.

【别　　名】穗大麦草

【资源类别】野生种质资源

【分　　布】产于贺兰山、罗山、六盘山及银川、中卫、固原、盐池。分布于我国内蒙古、河南、广西、四川、云南、贵州、西藏等地。

【形态特征】染色体数：$2n=6x=42$。多年生草本，秆直立，丛生，高 $60\sim80$cm。叶片下面无毛，上面疏被长绒毛。穗状花序直立，长 $8\sim16$cm，每节 2 小穗，近顶端，基部仅 1 小穗；小穗长 $10\sim15$mm，含 $3\sim5$ 花，全部发育；颖与第一外稃近等长，先端长渐尖至具短芒，第一外稃顶端具长 $10\sim20$mm，向外开展的芒；内稃等长于外稃。

【生物学特性】中生植物。生于海拔 $1900\sim2300$m 的山坡、沟谷、河滩草甸、轻盐化草甸，也多见于村庄、路旁。适黑钙土、暗栗钙土、黑垆土等，pH8.7 可良好生长，耐轻盐化，土壤含钠盐 0.2% 时种子正常发芽，1% 时仅少量发芽。主根深 110cm 以上；4 月中旬返青，7 月上旬开花，7 月下旬种子成熟，进入果后营养期，11 月上旬枯黄，生育期 100～126d，生长期 180～210d。单株分蘖 30～100 枝。每穗结成熟种子 253～760 粒，新采种子有 40～60d 的后熟期，寿命 2～3 年。一般收种后于次年播种，当年仅少量开花，不结实，次年进入结实期。再生性不强，抽穗期刈割，再生草仅为总产量的 15%～24%，初花期刈割为 8.5%～19%，种子成熟时刈割则不能再生。

【饲用价值】良等饲用植物。青嫩期草质柔软，适口性好，各类家畜喜食。分蘖力强，再生性好，叶量较丰富，冬季叶片保存率高，适宜牧、刈兼用。抽穗后茎叶变粗老，适口性和质量降低；孕穗或初花期刈割，调制成优质青干草，除饲喂牛、羊外还可以粉碎喂猪。据分析，抽穗期含粗蛋白质 7.62%～11.49%、可消化粗蛋白质 57.22～94.77g/kg。

▌麦薲草

【学　　名】*Elymus tangutorum*（Nevski）Hand. -Mazz.

【资源类别】野生种质资源

【分　　布】产于贺兰山、南华山及盐池。分布于我国内蒙古、山西、甘肃、青海、新疆、四川、西藏。

【形态特征】染色体数：$2n=6x=42$。多年生草本，茎直立、丛生，高 50～120cm。穗状花序直立，较紧密，每节 2 小穗，近顶端 1 小穗；颖与第一外稃近等长，先端长渐尖至具短芒；第一外稃顶端具长 3～11mm 的芒，内稃与外稃等长。

【生物学特性】中生植物。生于海拔 2100～2600m 的山坡、沟谷、草甸、荒地、路边。喜凉爽，耐寒，可忍受冬季 -35℃低温，不耐夏日高温。适壤质、砂壤质黑钙土、栗钙土、侵蚀黑垆土，pH 4～11 均适宜生长。5 月中播种，当年种子可成熟。次年 4 月初返青，5 月中旬拔节，6 月下旬抽穗，6 月末开花，7 月下旬种子成熟，生育期 113 天。单株生殖枝占 71%，营养枝占 29%，茎、叶、花穗比为 1：0.74：0.38，叶片占生物量的 1/3 以上。地下、地上生物量比为 1：2.3。再生性弱，再生草仅占总产量的 14.7%，低于老芒麦、披碱草，而高于垂穗披碱草。北方一次刈割，可刈、牧兼用。

【饲用价值】优等饲用植物。叶量较丰富，茎叶柔软，适口性好，各类家畜均喜食，可作为建设人工刈割草场或刈、牧兼用草地草种。

▌赖草

【学　　名】*Leymus secalinus*（Georgi）Tzvel.

【别　　名】厚穗披碱草、滨草

【资源类别】野生种质资源

【分　　布】产全区。分布于我国新疆、甘肃、青海、陕西、山西、内蒙古、四川、西藏等地。

【形态特征】染色体数：$2n=4x=42$。多年生草本，高 40～90cm，具根茎，秆直立。

单生或疏丛生。穗状花序直立，每节着生 2～3（稀 1～4）个小穗，每小穗 4～8 花；颖锥形，先端狭窄呈芒状；第一外稃基部不被颖覆盖，先端延伸成芒，内外稃等长。

【生物学特性】旱中生植物，适应幅度相当广泛，从暖温带、中温带的森林草原到干草原、荒漠草原、草原化荒漠，以至 4500m 以上的高寒地带都有分布。既稍喜湿润，又颇耐干旱，能适应轻度盐渍化的生境，就温度和土壤因子而言，比同属羊草有更为广泛的生境适应性。适宜赖草生长的土壤广泛，砂质、砂壤质、壤质；栗钙土、淡栗钙土、黑垆土、灰钙土、淡灰钙土、灰漠土、盐渍化草甸土均可生长。

【饲用价值】中等饲用植物，抽穗前羊、牛、马、驼喜食；抽穗后茎秆变硬，叶变粗糙，适口性下降。冬季保存率高。可放牧利用。抽穗前可割制青干草。据分析，粗蛋白质含量随营养期而降低，营养期达 15.9%，可消化粗蛋白 90.10g/kg；结果期下降到 4.78%，可消化粗蛋白质为 40.08g/kg。

黑麦

【学　　名】*Secale cereale* L.

【别　　名】洋麦

【资源类别】野生种质资源

【分　　布】宁南山区有栽培，以阴湿山区种植较多。我国栽培于北方山区或较寒冷地区，云南、贵州也有栽培。

【形态特征】染色体数：$2n=2x=14$。越年生草本，高 100～110cm。根具砂套。秆直立，疏丛生，花序以下部分密生柔毛。叶片扁平，上面微粗糙，下面光滑。穗状花序顶生；小穗具 2 花，两花近对生；颖几等长，两侧膜质，沿中脉对折成脊；外稃中脉也成锐脊，脊上及上部边缘具刺状纤毛；内外稃等长。颖果淡褐色。

【生物学特性】喜冷凉气候，生育期需 ≥10℃ 积温 2100～2500℃，可忍受冬季 -25℃ 低温，雪被下 -30℃ 可越冬；不耐高温、湿涝，适宜 pH5～8.5 的湿润黏土、耐贫瘠砂壤土，但在肥沃土壤上也生长，再生均快，可优质高产。栽培种分冬、春性类型，温暖地区冬性好，9 月下旬播，次年 3 月上旬返青，4 月下旬利用青草，5～6 月份开花结果，6 月下旬籽实成熟。生长迅速，再生性强，孕穗期刈割，再生草占收获总量的 50%，后期刈割仅占 10%，可刈、牧兼用。

【饲用价值】优等饲用植物。叶量较多，茎秆柔软，营养丰富，羊、牛、马均喜食。青刈饲喂或调制青干草，适口性均很好。青贮适宜在抽穗前刈割，营养与产量均达到最高。抽穗后至结实期茎秆变得粗硬，适口性下降，群众反映此时有锈腥味，家畜多不吃。有报道称，优良品种'冬牧 70'黑麦氨基酸含量丰富，青刈期含粗蛋白质 28.32%，粗脂肪 6.83%，赖氨酸 1.62%；粗蛋白质含量是玉米的 3.29 倍、小麦的 2.3 倍，粗脂肪含量是玉米的 1.95 倍、小麦的 3.7 倍，赖氨酸的含量是玉米的 6 倍、小麦的 4.9 倍；每千克含微量元素铜 18.38mg，锌 17.13mg，铁 367.5mg，锰 55.63mg，镁 20.82mg，钾 2.86mg。

黑麦草

【学　　名】*Lolium perenne* L.

【别　　名】多年生黑麦草

【资源类别】引进种质资源

【分　　布】宁夏有栽培，作饲草或草坪草。我国各地作草坪草种植。

【形态特征】染色体数：$2n=2x=14$，$2n=4x=28$。多年生草本。疏丛生，具根茎，高 30~40（60）cm，具 3~4 节。叶片较柔软，长 10~20cm，宽 3~6cm。穗状花序，穗轴节间长 5~10mm；小穗含 5~11 小花，以其背面对向穗轴；第一颖除顶生小穗外均退化，第二颖位于背轴一方，短于小穗，长于第一小花，5 脉，边缘狭膜质；外稃披针形，5 脉，无芒或具短芒；内稃脊具短纤毛。

【生物学特性】中生植物，喜暖而夏季凉爽生境。生长期适宜温度约为 20℃，高于 35℃不能越夏，低于 15℃也难越冬，适宜南方山地种植。宁南固原原州区庭院种植的可以越冬，银川、石嘴山大武口区也可以在庭院或运动场栽种其耐寒的冷季型草坪品种。作牧草有分蘖多、生长快、草层茂密、再生性强等优点，3 月末至 4 月初返青，5 月开花，6~7 月结籽成熟。

【饲用价值】优等饲用植物。叶量丰富，茎秆柔软，再生性强，耐践踏，是刈、牧皆宜的牧草。牛、羊、马放牧于混播草地，不仅增膘长肉快，产奶多，还能节省精料。青刈可饲喂各种家畜、禽和草食鱼类。粗蛋白质含量高达 25% 以上，可调制成优良青干草、干草粉、草块、草饼等，供冬春饲喂家畜。

纤毛鹅观草

【学　　名】*Roegneria ciliaris*（Trin.）Nevski

【别　　名】北鹅观草

【资源类别】野生种质资源

【分　　布】产于六盘山、泾源。分布于我国黑龙江、吉林、辽宁、河北、内蒙古、山西、山东、河南、安徽、浙江、江苏、陕西、甘肃、四川。

【形态特征】染色体数：$2n=4x=28$。多年生草本，秆单生或成疏丛，直立，高 50~70cm，基部节常膝曲，平滑无毛，常被白粉。叶片扁平，两面无毛。穗状花序直立或多少下垂；小穗通常绿色，含（6）7~12 小花；颖等长于第一外稃，先端常具短尖头，顶端两侧或一侧常具 1 小齿，边缘与边脉上具纤毛；第一外稃边缘具长而硬的纤毛，顶端延伸成长 15~20mm、向外反曲的芒；内稃长为外稃的 2/3。

【生物学特性】中生植物。生于山坡疏林下、林缘草甸、田埂、路旁。分布区年降水量 400~1500mm，冬季最低气温 -31℃，夏季最高气温 41℃可正常生长。适砂壤、黏壤质土壤，pH4.5~8.0。上繁草，单株有 17~18 个分蘖；再生性良好，每年可刈 2~3 次，是建立人工割草场的可选草种。原宁夏回族自治区盐池草原实验站曾栽培，5 月底播种，当年未抽穗开花，次年 3 月末返青，4 月中旬分蘖，5 月下旬抽穗，7 月初种子成熟，生育期 105 天。种子发芽率 90% 以上，也可分株繁殖。

【饲用价值】良等饲用植物，叶量多，分蘖强，再生好，适宜放牧或刈割、放牧兼用。抽穗期含粗蛋白质 6.42%，可消化粗蛋白质 46.19g/kg，各类家畜、兔、鹅喜食；拔节前全株被畜、禽采食殆尽。抽穗后茎叶很快老化，适口性降低。

▌阿拉善鹅观草

【学　　名】*Roegneria alashanica*（Ohwi）Chang Comb. Nov

【资源类别】野生种质资源

【分　　布】产于贺兰山、罗山。分布于我国内蒙古、甘肃、新疆，为我国特有种。

【形态特征】多年生草本，高 40～60cm。秆疏丛生，直立或基部斜生，质刚硬。叶鞘基生者常碎裂成纤维状；具鞘外分蘖，且幼时为膜质鞘所包，长 3～5cm，有时横走或下伸成根茎状；叶片坚韧，内卷成针状，长 5～8（12）cm，两面均被微毛或下面平滑无毛。穗状花序劲直，瘦细，长 5～10cm，具贴生小穗 3～7 枚；颖长圆状披针形，先端锐尖以至具长 2.5mm 的短芒，或有时为膜质而钝圆，通常 3 脉，边缘膜质，两颖不等长，第一颖长不超过下方小花之半；外稃披针形，平滑，具狭膜质边缘，顶端 5 脉不明显，先端锐尖或急尖，无芒或具小尖头；内稃与外稃等长或较之略有长短，先端凹陷，脊微糙涩，或下部近于平滑。

【生物学特性】中旱生草，疏丛型下繁草本，叶层多分布在 15cm 以下的基部。具有较强的再生性，家畜多次采食后仍可再生。具有较强的抗旱性，适应干燥、炎热、少雨的气候条件，在较干旱年份仍能正常抽穗、开花、结实，植株高度仍可达 50cm 左右；但对水分条件也很敏感，雨水多，分蘖增强。生长在砾质或石质化强烈的阳坡、半阳坡，土壤瘠薄，有机质含量低，土壤类型为山地棕钙土，山地淡栗钙土。

【饲用价值】良等饲用植物。茎秆质地坚硬粗糙，但叶量丰富，适口性好。马、牛、羊、骆驼均乐食，抽穗期马、牛采食全株，羊乐食叶片。抽穗后全株变得粗糙，适口性迅速下降。但冬季残留好，各类家畜乐食，是冬牧场的主要牧草。阿拉善鹅观草的营养价值较好，尤其是粗脂肪含量高达 3.46%，无氮浸出物含量也可达 47.81%，适口性比其他一起生长的半灌木好，在放牧草地中占有重要地位。

▌冰草

【学　　名】*Agropyron cristatum*（L.）Gaertn.

【别　　名】扁穗冰草、蓖当子、黄鼠依巴

【资源类别】野生种质资源

【分　　布】产于贺兰山、罗山、南华山及中卫、固原、盐池、同心和海原。分布于我国东北、华北、西北。

【形态特征】染色体数：$2n=4x=28$。疏丛型多年生草本植物。株高 60～80cm，土壤肥沃、水肥条件好时可达 100cm 以上。根系发达，须根密生，具砂套，有时有短根茎。茎秆直立，2～3 节，基部节呈膝曲状，上被短柔毛。叶披针形，长 7～15cm，宽 0.4～0.7cm，叶背光滑，叶面密生绒毛；叶稍短于节间，紧包茎；叶舌不明显。穗状花序，长 5～7cm，呈矩形或两端微窄，有小穗 30～50 个；小穗无柄，紧密排列于穗轴两侧，呈篦齿状，每个小穗含 4～7 朵小花，结实 3～4 粒。颖不对称，沿龙骨上有纤毛，外颖长 5～7mm，尖端芒状，长 3～4mm。外稃有毛，顶端具短芒。

【生物学特性】旱生、草原性植物。主要分布于草原带及山地草原带，不生于半荒漠、荒漠带，习见于山坡、丘陵、沙地、田边；是大针茅、长芒草草原的伴生种，局地可成为亚优势种。耐旱、耐寒，对土壤要求不严格，但不耐盐碱、涝、酸性土和潮湿沼泽土。分蘖力强，幼苗当年可有 25～55 个分蘖；寿命长达 10～15 年。4 月中旬返青，5 月末抽穗，6 月中、下旬开花，7 月中、下旬种子成熟，9 月下旬至 10 月上旬枯黄，生育期 110～120 天。再生性良好，耐践踏、耐牧。冬季保留良好，如有雪覆盖，甚至可保持绿色。

【饲用价值】优等饲用植物。叶量多，茎秆柔软，营养丰富，适口性良好，青绿期各类家畜喜食，抽穗后秸秆变粗糙，适口性降低。冬季保存率良好，是很好的放牧型牧草；抽穗前也可割制干草，推迟收割茎叶变粗老，适口性降低。

█ 沙芦草

【学　　名】*Agropyron mongolicum* Keng

【别　　名】蒙古冰草、麦秧子

【资源类别】野生种质资源

【分　　布】产于贺兰山、罗山及灵武、盐池、同心。分布于我国内蒙古、陕西、山西、甘肃、新疆。

【形态特征】染色体数：$2n=2x=14$。多年生草本，具根茎；须根具砂套。秆直立或基部膝曲。叶片内卷或扁平。穗状花序疏松，长 5～10cm，宽 10～15mm，穗轴节间长 5～15mm；小穗含 5～8 花；颖及稃先端无芒；内稃等长于外稃或略长于外稃，先端钝，脊具短纤毛。花药黄色，线形。

【生物学特性】强旱生植物，荒漠草原种。习生于干燥砾石质山坡、固定沙地、砂质荒漠草原。在宁夏盐池县南部于局地成为优势种。沙芦草也与杨柴、黑沙蒿、中间锦鸡儿相混生。结籽多，发芽率高，萌发生长快。根深达 1～1.5m，耐旱；抗风沙，春季风蚀露根 2/3 仍能成活。3 月底至 4 月初返青，5 月下旬至 6 月初开花，7 月下旬至 8 月初种子成熟，10 月下旬枯黄。花期茎、叶、穗比为 1∶1.43∶0.43，抽穗 - 初花期叶量占全株重的 43% 以上。

【饲用价值】优良饲用植物。早春萌发，耐践踏、耐牧，繁殖力强，刈、牧均可，各类家畜四季喜食，虽抽穗后秸秆变得粗糙，适口性略有下降，但果后营养期又得到了恢复。茎叶冬季保存率好，是半荒漠地区的优质草场；作为优良耐旱牧草，颇具驯化培育成栽培草种的良好前景。

沙生冰草

【学　　名】*Agropyron desertorum*（Fisch.）Schult.

【别　　名】荒漠冰草

【资源类别】野生种质资源

【分　　布】产于贺兰山及银川、盐池、西吉。分布于我国内蒙古、山西、甘肃等地。

【形态特征】染色体数：$2n=4x=28$。具根茎。花序较狭窄而紧密，穗轴节间长 0.5～1.5mm，小穗斜升，其排列不呈篦齿状；颖、稃先端均具芒。

【生物学特性】沙生、旱生植物。生于海拔 1500m 的干燥石质山坡、山谷，经常以伴生种或稀有种出现于半荒漠群落，在局部湖盆低地、沙地、沙丘间低地、覆沙地可成为优势种。分布区年降水量 150～400mm。3 月末、4 月初返青，6 月上、中旬抽穗、开花，7 月下旬至 8 月初种子成熟，生长期 110 天左右。

【饲用价值】沙生冰草的鲜草草质柔软，为各种家畜喜食，尤以马、牛更喜食。据测定，沙生冰草在反刍动物中，有机物质消化率较高。

虎尾草

【学　　名】*Chloris virgata* Swartz

【别　　名】棒锤草、刷子头、盘草

【资源类别】野生种质资源

【分　　布】产全区。分布于我国各地。

【形态特征】染色体数：$2n=2x=20$。一年生草本，高 25～50cm，秆丛生，直立或基部膝曲。总状花序顶生，4 至十余个排列成指状，由膨胀的叶鞘包藏；小穗密集排列于穗轴一侧，含 2～3 花，下部 1 花两性，上部的退化、不孕而互相包卷成球状，附着于孕花上且不断落；颖膜质，具短芒；孕花外稃芒自顶端以下，伸出，长 5～15mm；不孕花芒长 4～8mm。

【生物学特性】旱中生植物。主产半荒漠带，延伸入草原带；荒漠带较少。生多石山坡、丛林边缘、浅洼地、干河床、干湖盆；也多见于农田、撂荒地、路边。虎尾草是夏雨型一年生禾草层片的组成成分，也是过牧或碱化土的指示植物。耐瘠薄砂质生境，pH 可达 9～9.7。6～7 月雨后萌发，8 月开花结籽，9 月种子成熟。单株结籽达 8 万粒；种子遇雨，5～6 天即可出苗，在局地形成单优群落。在东北单播于碱斑地，可改良土壤。

【饲用价值】中等饲用植物。叶量丰富，草质柔软，抽穗前幼嫩期马、牛、羊、驼喜食，适口性随生育期而降低，冬季保存较差。营养丰富，粗蛋白质含量抽穗期和开花期分别为 10.27% 和 12.85%，可消化粗蛋白质分别为 75.69g/kg 和 94.42g/kg。

中华草沙蚕

【学　　名】*Tripogon chinensis*（Franch.）Hack.

【别　　名】草沙蚕草、草沙蛋

【资源类别】野生种质资源

【分　　布】产于贺兰山、罗山及银川、中宁、青铜峡、同心等。分布于我国东北、华北、西北、西南等地。

【形态特征】多年生密丛草本，高 15~30cm。秆直立，细弱，光滑无毛；叶片狭线形，常内卷成刺毛状。穗状花序细弱，小穗铅绿色，含 2~8 花；外稃质薄似膜质，先端延伸成 1~2mm 的芒，基盘被柔毛；内稃膜质，等长或稍短于外稃。

【生物学特性】广旱生石生植物。生于草原、半荒漠、荒漠地区海拔 1200~2000m 的山麓洪积扇，低、中山带石质、砾石山坡，陡崖峭壁。多散生，为群落伴生种，偶尔可在局地成为优势种。非常耐旱，在大旱年往往生长矮小，但可开花结籽。花果期 7~9 月。

【饲用价值】中等饲用植物。秸秆细柔，适口性良好，羊、牛、马四季乐食。冬季保存率高。适合放牧利用，但植株的生物产量较低，饲用意义不大。

苇状看麦娘

【学　　名】*Alopecurus arundinaceus* Poir.

【别　　名】大看麦娘

【资源类别】野生种质资源

【分　　布】产于贺兰山、六盘山、南华山及原州区、泾源、隆德。分布于我国黑龙江、吉林、辽宁、内蒙古、河北、山西、甘肃、青海、新疆。

【形态特征】多年生草本。具横走根茎。秆直立，单生或少数丛生，高 50~80cm，具 3~5 节，叶鞘松弛都短于节间，叶舌膜质，叶片斜面上升，长 5~20cm，宽 3~7mm，上面粗糙，下面平滑。圆锥花序圆柱状，长 3~7cm，宽 6~10mm，灰绿色或成熟后呈黑色，小穗长 4~5mm，卵形；颖基部约四分之一互相连合，顶端尖，稍向外张开，脊上具纤毛，两侧无毛或疏生短毛，外稃较短于颖。茎长 1~5mm，从稃体的中部伸出，隐藏或稍外露。颖果纺锤形，长约 2mm，黄褐色，长 2.5~3mm。花果期 7~9 月。

【生物学特性】中生植物，具发达的根茎，无性繁殖力强，叶量丰富，花果期的叶量可占株丛总重量的 35.77%~46.22%，主要分布于 10cm 层以上，在 20~40cm 层的叶量占全部叶重量的 35.09%。再生性强，分蘖旺盛。具有结实率高，种子萌发快，容易抓苗，便于种子繁殖等优点。适应范围较广，除草甸外，在较干燥的山坡草地也能良好生长。而在平原低洼地，河漫滩、湖滨、山沟或丘间低地等湿润生境，能形成小面积苇状看麦娘草甸。在宁夏阴湿地区草地中参与度低，仅见于路边沟渠边。

【饲用价值】优等饲用植物。春季返青后，茎秆柔嫩，各类家畜均喜食；抽穗后大家畜喜食，羊喜食叶片和花序；可割制青干草，亦可放牧，是冬春较好的饲草。

▌长芒棒头草

【学　　名】*Polypogon monspeliensis*（L.）Desf.

【资源类别】野生种质资源

【分　　布】产于黄灌区。我国各地有分布。

【形态特征】一年生草本，高 35～60cm，秆直立，圆锥花序穗状，小穗淡灰绿色，成熟后枯黄，1 花；颖等长或第二颖稍短，先端 2 浅裂，芒自裂口处伸出，外稃先端具微齿及与稃体等长而易脱落的细芒。

【生物学特性】湿生、湿中生植物。生于河滩、河岸、湖滨沙地、湿地、沟渠、浅水池沼、轻盐碱化草甸或沼泽草甸；也生于荒漠绿洲的低地、沟渠边、路旁。单株分蘖 6～13，丛径 15～35cm，茎、叶、花序比为 1：0.68：0.23，干鲜比 1：2.8～3.1。常与芦苇、慈姑、泽泻、针蔺、灯心草、荆三棱组成沼泽湿地。4 月上旬萌发，5 月中至 7 月上旬开花，7 月上旬至 8 月上旬结果，8 月中、下旬种子成熟，10 月中、下旬枯萎，生长期 185 天左右。

【饲用价值】良等饲用植物。萌发较早，青嫩期牛、羊、马喜食；属于上繁草，叶片在株丛中分布均匀，牧、刈皆好的饲草。据分析，营养期粗蛋白质含量达 17.46%，枯黄期也在 10% 以上，营养价值高。可于生长季割制青干草饲喂马、牛、羊、兔等。

▌假苇拂子茅

【学　　名】*Calamagrostis pseudophragmites*（Hall. f.）Koel.

【资源类别】野生种质资源

【分　　布】产全区。分布于我国东北、华北、西北等地。

【形态特征】多年生草本，秆直立，高 40～100cm。具细长横走根茎。圆锥花序疏松开展，分枝直立，簇生，被短纤毛；小穗草黄色或紫色，1 花；小穗轴脱节于颖之上，不延伸于内稃之后；颖不等长；外稃透明膜质，芒自顶端伸出，长 1.5mm，基盘密生长 5～6mm 的柔毛。基于花序的遍体柔毛而呈拂尘（鸡毛掸子）状。

【生物学特性】中生植物。生于低、中山山坡，河漫滩，冲积平原，田边，沟渠边，路边低洼处，沙区淡水湖盆，沙丘间低湿地；也生于黄土丘陵冲沟底部。假苇拂子茅为低地草甸、沼化草甸群落优势种或伴生种，常与芦苇、拂子茅、细齿草木樨、小花棘豆以及苦苣菜、大刺儿菜、旋覆花、苦马豆等混生。4 月初萌发，7～9 月开花、结果。根茎发达，有水保、护堤、固岸、稳定河床等作用。

【饲用价值】中等饲用植物。春季萌发较早，适宜放牧利用，抽穗前粗蛋白质含量在 10% 以上；牛、羊、马乐食；抽穗后茎变粗硬，适口性降低。打草宜在抽穗期刈割制作青干草，马、牛、羊均喜食；但抽穗后割制干草，其穗子带有大量长绒毛，羊特别是羔羊采食后会在瘤胃中形成"毛球病"，严重时动手术才能取出。

巨序剪股颖

【学　　名】*Agrostis gigantea* Roth

【别　　名】红顶草、糠穗草、白剪股颖、小糠草、匍茎剪股颖

【资源类别】野生种质资源

【分　　布】产于贺兰山、南华山及平罗、盐池。分布于我国黑龙江、吉林、河北、内蒙古、山西、山东、陕西、甘肃、青海等地。

【形态特征】多年生草本，高 30～60cm，具匍匐茎。秆直立，4～6 节，基部膝曲。叶片扁平；叶舌长 2～7mm。圆锥花序开展，长圆形或尖塔形，每节具（2）3～5 分枝，小穗长 2～3mm，绿色或带紫色；两颖等长或第一颖稍长，背部具脊；外稃无芒；内稃长为外稃的 2/3～3/4。

【生物学特性】中生植物。生于海拔 1500～2100m 的山地林缘、谷底溪水边、河滩、田间、路旁、湿地，常为小面积草甸群落优势种。抗寒，耐牧，耐践踏。以根茎繁殖，可形成草皮。常与拂子茅、无芒雀麦、披碱草、老芒麦、天蓝苜蓿、地榆等组成山地草甸。6～7 月开花，茎叶比为 1∶2.31。野生下株高 1m 左右，产量可达 3000～4500kg/hm²。可刈、牧兼用。

【饲用价值】优质饲用植物，茎细弱，叶丰富，为各类家畜四季喜食，刈割或放牧后的再生草品质更好。制成青干草适口性也好，各类家畜喜食。有资料称其含可消化粗蛋白质 5.41%，总消化养分 59.34%。

沙鞭

【学　　名】*Psammochloa villosa*（Trin.）Bor

【别　　名】沙竹、沙竹子

【资源类别】野生种质资源

【分　　布】产于中卫、盐池、陶乐。分布于我国内蒙古、甘肃、青海、新疆的沙区，以及陕西（北部）。

【形态特征】多年生草本，高 1.2～1.5m。具横走长根茎，节上生根和繁殖枝。秆直立，基部具黄褐色枯残叶鞘。叶鞘光滑，几包裹全部植株；叶片坚硬，扁平，常先端纵卷，平滑无毛。圆锥花序紧密，直立，长 45～50cm，分枝数枚生于主轴 1 侧，斜向上升；小穗长 10～16mm；淡黄白色；两颖近等长或第一颖稍短；外稃背部密生长柔毛，顶端具 2 微齿，基盘钝，无毛；芒直立，长 7～19mm，易脱落；内稃近等长于外稃，背部被长柔毛；花药顶端具毫毛。

【生物学特性】沙生、旱生植物。生于半流动、半固定、固定沙丘，平铺沙地，干河床，砾石滩地。在草原、半荒漠、荒漠带及绿洲边缘沙地成片生长，经常与白沙蒿在流动沙丘上组成固沙先锋群落；也与黑沙蒿混生于半固定、固定沙丘（地）；不生于低洼盐化沙地。耐风蚀、沙埋，沙层下有长 2～3m，甚至 10～20m 的横生根茎，在沙地

呈线状延伸,纵横交织。在半流动沙丘比固定沙地生长高大。3月末至4月初萌发叶,6月开花,花期20天,9月中、下旬种子成熟。冬季保留良好,以根茎繁殖,种子易脱落,不是每年结籽,采种较困难。

【饲用价值】中等饲用植物。萌发早,茎柔软,青嫩期为各类家畜乐食,牛和骆驼四季喜食,马次之。叶量多,是沙区良好的割草场。籽实可做精料,也可以加工成淀粉,人、畜皆能食用。种子成熟后,越往后期秸秆越粗糙,适口性降低。沙鞭为冬季的良好饲草,饲用价值高,营养丰富。据分析,营养枝和叶片粗蛋白质含量分别为18.20%和12.37%,粗脂肪为8.11%。

钝基草

【学　　名】*Timouria saposhnikowii* Roshev.

【别　　名】帖木儿草

【资源类别】野生种质资源

【分　　布】产于贺兰山、香山及中卫、陶乐、中宁、平罗。分布于我国内蒙古、甘肃、青海、新疆。

【形态特征】多年生草本,高35~60cm,具短根茎。秆直立,丛生,基部宿存枯萎叶鞘。叶片质地较硬,纵卷如针状,圆锥花序狭窄,紧密呈穗状,小穗1花,草黄色;颖披针形,先端渐尖;外稃背部被短毛,顶端2裂,芒自齿间伸出,与稃体等长,基盘短钝,具髭毛;内稃等长或稍短于外稃;花药顶端无毫毛。

【生物学特性】强旱生植物。生于海拔1500~2500m的石质、砾石质山地阳坡、半阳坡。适砂壤、轻壤质淡栗钙土、山地灰钙土。在宁夏中、北部石质山地常大量出现,与短花针茅、中亚细柄茅组成半荒漠;也见于新疆天山南北坡山前平原荒漠草原中。散生或在局地成为群优势种。耐旱,耐贫瘠,抗风沙,耐石质山地干燥生境。4月萌发,6月下旬至7月开花,8月结籽。

【饲用价值】良等饲用植物,春季返青早、秋季枯黄迟。草质柔软,叶量丰富,鲜草各类家畜喜食,干草适口性也好,冬季保存率高。

三芒草

【学　　名】*Aristida adscensionis* L.

【别　　名】三枪茅

【资源类别】野生种质资源

【分　　布】产于贺兰山东麓及灵武、平罗、贺兰、陶乐、盐池、同心。分布于我国东北、西北、西南等地。

【形态特征】染色体数:$2n=2x=22$。一年生草本;须根较坚韧,有时具砂套。秆直立或倾斜,常膝曲,高13~43cm。叶鞘光滑,多短于节间;叶舌短,具纤毛;叶片纵卷如针状,长3~20cm,上面脉上有刺毛,下面粗糙或亦被微色。圆锥花序长6~20cm,

分枝单生，细弱，多贴生于主轴；小穗灰绿色或带紫色，长 6.5～12mm，含 1 花；颖膜质，具 1 脉，第一颖长 4～9mm，第二颖长 6～10mm；外稃中脉被微小刺毛，顶端具 3 芒，芒粗糙，主芒长 12cm，侧芒略短；基盘尖，长 0.4～0.7mm，被上向细毛；内稃小，长约 1mm，为外稃包卷。花果期 6～10 月。

【生物学特性】中旱生、旱生植物。分布区海拔 600～2800m。生沙丘（地）、石质低山、丘陵、砂砾质浅沟、干河床、戈壁浅洼地。喜砂质、砂壤质淡灰钙土、棕钙土、多砾石的粗骨土。与细弱隐子草、砂珍棘豆、冬青叶兔唇花、乳白花黄芪、刺沙蓬、蒺藜、冠芒草一起习见于短花针茅、沙生针茅、冷蒿、狭叶锦鸡儿、刺旋花、骆驼蒿半荒漠群落；夏雨型一年生草本层片组成成分。雨水良好时，在沙丘上株高 39cm，丛径 62cm，根幅 1m 左右。4 月下旬至 5 月初萌发，6 月上、中旬孕穗，6 月中、下旬抽穗、开花，6 月下旬至 8 月结籽，9～10 月种子成熟脱落，植株枯萎。

【饲用价值】中等饲用植物，适口性好，羊、骆驼、马、牛喜食。在夏秋雨季本草是荒漠草原主要的牧草，冬季保存良好，干枯后羊、牛都喜食。

█ 长芒草

【学　　名】*Stipa bungeana* Trin ex Bge.

【别　　名】本氏针茅、蓑草

【资源类别】野生种质资源

【分　　布】产于贺兰山、罗山、香山、麻黄山、云雾山及银川、中卫、固原、盐池、同心。分布于我国内蒙古、甘肃、新疆、西藏等地。

【形态特征】多年生草本，高 40～60cm。须根具砂套。秆直立，丛生，基部常膝曲；秆基部鞘内具隐藏小穗。叶片纵卷似针状。圆锥花序开展，每节丛生 2～5 细长分枝；小穗灰绿色，成熟时变紫色；两颖近等长，长 10～15mm，先端延伸成细芒；外稃长 5～6mm，芒 2 回膝曲，扭转，无毛，有光泽，第一芒柱长 10～15mm，第二芒柱长 5～8mm，芒针长 3～5cm。

【生物学特性】广旱生植物。长芒草的分布区主要处于北方农区或农牧区交错地区。原始的草原植被已大量被开垦，天然植被只能在山地阳坡、半阳坡、路边及老撂荒地中可见片状镶嵌分布。在宁夏南部一些中低山地还见到局部保留较好的长芒草组成草原植被。长芒草分布区内年平均气温 5～10℃，≥10℃积温 2300～4000℃，年降水量 300～650mm，处于暖温带、温带的半干旱、半湿润区。优势土为黑垆土或淡黑垆土，有时也见于碳酸盐褐土，但向北可伸入 350～250mm 降水量的淡灰钙土荒漠草原地带，在这里常以偶见种出现，在水分条件稍好的山地或山麓地带，多度增加且生长良好。抗旱性方面，它次于短花针茅、沙生针茅、戈壁针茅等，实为一种典型旱生至广旱生的草种。

【饲用价值】良等饲用植物。春季返青后各类家畜均喜食，是家畜抢青恢复体质的良好牧草之一。抽穗后，茎叶粗糙，适口性降低。果后营养期适口性增加，冬季保存良好，是放牧家畜抓秋膘和冬季放牧的好饲草。经过封育可成为刈、牧兼用的草场。据分析，长芒草营养期、结果期和果后营养期粗蛋白质含量分别是 8.48%、7.94% 和 1.32%，可消化粗蛋白质分别为 62.55g/kg、60.16g/kg 和 7.25g/kg。

甘青针茅

【学　　名】*Stipa przewalskyi* Roshev.

【别　　名】勃氏针茅

【资源类别】野生种质资源

【分　　布】产于贺兰山、六盘山及固原、海原。分布于我国内蒙古、甘肃、新疆、西藏等地。

【形态特征】多年生禾草。秆直立，高 80～90cm，基部膝曲。叶鞘光滑，顶部边缘膜质；叶舌披针形，白色、膜质，长 0.5～3mm；叶片上面光滑或粗糙，下面叶脉上被较密的短刺毛；茎生叶稀疏，长 15～30cm，基生叶密集，长 60cm 左右。圆锥花序，长10～30cm，伸出鞘外，分枝孪生，着生少数小穗；颖披针形，二颖等长，长 10～15mm，淡紫色，边缘宽膜质，上部白色、透明，顶端延长成尾尖，第一颖具 3 脉，第二颖具 5 脉；外稃长 8～9mm。芒 2 回膝曲，芒柱扭转，角棱上被短刺毛，第一芒柱长1.5～2.5cm，第二芒柱长约 1cm，芒针短于或略等长于第一芒柱，劲直，针刺状。

【生物学特性】旱中生植物。生于海拔 1500～2400m 的半阴湿土石山坡、黄土高原丘陵梁坡地、砾石滩地。在青藏高原可上升至海拔 4600～5000m，是高寒草甸的伴生种。在宁南，习见于山地草甸草原，可成为亚优势种或优势种；也生于中生、旱中生的山地灌丛中。花果期 6～7 月。

【饲用价值】良等饲用植物。叶量丰富，适口性好。粗蛋白质含量果熟期和果后期分别为 7.61% 和 1.20%，可消化粗蛋白质分别为 57.76g/kg 和 6.65g/kg，均高于长芒草。

沙生针茅

【学　　名】*Stipa glareosa* Smirn.

【资源类别】野生种质资源

【分　　布】产于贺兰山东麓及平罗、陶乐、同心。分布于我国甘肃、新疆、青海、陕西、内蒙古（西部、北部）、西藏（西部、北部）等地。

【形态特征】多年生草本，高 25～30cm。须根具砂套。秆直立，丛生，基部宿存枯死叶鞘。叶片纵卷如针状。圆锥花序包藏于顶生叶鞘内，分枝简短，仅具 1 小穗；外稃芒 1 回膝曲，扭转，全部着生长 1～4mm 白色柔毛，呈羽毛状。

【生物学特性】强旱生植物。荒漠草原带的景观植物，砂质荒漠草原的建群种。在蒙古高原荒漠草原带有大面积集中分布，鄂尔多斯高原、黄土高原也有小面积分布。在荒漠草原带沙地常作为优势种，与猪毛菜、蒙古韭、艾菊、女蒿、狭叶锦鸡儿、中间锦鸡儿、大苞鸢尾、刺叶柄棘豆伴生；在草原化荒漠带，则退为亚优势种或伴生种。4 月初返青，5 月下旬至 6 月上旬抽穗、开花，6 月中下旬种子成熟；遇干旱时物候期推迟，大旱年则不抽穗、开花。

【饲用价值】良等饲用植物。春季返青较早，有利于家畜抢青、增膘。整个生长期内叶片和生殖枝柔软，冬季保存率高，适口性良好，羊、牛、马、驼四季喜食，属于四季皆宜的放牧型牧草。

戈壁针茅

【学　　名】*Stipa tianschanica* Roshev. var. *gobica*（Roshev）P. C. Kuo.

【资源类别】野生种质资源

【分　　布】产于贺兰山及固原、海原。分布于我国河北、山西、内蒙古、陕西、甘肃、青海、新疆。

【形态特征】多年生草本。秆斜升或直立，基部膝曲，高（10）20～50cm。叶鞘光滑或微粗糙；叶舌膜质，边缘有长纤毛；叶上面光滑，下面脉上被短刺毛，基生叶长 20cm，茎生叶长 2～4cm。圆锥花序下部被顶生叶鞘包裹，分枝细弱、光滑、直伸，单生或孪生；小穗绿色或灰绿色；颖狭披针形，长 20～25mm，上部及边缘宽膜质，顶端延伸成丝状长尾尖，二颖近等长，第一颖具 1 脉，第二颖具 3 脉；外稃长 7.5～8.5mm，顶端关节处光滑，基盘尖锐，长 0.5～2mm，密被柔毛；芒 1 回膝曲，芒柱扭转、光滑，长约 1.5cm，芒针急折弯曲近呈直角，非弧状弯曲，长 4～6cm，着生长 3～5mm 的柔毛，柔毛向顶端渐短。

【生物学特性】强旱生植物，亚洲中部荒草原主要建群种。生于海拔 2100m 的石质、碎石砾石山，丘坡地，山间盆地，山前冲积平原。分布区年降水量小于 250mm，≥10℃积温 2100～3100℃。在宁夏仅见散生或以小片群落片断生于土石质山、丘坡麓或山前倾斜平原。在阴山山脉以北的内蒙古高原中、西部半荒漠地带，是最为突出的优势植物，占了内蒙古荒漠草原的 44.83%，亚优势种有无芒隐子草、碱韭、蒙古韭、冷蒿、女蒿、蓍状亚菊，并有多种夏雨型一年生草本；砂砾质地段会有几种锦鸡儿加入，呈现灌丛化。4 月萌发，返青迟早由头年雨雪多少决定，5 月中、下旬至 6 月中旬抽穗开花，6 月下旬种子成熟，9～10 月枯黄，生育期 180～240 天。

【饲用价值】良等饲用植物。叶片柔软，适口性好，整个生育期为羊、牛、马、驼所喜食。冬季前半期保留较好，属于四季放牧利用的主要牧草。

芨芨草

【学　　名】*Achnatherum splendens*（Trin.）Nevski

【别　　名】聚马桩、西芨（固原）

【资源类别】野生种质资源

【分　　布】全区广布。分布于我国山西、河北、甘肃、内蒙古、四川等地。

【形态特征】多年生草本，高 45～250cm。具粗而坚韧、外被砂套的须根。秆直立，坚硬，具白色的髓，形成大的密丛，基部宿存枯萎的黄褐色叶鞘。叶片纵卷，质坚韧，上面脉纹凸起。圆锥花序开展，分枝细弱，2～6枚簇生于一侧，斜升；小穗灰绿色，基部带紫褐色，成熟后变草黄色；外稃顶端具2微齿，背部密生柔毛，芒自齿间伸出，直立或微弯，粗糙，不扭转，易断落。花药顶端具毫毛。

【生物学特性】旱中生植物。习生于山、丘间沟谷地，干河床，河谷，湖盆低洼地，河、溪边，是轻盐化草甸的习见建群种，常形成大面积优势群落，常与小果白刺、白刺、马蔺、赖草、寸草苔、碱蓬、细枝盐爪爪等混生；偶尔可散生在黄土丘陵斜坡或梁顶；不进入林缘草甸或过于干旱、盐碱化的生境。其分布与地下水较高或有地面水补给有关，因而是牧区找水的指示植物。根系深达1.5m以上，根幅1.6～2.0m，耐旱、耐盐碱。适黏土、壤土、砂壤土、砂质土。4月上旬返青，6～7月开花，8月末至9月种子成熟。冬季保留良好，四季可放牧，在牧区为重要的冬春营地。

【饲用价值】中等饲用植物。春季萌发后，叶片青嫩，营养丰富，适口性好，羊、牛、马喜食，骆驼四季喜食，也可割制青干草供冬春季饲喂。抽穗期刈割后的再生草可以放牧，冬季保存率高。抽穗后茎叶变粗硬，适口性下降。芨芨草是家畜冬春放牧的好饲草。

中亚细柄茅

【学　　名】*Ptilagrostis pelliotii*（Danguy）Grub.

【别　　名】贝氏细柄茅

【资源类别】野生种质资源

【分　　布】产于贺兰山及中卫、贺兰、陶乐、平罗。分布于我国内蒙古、甘肃、青海、新疆。

【形态特征】多年生草本，高20～30cm。须根具砂套。秆直立，密丛生，基部宿存枯萎叶鞘。叶片纵卷如针状。圆锥花序疏松，分枝细弱，常孪生，下部裸露，上部着生小穗；小穗1花，淡黄色；颖薄膜质；外稃顶端具2微齿，背部遍生柔毛，芒自微齿间伸出，长18～20mm，羽毛状，弯曲似镰刀形。花药顶端无毫毛。

【生物学特性】强旱生植物。生草原、半荒漠、荒漠地带海拔1000～3460m的石质山、丘坡地、砾石质戈壁滩，习见于岩石缝隙中；不下降到平原。经常与短叶假木贼、合头藜、木旋花、沙生针茅、戈壁针茅组成草原化荒漠，为伴生种亚优势种；或生于矮锦鸡儿、阿拉善鹅观草、灌木亚菊、沙生针茅荒漠草原。耐旱，大旱时虽生长矮小，也能开花结籽，雨水充沛时分蘖多，再生性强。适棕色荒漠土、淡灰钙土、山地粗骨土；不耐盐碱土。4月初返青，6月中旬抽穗，7月初开花，8月初结籽，9月成熟，10月初枯黄。

【饲用价值】中等饲用植物。春季返青较早，茎秆叶片柔软，适口性良好，整个生育期内为各类家畜采食，特别是羊喜食。冬季保留良好，适宜放牧利用。缺点是茎细、叶少，旱时株型生长矮小，产量低，饲用价值降低。

▌落草

【学　　名】*Koeleria cristata*（L.）Pers.

【别　　名】六月禾

【资源类别】野生种质资源

【分　　布】产于贺兰山、罗山、六盘山、南华山。分布于我国东北、华北、西北、华东、西南。

【形态特征】染色体数：$2n=2x=14$。多年生草本，高 $25\sim35cm$。秆直立，密丛生。秆基残存纤维状枯萎叶鞘。叶片灰绿色，较狭，内卷或扁平。圆锥花序紧缩呈穗状，下部间断，有光泽，草绿色或黄褐色；小穗含 $2\sim3$ 花；颖端尖，边缘宽膜质；外稃边缘膜质，无芒，稀具小尖头。

【生物学特性】中旱生、旱生植物。生于山坡草甸草原、草原、草原化草甸。在北方山地常与羊茅、冰草、糙隐子草、硬质早熟禾混生；在亚高山与紫羊茅、嵩草相混生。通常以较小的多度，较大的频度成为群落伴生种，个别地段可成为次优势种。喜湿润，耐寒，耐旱，耐践踏，耐牧；再生性强。适栗钙土、淡栗钙土、山地灰褐土、山地棕壤、亚高山草原土。4 月中、下旬返青，6 月中旬开花，7 月上、中旬结籽，7 月下旬至 8 月上旬种子成熟，10 月中旬枯黄。

【饲用价值】良等饲用植物。茎叶柔软，适口性好，是家畜放牧的主要采食牧草，山羊、绵羊最喜食，马、牛也食。冬季叶片保存良好。营养价值较高，抽穗前粗蛋白质含量达 23.8%，与豆科牧草不相上下，干枯期也能较好地保持高营养。草食动物粗蛋白质消化率高达 79.34%，高于其他禾草，成为家畜春、夏季增膘的好牧草。

▌燕麦

【学　　名】*Avena sativa* L.

【别　　名】草燕麦

【资源类别】本地种质资源

【分　　布】全区有栽培。分布于我国北方与西北较高寒地区，以内蒙古、河北、山西、甘肃栽培面积最大，青海、陕西、新疆次之，云南、四川、贵州、西藏有少量栽培。

【形态特征】一年生草本，高 $70\sim150cm$。叶片扁平。圆锥花序顶生，开展；小穗 $1\sim2$ 花；小穗轴不弯曲，不易脱节，第一节间长小于 5mm；颖草质，质薄；外稃质坚硬，无毛，第一外稃背中部伸出的芒长 $2\sim4cm$，第二外稃无芒，内外稃近等长。

【生物学特性】喜凉爽气候，幼苗能忍受 $-4\sim-2$℃低温，-6℃易受冻害；不耐高温，花期至灌浆期遇高温，出现较多瘪粒。生育期内喜水，抗旱力弱；不耐盐碱 4 月播种，5 月中、下旬分蘖拔节，6 月上、中旬抽穗，8 月中旬种子成熟，生育期因品种而异，为 $90\sim140$ 天。

【饲用价值】优等饲用植物。叶量丰富，茎秆柔软，各类家畜四季喜食。不论放牧、青刈饲喂，还是调制青干草，适口性均好。宁夏南部山区农户几乎均要在麦田收获后抢种燕麦，在晚秋收获，调制成青干草冬季饲喂产羔母羊和羔羊。收获籽粒后的秸秆贮存到冬、春季，铡碎与其他粗饲料混合饲喂家畜，可增加其他饲草的采食率。燕麦籽实为家畜的精料，粗蛋白质含量高，粗脂肪含量也高，是各类家畜，特别是马、牛、羊的优质精料。

野燕麦

【学　　名】*Avena fatua* L.

【资源类别】野生种质资源

【分　　布】产全区。分布于我国各地。

【形态特征】一年生草本，高 60～120cm。秆直立，光滑。叶片扁平。圆锥花序开展，金字塔形；小穗含 2～3 花，柄弯曲下垂，小穗轴各节脆而易断落；颖草质；外稃质地坚硬，第一外稃背面中部以下具淡棕色或白色硬毛，芒自稃体中部稍下处伸出，长 2～4cm，膝曲，芒柱棕色，扭转。

【生物学特性】中生植物。生于山坡、林缘、路旁，为田间特别是麦田习见杂草。发芽温度≥5℃，生长适温 15～25℃。分二型：春麦区为春性，4 月萌发，6 月抽穗，7～8 月种子成熟，生育期 80～120 天；冬麦区为冬性，9 月下旬至 10 月初出苗，以幼苗越冬，次年早春仍有种子萌生，4 月下旬至 5 月上旬抽穗，5 月下旬至 6 月上、中旬种子成熟，生育期 200～230 天。耐贫瘠，抗旱，适应沙荒地栽培，单株具 4～8 分蘖，有效分蘖 2～4（6）。在拔节至灌浆期以前刈割，可收再生草。野燕麦是燕麦的野生近缘种，因而也是育种的可选材料。

【饲用价值】良等饲用植物。适口性好，羊、马、牛等家畜四季乐食。叶片丰富，茎秆柔软，割制青干草或放牧均可，放牧宜在青嫩期；青饲应在抽穗期刈割，调制干草可在开花期刈割，以收获较多的生物量。

异燕麦

【学　　名】*Helictotrichon schellianum*（Hack.）Kitag.

【资源类别】野生种质资源

【分　　布】产于贺兰山、月亮山。分布于我国东北、华北、西北。

【形态特征】染色体数：$2n=2x=14$。多年生草本，高 30～70cm。秆直立，丛生。叶片扁平。圆锥花序紧缩，淡褐色，有光泽，分枝常孪生，直立或稍斜升，具 1～4 小穗；小穗含 3～5 花；颖上端膜质；外稃上部透明膜质。成熟后下部变硬且为褐色，芒自稃体中部稍上处伸出，下部约 1/3 处膝曲，芒柱扭转。

【生物学特性】旱中生植物。生于海拔 2000m 左右的山地林间、林缘灌丛、草甸、草甸草原、草原，为伴生种，有时在小范围内可成为优势种。花果期 7～9 月。

【饲用价值】中等饲用植物。叶片较丰富，柔软，羊、马、牛四季乐食。适宜放牧利用，也可割制青干草饲喂家畜。

九顶草

【学　　名】*Enneapogon borealis*（Griseb.）Honda

【别　　名】北方冠芒草、黑穗、冠芒草

【资源类别】野生种质资源

【分　　布】产于贺兰山东麓及银川、吴忠、中卫、石嘴山等地。分布于我国内蒙古、河北、山西、陕西、甘肃、青海、新疆、四川。

【形态特征】染色体数：$2n=2x=36$。一年生草本，高 10～35cm。须根具砂套。秆密丛生，直立或节部膝曲，被柔毛；基部鞘内常隐藏小穗。叶鞘密被柔毛；叶片狭线形，纵向卷折，两面被短柔毛。圆锥花序穗状，铅灰色；小穗通常含 2 花；颖质薄，被短柔毛；第一外稃被长柔毛，顶端具 9 条直立的羽状芒，芒长 3.5～5.0mm；内稃与外稃等长。

【生物学特性】生于海拔 1100～1900m 的山前丘陵、洪积坡地、砾石滩地、短期地面径流经过处；也见于固定沙地；在草原、森林草原带生于干燥山坡、岩崖峭壁；是亚洲中部干旱地带常见的夏雨型一年生草本之一。

【饲用价值】良等饲用植物。茎叶柔软，各类家畜采食，夏秋季尤其喜食；山羊、绵羊特别喜食穗子，是抓膘的好饲草。冬季保存良好，各类家畜乐食。降水充沛的年份，在半荒漠地带草场常占有重要地位。抽穗期粗蛋白质含量为 9.92%，可消化粗蛋白质含量为 76g/kg。

芦苇

【学　　名】*Phragmites australis*（Gav.）Trin. ex Steud.

【别　　名】苇子、芦草

【资源类别】野生种质资源

【分　　布】产全区，引黄灌区较多。全国分布。

【形态特征】多年生草本，高 0.6～3m，具横走发达根茎。秆直立，粗壮，具 20 多节，节下被白粉。叶片扁平。圆锥花序大型，分枝多数，着生稠密下垂的小穗；下部分枝腋间具白色长柔毛；小穗 3～7 花，第一花通常为雄性，第二花两性；基盘密生长 6～12mm 的白色长柔毛。

【生物学特性】湿生、挺水水生植物。生于湖泊、沼泽、河边、湿地、沟渠边、路旁、轻盐碱地、固定沙地。适沼泽或长年积水的生境。株高因生境而异；水深 20～50cm，生成高 2～3m 的单优势群落；大湖浅水处高 4～5m；水过深处根茎浮起，可形成"浮岛"；无水或季节积水处高 0.6～1m；滨海、内陆盐沼高 1m 左右；重盐碱地、盐湖附近高 20～30cm；靠根茎及种子繁殖，再生性强。适 pH7～8 生境，pH6.5～9 也能正常生长。4 月上旬萌芽，5 月初展叶，8 月上旬至下旬抽穗，8 月下旬至 9 上旬开花，10

月上旬种子成熟，10 月下旬枯萎落叶。

【饲用价值】良等饲用植物。返青早，青嫩期有甜味，各类家畜喜食，花期和结实期茎叶变粗硬，适口性有所降低，但也是羊、牛、马等家畜乐食的饲草。株型较高大，特别适宜放牧牛、马等大家畜；属刈、牧兼用型牧草。抽穗前割制成青干草冬春季饲喂，各类家畜也喜食。干枯的茎秆经过碾压、粉碎或铡短后适口性会提高。冬季保存率高，耐牧性好，四季放牧均可。

细弱隐子草

【学　　名】 *Cleistogenes gracilis* Keng

【资源类别】野生种质资源

【分　　布】产于贺兰山及银川、盐池、同心、海原（北部）。分布于我国山西、陕西（北部）。

【形态特征】多年生草本，高 30～50cm。秆直立，细弱，具多节。叶片线形，内卷成针状或披针形，常向下倾斜。圆锥花序开展，常自基部具小枝与小穗；小穗长 10～14mm，含 5～8 花，黄绿色或带紫色；颖近膜质；外稃披针形，质地较厚，仅先端具狭膜质，并具长 0.2mm 的小尖头；第一外稃长约 5mm，内稃与外稃近等长。

【生物学特性】强旱生植物。生于海拔 1300～1700m 的干燥山坡、丘陵、河谷阶地荒漠草原中，经常与刺叶柄棘豆、青藏锦鸡儿、狭叶锦鸡儿、刺旋花、红砂、珍珠柴及短花针茅、戈壁针茅、沙生针茅、冷蒿、牛枝子、碱韭等混生。5 月返青，花果期 7～8 月。

【饲用价值】优等饲用植物。整个生长季节各类家畜乐食，是荒漠草原地区重要的饲草。冬季保存良好，适宜放牧利用。果后营养期含粗蛋白质 8.62%，可消化粗蛋白质 65.83g/kg。

糙隐子草

【学　　名】 *Cleistogenes squarrosa*（Trin.）Keng

【别　　名】旋风草（宁夏）

【资源类别】野生种质资源

【分　　布】产于南华山、西华山、云雾山及盐池、中宁、海原。分布于我国东北、华北、西北。

【形态特征】多年生草本，高 20～30cm。秆密丛生，直立或铺散，具多节；干后常呈蜿蜒状或回旋状弯曲；植株绿色，秋霜后变成紫红色。叶鞘层层包盖直达花序基部；叶片线形，扁平或内卷。圆锥花序狭窄，分枝单生，各分枝疏生 3～5 小穗；每小穗含 2～3 花，绿色或带紫色；颖边缘宽膜质；外稃先端具长 5～6mm、短于稃体的芒，内稃具约 1mm 的芒。

【生物学特性】旱生植物，欧亚草原的广布种。分布于草原带，较少进入森林草原或半荒漠带，在半荒漠、荒漠带，仅生于湖盆低地或山地。因其耐践踏、耐牧，是放牧偏途演替的群落增加种。适宜具砾石、碎石的轻黏壤、黏壤质栗钙土、暗栗钙土、轻蚀黑垆土、黄绵土，不耐重盐碱。4月中旬返青，6月初拔节，8月开花，9月中、下旬初霜后渐变为褐色、紫红色、蒿秆色。茎枝弯曲，茎基脆弱，秋末枯萎后很易折断，随风滚动，是风滚草的一种。

【饲用价值】优等饲用植物。返青早，茎秆柔软，营养丰富，适口性很好，整个生长季节各类家畜均喜食。糙隐子草属于下繁草，叶量较丰富，适宜放牧利用，冬季保存不好。

小画眉草

【学　　名】*Eragrostis minor* Host

【别　　名】香荛子、香末荛子（宁夏）

【资源类别】野生种质资源

【分　　布】产全区。分布于全国各地。

【形态特征】染色体数：$2n=4x=40$。一年生草本，高20～30cm。叶鞘具腺点；叶舌为1圈纤毛；叶片主脉及边缘具腺体。圆锥花序开展，分枝单生，小穗轴呈"之"字形；小穗柄具腺体；小穗长3～9mm，宽1.5～2mm，含4至多花，覆瓦状整齐排列；颖具1脉，脉上常具腺体；外稃宽卵圆形，主脉上常具腺体。

【生物学特性】中生、旱中生植物。广泛伴生于亚洲中部地带性半荒漠、荒漠群落中，常与三芒草、虎尾草、狗尾草、锋芒草、冠芒草等组成夏雨型一年生禾草层片；也生于田野、路边、田埂、撂荒地；在低地、浅洼地、或饮水点、村落附近过牧草地可成片生长，形成占优势的群聚。夏季随降水萌生，7月中旬抽穗，8月上旬开花，8月下旬至9月初种子成熟。

【饲用价值】优等饲用植物。草质柔软，营养丰富，粗纤维含量较低，适口性良好，各类家畜喜食，羊尤其喜食。在夏秋季节骆驼也喜食。夏季雨后生长茂密，盐池县群众称其为"夏草""热草"，阿拉善牧民称之为"底草"，即灌木、半灌木草场下层的牧草，对家畜抓夏膘具有重要的饲用价值。秋季结实后营养价值提高，也是家畜抓膘的好饲草。

无芒雀麦

【学　　名】*Bromus inermis* Leyss.

【别　　名】光雀麦、禾萱草

【资源类别】野生种质资源

【分　　布】产于贺兰山、六盘山、南华山、月亮山及西吉、隆德、泾源。我国黑龙江、吉林、辽宁、内蒙古、河北、山西、山东、陕西、甘肃及西藏等地有野生，各地也有栽培。

【形态特征】染色体数：$2n=2x$，$4x$，$8x=14$，28，56。多年生草本，高50～80cm，具横走根茎。秆直立无毛。叶片扁平，质地较硬。圆锥花序开展，每节具3～5分枝；

小穗含 4～8 花；颖边缘膜质；外稃先端稍钝，无芒或背部近顶端处生 0.5～1.5mm 短芒；小穗成熟时褐色并带深褐色斑，形似麻雀的羽毛。

【生物学特性】中生植物。生于山坡透光林中、林缘灌丛、草甸、山地沟谷底部、河边、路旁；也进入草原带的山地草原、草甸草原。多为伴生种，在草甸、熟荒地上可形成小片的单优群落或群落亚优势种。适冷凉、稍干燥气候，年降水量 400mm；−30℃低温越冬良好，−48℃须有雪覆盖。喜肥沃壤土，pH7.5～8.2，耐轻盐碱；不喜高温、高湿生境。长寿、叶量丰富，耐牧、再生性强。茎、叶、穗比为 1：2.95：0.59，上繁草，条件较差时成为下繁草或半下繁草，可刈、牧兼用。早春萌发，6～7 月抽穗开花，8～9 月结籽。播种后 12 天左右出苗，35～40 天分蘖，当年少量抽穗，次年返青后 50～60 天抽穗、开花，花期 15～20 天。种子发芽力当年低，第 2 年提高。无芒雀麦是适应较广泛的优良禾本科栽培牧草。

【饲用价值】优等饲用植物。叶量丰富，茎秆柔软，适口性好，各类家畜四季均喜食，牛特别喜食。在干旱季节，叶片常集中生长在下面，属于下繁草，适宜放牧；水分条件好时可长成上繁草，做割草地。

▌羊茅

【学　　名】*Festuca ovina* L.

【别　　名】狐茅、酥油草

【资源类别】野生种质资源

【分　　布】产于六盘山、西华山。分布于我国黑龙江、吉林、内蒙古、陕西、甘肃、青海、西藏等地。

【形态特征】染色体数：$2n=2x$, $3x$, $4x$, $6x$, $7x$, $8x$, $10x=14$, 21, 28, 42, 49, 56, 70。多年生草本，高 25～40（75）cm，基部残存枯鞘。秆直立，鞘内分枝，密丛生。叶片内卷成针状。圆锥花序紧缩，每节具 1～2 分枝；小穗淡绿色，含 3～5（6）花；颖片先端或渐尖；外稃先端渐尖，第一外稃无芒，或具 0.5mm 小尖头。花药长约 2mm。

【生物学特性】旱中生、中旱生植物。生于山地草原、草甸草原、高寒草原；也生于林缘草甸、亚高山草甸。伴生种，局地成为山地草原的建群种。喜光，耐旱、耐寒，抗冬季 −30℃ 的低温。适 pH5～7 生境；不耐荫蔽、高温、盐碱，土壤含盐 0.4% 或 pH8 导致其死亡。4 月上、中旬返青，5 月下旬至 6 月中旬开花，7～8 月结籽成熟，10 月中、下旬草枯，生长期 180～195 天。

【饲用价值】优等饲用植物。春季萌发早，分蘖力、再生性强，叶量丰富，适口性良好，耐践踏、耐牧性好，是四季放牧利用的优良牧草。在青绿时，各类家畜喜食，冬季羊乐食，其他家畜也吃。家畜采食羊茅后上膘快，毛色油光发量，故牧民称之为"酥油草"。

▌草地早熟禾

【学　　名】*Poa pratensis* L.

【别　　名】六月禾

【资源类别】野生种质资源

【分　　布】产于贺兰山、六盘山。分布于我国黑龙江、内蒙古、山西、河南、河北、陕西、甘肃、山东、江西、四川、西藏等地。国外广布于北温带冷凉湿润地区；北半球温带、寒温带大面积栽植，成为最为普及的冷季型草坪草。

【形态特征】染色体数：$2n=4x$，$6x=28$，42。多年生草本，高 25～54（75）cm，具匍匐根茎。秆直立，疏丛生或单生。蘖生叶片宽 2～4mm，扁平或内卷。圆锥花序分枝开展，每节 3～5 枚，具二次分枝，小枝上着生 2～4 枚小穗；小穗绿色至草黄色，含 2～4 花；颖先端尖；外稃纸质，顶端稍钝，具少许膜质。基盘具稠密白色长棉毛。

【生物学特性】中生植物。适 15～39℃，全日照，中性、微酸性生境，也能忍耐 pH7～8 的轻盐碱土。耐寒，−38℃可安全越冬。在山地野生于山坡林缘灌丛、沟谷、路边、溪水旁，或伴生于山地草甸、草甸草原中，可上升至海拔 3000～3500m 的高寒草甸。在平原 3 月下旬至 4 月上旬返青，6～7 月开花，7～8 月结籽，12 月中旬草枯，青绿期达 9 个月。茎、叶、穗比为 1∶0.67∶1，栽培前叶重占总重的 1/4，叶与花序占总重的 35% 左右。栽培前 3 年产草量高，之后下降。单播或与其他多年生牧草混播可建成良好的人工草地。

【饲用价值】优等饲用植物。返青早，是春季抢青牧草。叶量丰富，茎秆柔软，适口性好，各类家畜喜食，牛、羊特别喜食。草地早熟禾是牧、刈兼用的牧草，可四季放牧利用。抽穗后适口性略有下降。

▌粟

【学　　名】*Setaria italica*（L.）Beauv. var. *germanica*（Mill.）Schrad.

【别　　名】谷子、小米、草谷子、禾草（固原、海原）

【资源类别】本地种质资源

【分　　布】全区栽培。全国分布，主要在北方。北起阴山及黑龙江，西至甘肃河西走廊，南至秦岭、淮河，包括内蒙古的农区。

【形态特征】一年生栽培草本，秆粗壮，直立，高 50～100cm。叶片先端尖，基部钝圆。圆锥花序穗状，呈圆柱形或近纺锤形，通常下垂，基部多少有间断，长 10～40cm，宽 1～5cm，因品种而异；主轴密生柔毛；小穗椭圆形或近圆球形，黄色、橘红色或紫色，其下托以数根刚毛（退化小枝），刚毛长于小穗，黄色、褐色或紫色；成熟后小穗脱落于颖之上，即第一外稃与颖分离而脱落。

【生物学特性】耐旱的中生植物。喜光照、温暖、干燥，适宜在气温 25～35℃，年降水量 400～600mm 地区种植。适宜 pH6～7 的中性土，不耐盐碱，在土壤含盐 0.4% 时变枯黄。宁夏山区群众常旱作用来青饲或晒制干草饲喂家畜。秸秆、籽粒比为 1∶1～1∶2。种子千粒重 2.4～2.7g。

【饲用价值】优等饲用植物。叶量丰富，秸秆柔软，适口性好，各类家畜四季喜食。宁夏南部山普遍作为青饲料种植，抽穗后收获调制成青干草，冬季饲喂怀孕、产羔母羊或母牛、犊牛。收获籽实后的秸秆经碾压、铡短与其他秸秆混合饲喂大家畜，适口性也好。

稷

【学　　名】*Panicum miliaceum* L.

【别　　名】黍、糜子、黄米（宁夏）

【资源类别】本地种质资源

【分　　布】全区栽培。原产我国北方，已有 3000 多年的栽种历史，现河北、山西、山东、内蒙古、陕西、甘肃等地普遍栽培。宁夏山区有逸出为半野生者，分布于低山、丘陵坡地、山前冲击地、农田附近。

【形态特征】一年生栽培草本，高 40～120cm。秆直立，单生或少数丛生。叶片线状披针形。圆锥花序开展或较紧密，成熟时下垂，下部裸露，上部密生小枝与小穗；小穗卵状椭圆形，脱节于颖之下；颖纸质，无毛，第一颖长约为小穗的 1/2～2/3，顶端尖；第二颖与小穗等长，顶端成喙状；第一外稃形似第二颖；内稃透明膜质，短小。谷粒圆形或椭圆形。

【生物学特性】短日照植物。喜温，早熟，耐轻盐碱、耐旱，抗病虫害。发芽需温 14℃，分蘖需温 15～20℃，气温 17℃以上开花；适 pH8～9 生境。单株分蘖 1～5 个。五月上、下旬播种，9 月上旬种子成熟，生育期 106～127 天。

【饲用价值】优等饲用植物。叶量丰富秸秆柔软，适口性好，各类家畜均喜食。籽实也可以作精饲料饲喂羊、马、猪、鸡。秸秆在固原地区被群众称为"糜草"，经碾压后铡短与其他秸秆混合饲喂大家畜，适口性良好。

紫羊茅

【学　　名】*Festuca rubra* L.

【别　　名】红狐茅

【资源类别】野生种质资源

【分　　布】产于六盘山。分布于我国东北、华北、西北、华中、华南、西南。

【形态特征】染色体数：$2n=2x$，$6x=14$，42。多年生草本，具短根茎或根头。秆直立，疏丛生或单生，高 30～60（70）cm，基部常倾斜或膝曲，节褐色。叶片对折或边缘内卷，稀扁平。圆锥花序花期开展，每节具 1～2 分枝；小穗淡绿或深紫色；外稃近边缘及上部具微毛，顶端芒长 1.5～25mm。

【生物学特性】具根茎中生植物。生于山地林缘、山谷河漫滩、泉边、溪边；也生于海拔 3300m 以上的高寒草甸。宁夏南部见于阴湿山地、亚高山草甸。多散生，局地可成为亚优势种。长日照植物。喜凉爽、湿润；耐寒、耐贫瘠、耐酸性土；耐水淹；抗病虫。适砂壤质土，pH（4.5）6～6.5。不耐夏季炎热，30 开始萎蔫，38～40℃枯死。在暖温带、亚热带仅生于山地。再生性强，耐刈、牧。利用期 7～8（10）年。4 月下旬至 5 月初返青，6 月下旬抽穗，7 月结籽，8 月下旬成熟。除为优良牧草外，近年来也有人采集种子做草坪草进行驯化培育。

【饲用价值】优等饲用植物。叶量较多，茎秆柔软，为各类家畜四季喜食。再生性好，耐牧性较强，最适宜放牧羊，也可放牧大家畜，冬季保存率好。粗蛋白质和可消化粗蛋白质含量都比较高。

马唐

【学　　名】 *Digitaria sanguinalis*（L.）Scop.

【资源类别】野生种质资源

【分　　布】产于贺兰山、黄灌区。分布于我国各地。

【形态特征】染色体数：$2n=6x=36$。一年生草本，高 40～80（100）cm。秆直立或下部倾斜。叶片扁平，线状披针形。总状花序 4～12 枚呈指状着生于长 1～2cm 的主轴上；小穗长 3～3.5mm，常孪生，一具长柄，一近无柄；颖薄膜质，第二颖长为小穗的 1/2～3/4；第一外稃等长于小穗，两侧无毛或贴生柔毛。

【生物学特性】中生植物。生于低山山坡、山麓、河滩、田边、沟渠边、路旁、沙区绿洲。喜湿润、强光照，对土壤要求不严格，在弱酸性，轻碱性土可良好生长。生长快，分蘖强，再生性强，单株可有 8～18（32）个分蘖；留茬 10cm，年可刈 2～3 次（南方 3～4 次）。生态幅宽，能适应温带、亚热带不同的气候。在农田撂荒地可形成占据优势的群聚。5～6 月萌生，7～9 月抽穗、开花，8～10 月结籽成熟。生育期 150～160 天。

【饲用价值】优等饲用植物。叶量丰富，茎叶柔软，适口性好，再生性强，耐践踏，适宜放牧利用，也可割制干草饲喂，各类家畜四季乐食，马、羊喜食。

湖南稷子

【学　　名】 *Echinochloa crusgalli*（L.）Beauv. var. *frumentacea*（Roxb.）W. F. Wight.

【别　　名】稗子、家稗

【资源类别】地方种质资源

【分　　布】全区均有栽培。我国黑龙江、河北、内蒙古、陕西、甘肃等地有栽培。

【形态特征】染色体数：$2n=4x$，$6x=36$，54。一年生草本，秆粗壮，高 100～150cm，直径 5～10mm。叶片扁平，质较柔软，无毛。圆锥花序直立，长 10～20cm；主轴粗壮，具疣基长刺毛，分枝微呈弓状弯曲；小穗卵状椭圆形或椭圆形，长 3～5mm，绿白色，无疣基毛或疏被硬刺毛，无芒；第一颖长为小穗的 1/3～2/5；第二颖稍短于小穗。谷粒露出颖外。

【生物学特性】中生植物。在年降水量为 300ml 左右，或有灌溉条件的地区，生长良好。由于根系发达，能耐一定程度的干旱，在 pH5～6 盐碱地种植，能降低盐碱。从出苗到抽穗需 90～100 天，抽穗到成熟需 35～45 天，生育期川区 120～130 天、山区 130～145 天，从出苗到成熟需大于 7℃的有效积温 1455℃。可以和一年生豆科牧草混播，建设高产人工草地。

【**饲用价值**】优等饲用植物。青嫩期或调制成干草，马、驴、牛、羊喜食，也可喂草食性鱼。茎、叶营养丰富，分蘖力和再生性强，茎秆和籽实产量均高，适宜刈割、铡短青饲或调制青干草。可单独或与高粱、玉米等混合青贮做青贮料，适口性优于苏丹草。

▌荩草

【**学　　名**】*Arthraxon hispidus*（Thunb.）Makino

【**别　　名**】细叶秀竹、马耳草

【**资源类别**】野生种质资源

【**分　　布**】产于贺兰山，分布于黄灌区的银川、吴忠、中卫、平罗等地。分布于全国。

【**形态特征**】染色体数：$2n=2x$，$3x$，$6x=12$，18，36。一年生草本，高 30～60cm。秆基部倾斜或平卧，具多节，常分枝，基部节着地易生根。叶片卵状披针形，长2～4cm，宽 0.8～1.5cm，基部心形，抱茎。总状花序细弱，2～10 枚呈指状排列或簇生于秆顶；穗轴节间无毛，长为小穗的 2/3～3/4。小穗孪生，其一有柄，退化而仅剩0.2～1mm 短柄；另一无柄，长 3～5mm，灰绿或带紫色；第一颖草质，边缘膜质，第二颖近膜质；第一、二外稃透明膜质；第二外稃基部较硬，近基部伸出一膝曲的芒，芒长 6～9mm，下部扭转。

【**生物学特性**】中生植物。生于山坡灌丛、山谷溪水边湿地、河滩草甸、路边潮湿地。适宜温暖、多雨气候，北方为一年生，南方可越年生长。多生于南方紫色土、山地黄壤及北方的耕作土壤，如宁夏的淤灌土，习见于果园、田边、沟渠中。花果期 7～9 月。

【**饲用价值**】优等饲用植物。马、牛、羊全年采食，冬季保存较好，并能维持较好的适口性，适宜放牧利用，也可割制青干草饲喂。

▌高粱

【**学　　名**】*Sorghum biocolor*（L.）Moench.

【**别　　名**】蜀黍、草高粱、禾草（固原、海原）

【**资源类别**】本地种质资源

【**分　　布**】全区栽培。我国东北、华北及西部地区都有栽培。原产于非洲、亚洲，现全球温带地区都栽种。

【**形态特征**】染色体数：$2n=2x=20$。一年生草本，高 3～4m。秆直立，直径约 2cm。叶鞘无毛或被白粉；叶片狭披针形，长达 50cm，宽约 4cm。圆锥花序长达 30cm，分枝轮生，每分枝为含 1～5 节的总状花序；小穗孪生，无柄小穗卵状椭圆形，长5～6mm，成熟时下部硬革质，光滑无毛，具光泽；第一外稃膜质；第二外稃端部 2裂，芒自裂齿间伸出，或全缘无芒。颖果倒卵形，成熟后露出于颖外，有柄小穗雄性，不孕。

【生物学特性】较耐旱，适宜年降水量 400～800mm 地区旱作栽培，发育期日均温 20℃利于茎叶生长，夏季 35℃以上生长加速，抽穗。适宜土壤 pH6.5～8.0，pH8.5 也生长良好。前期不耐盐碱，后期抗性增强；耐涝，水淹 20～30 天不死，可在低洼地栽种。有一定再生性，青刈高粱可 2 次。茎叶含氢氰酸，其含量普通高粱比甜茎高粱高，幼苗比老株高，叶比茎高，上部叶比下部叶高，分枝比主茎高，晴朗干燥比阴雨天气高，新鲜茎叶比经过晾晒的高，青贮后可使氢氰酸含量大为降低，甚至消失；籽粒含丹宁，可增加耐贮性。

【饲用价值】优等饲用植物。整个生育期适口性均很好，叶量丰富，籽实和茎秆产量都很高。马、牛、羊喜食，猪也采食；青饲、青贮、调制干草都有良好的营养价值。宁夏南部山区多在夏季种植，称"草高粱"或"禾草"，初秋青刈、铡短与青燕麦或救荒野豌豆一起饲喂大家畜，容易长膘。抽穗以后秸秆变粗硬，宜压扁或铡短以提高利用价值。籽实是家畜良好的精饲料，整粒可饲喂马、驴、骡，粉碎后与干草混合可喂牛、羊，农牧民也常煮成高粱粥饲喂幼畜、病畜和体弱畜。籽实含粗蛋白质 8%～11%、粗脂肪 3%、粗纤维 2%～3%、淀粉 65%～70%；所含氨基酸中亮氨酸和缬氨酸含量略高于玉米，而精氨酸含量略低于玉米。其他氨基酸的含量与玉米大致相等。

苏丹草

【学　　名】*Sorghum sudanense*（Piper）Stapf

【资源类别】引进种质资源

【分　　布】全区有栽培。我国东北、华北、西北，以及长江以南都有种植。原产于非洲，后相继传入美国、巴西、阿根廷、澳大利亚、俄罗斯和我国。

【形态特征】染色体数：$2n=2x=20$。一年生草本，高 1～2.5m。秆直立，自基部分枝。叶片线形或线状披针形。圆锥花序直立，疏松，长 15～30cm，分枝半轮生，下部 1/2 或 1/3 裸露；小穗孪生，无柄小穗长圆形或长椭圆状披针形，长 6～7.5mm，宽 2mm；第一外稃透明膜质，第二外稃顶端具 0.5～1mm 的裂齿，自裂齿间伸出，长 10～16mm，膝曲，下部扭转；有柄小穗宿存，雄性或中性，成熟时连同穗轴节间与无柄小穗一起脱落。颖果绿黄色、橙红色或紫褐色。

【生物学特性】短日照旱中生植物。喜暖，生育期需要 ≥10℃积温 2200～3000℃，发芽适温 20～30℃，最低 8～10℃，怕霜冻，苗期 3～4℃受冻害。根入土达 3m 以上，耐旱；对土壤要求不严。5 月中旬播种，9～10 日齐苗，6 月上旬分蘖，6 月下旬拔节，7 月上旬抽穗，出苗至抽穗 50 天左右。再生性强，株高 1m 左右即可刈割，水肥充足年可刈 3 次，再生草高于第一次产量。本种已培育出许多新品种，宁夏回族自治区盐池草原实验站及宁夏大学草业科学研究所也培育出了多个优良新品种。

【饲用价值】优等饲用植物。整个生育期叶量丰富，马、牛、羊喜食，猪也采食；青饲、青贮、调制干草都有良好的适口性。与高粱相比其茎秆较细，可做放牧地，耐牧性较其他一年生牧草好；更宜调制青干草。与一年生豆科草混播，割制青干草，可增加营养价值；混合粉碎可做猪的粗饲料。收获籽粒后的秸秆经压扁粉碎饲喂牛、羊，适口性也好。

玉蜀黍

【学　　名】*Zea mays* L.

【别　　名】玉米、苞谷、苞米、老玉米、棒子

【资源类别】本地种质资源

【分　　布】全区栽培。全国农区有栽培，主产东北、华北、西北和西南山区。分布于两半球亚热带、温带南、北纬 30°～50°。除我国外，以美国、巴西、墨西哥、南非、印度、罗马尼亚等国为最多。

【形态特征】一年生高大草本，高 1～4m。秆直立，通常不分枝，基部各节具气生支柱根。叶鞘具横脉，叶片扁平，宽大，边缘波状褶皱，中脉粗壮。雌雄同株，雄性圆锥花序顶生，大型；雄性小穗孪生，含 2 花，1 花无柄，1 花具短柄；两颖及外内稃皆膜质；雌花序腋生，被多数宽大的鞘状苞片所包藏，具短总梗，细长丝状的花柱伸出在外，淡黄色，成熟时深褐色；雌小穗 1 花（2 花孪生但 1 花不育），成 16～18（30）纵行排列于粗壮的海绵状穗轴上；第一外稃膜质，有或无内稃；第二外稃具内稃。颖果球形或扁球形，成熟后露出颖片和稃片之外。

【生物学特性】中生短日照 C_4 植物。雨多，光照不足，易倒伏，多杂草，罹患病害。种子发芽需 6～10℃；苗期耐短期 -3～-2℃ 低温；生长期适温 28～35℃、无霜期 120～180 天、降水量 410～640mm；生育期需 ≥10℃ 积温，早熟品种为 2000～2200℃，中熟品种 2300～2600℃，晚期品种 2500～2800（3000）℃。适砂质壤土，pH6～8，苗期土壤含 NaCl 0.2% 可以生长，超过 0.3% 则生长不良，乃至死亡。喜肥，主要在抽穗期前 10 天至抽穗后 25～30 天，此时期需 N、P、K 占总需要量的 60%～75%；抽穗前后 10 天需水最多。目前青饲、青贮、饲用、粮用兼用等类型都有许多优良品种，可供不同地区选择引用。

【饲用价值】优质高产饲料植物，称为"饲料之王"。产量高，适口性好，籽实和茎叶营养丰富，是各类畜、禽的优质饲草料；全株均可以利用。幼苗期各类家畜喜食，猪也采食；青饲、青贮、调制干草其适口性均很好，特别是用青贮专用品种带棒青贮饲喂奶牛、肉牛、育肥羊效果好。青贮时宜在蜡熟期收割，此时全株营养价值和生物产量达到最高，植株含水量 75% 左右，适宜制作青贮。其饲用谷粒收获后秸秆仍保持青绿色，可制作青干草。为保持叶片与茎秆同步干燥，宜将茎秆压扁。目前，国内用于饲料方面的品种主要有'吉青 7 号''龙牧 1 号''中原单 31 号''黑饲 1 号'和'新沃 1 号'等。

华西箭竹

【学　　名】*Fargesia nitida*（Mitford）Keng. f.

【别　　名】竹子、华西华桔竹（宁夏）

【资源类别】野生种质资源

【分　　布】产于六盘山。分布于我国陕西、甘肃、江西、湖北、四川、云南。

【形态特征】灌木状，具地下茎；秆圆筒形，直径达 8mm，高达 2m。秆箨枯黄色，早落，叶鞘紫色，边缘具纤毛，鞘口具黄色长纤毛；叶舌长 1mm；叶狭卵形，先端渐尖，具短叶柄；叶缘一边具纤毛状细锯齿，一边为软骨质。有苞片维护的穗形总状花序组成金字塔圆锥花序，分枝着生处具 1 裂成纤维状的苞片；小穗具 2～5 朵花；第一颖 1～3 脉，第二颖 5～7 脉，外稃 9 脉，内稃先端具 2 小齿；鳞被 3，雄蕊 3，花柱 3，柱头 2，羽毛状。花期 4～5 月。

【生物学特性】生阴湿山坡，习见于海拔 1800m 以上的辽东栎林中，与川榛、柔毛绣线菊、甘肃山楂，刺五加等组成林下灌木层；在海拔 2000m 以上的山地阴坡，与黄花柳、小叶柳、川榛、峨眉蔷薇等组成山地中生灌丛层。

【饲用价值】良等饲用植物。幼嫩叶片羊喜食，牛、马、兔也乐食，干枯后羊喜食叶片，牛马也采食。

青稞

【学　　名】*Hordeum vulgare* L. var. *nudum* Hook. f.

【别　　名】裸麦（变种）、裸大麦

【资源类别】引进种质资源

【分　　布】宁夏全区有栽培。主要分布于我国青海、甘肃（西南部）、四川（西北部）、云南（西北部）、西藏，在 4400m 左右的高海拔地区为主要农作物。

【形态特征】染色体数：$2n=2x=14$。一年生草本，茎光滑，高 50～100cm。叶片长 9～20cm，宽 6～20mm，扁平。穗状花序长 3～8cm，小穗稠密，每节着生 3 枚小穗；小穗均无柄，长 1～1.5cm；处稃具 5 脉，先端延伸成芒，内稃与外稃等长。颖果成熟后不与内外稃黏着，较肥大，易脱落。

【生物学特性】青稞是一种很重要的高原谷类作物，抗寒性强，生长期短，高产早熟，适应性广，可分为春性、冬性不同类别；在青藏高原又分早熟（生育期少于 100 天）、中熟（生育期 100～130 天）、晚熟（生育期 130～150 天）等品种。海拔 4000m 以下适种中、晚熟品种。喜肥沃中性、微碱性土，不耐酸性土及重砂质土。

【饲用价值】优等饲用植物。青稞秸秆质地柔软，富含富养，营养价值与大麦相似，不同的是，青稞外稃无芒，麦壳可以饲喂家畜，粉碎后可做猪粗饲料。青稞是牛、羊、兔等草食性家畜的优质饲料，也是高寒阴湿地区冬季家畜的主要饲草。

短芒披碱草

【学　　名】*Elymus breviaristatus*（Keng）Keng f.

【资源类别】野生种质资源

【分　　布】稀有种，偶见于南华山山坡草地。分布于我国新疆、四川和青海等地。

【形态特征】染色体数：$2n=6x=42$。秆疏丛生，具短而下伸的根茎，直立或基部膝曲，高约 70cm，基部常被有少量白粉。叶鞘光滑；叶片扁平，粗糙或下面平滑。穗状花序疏松，柔弱而下垂，有时接近先端各节仅具 1 枚小穗，穗轴边缘粗糙或具小纤毛；小穗灰绿色稍带紫色；颖长圆状披针形或卵状披针形，具 1～3 脉，脉上粗糙，长 3～4mm，先端渐尖或具长仅 1mm 的短尖头；外稃披针形，上部具显明的 5 脉；内稃与外稃等长，先端钝圆或微凹陷，脊上具纤毛，至下部毛渐不显，脊间被微毛。

【生物学特性】适应性很强，在海拔 2200～4200m 的地区生长发育良好，越冬率达 95% 以上；抗旱，根系发达，能充分吸收土壤深处的水分，叶片在缺水环境下卷成筒状，减少水分的散失；耐寒，分蘖节离地表 2.5～3.5cm，能耐低温环境的侵袭，在 −36℃ 的低温也能安全越冬，生长良好；耐碱性强，在 pH8.5 的土壤上生长发育良好，对土壤要求不严格。因其具有适应高海拔生境、忍耐寒冷的特性，作为渐危植物，极具保护价值。

【饲用价值】优等饲用植物。饲用价值优于麦宾草，为栽培作物小麦的野生近缘种。

大针茅

【学　　名】*Stipa grandis* P. smirn.

【别　　名】驴衣巴杠子蓑草（宁夏）

【资源类别】野生种质资源

【分　　布】产于贺兰山、罗山、南华山、西华山、月亮山及盐池、同心、中宁、海原。分布于我国内蒙古、陕西、甘肃、青海等地。

【形态特征】多年生草本，高 60～100cm。须根具砂套。秆丛生，粗壮，基部宿存枯萎叶鞘。叶片纵卷似针状。圆锥花序基部包藏于叶鞘内，长 20～50cm；小穗淡绿色，成熟时变紫色；颖近等长，长 3～4cm；外稃连基盘长 1～1.7cm，芒 2 回膝曲，扭转，无毛，第一芒柱长 7～10cm，第二芒柱长 2～2.5cm，芒针长 11～18cm，卷曲如发丝状。

【生物学特性】旱生植物，习生于海拔 2000～2300m 的山地、高丘陵坡地、梁顶。分布区为温带半干旱区，年降水量 230～400mm，年均温 1～4℃，≥10℃ 积温 1800～2200℃，湿润系数 0.28～0.44，每年半干旱与干旱期 170～210 天，冬季有雪覆盖 70～140 天。适壤质、砂壤质栗钙土、淡栗钙土、黄绵土。在宁南黄土高原，生长在以长芒草、茭蒿、白莲蒿、甘肃蒿、冷蒿等为优势种的草原群落中；在彭阳、海原西华山海拔 1880～2700m 的丘陵梁顶、梁坡有以大针茅为建群种的草原，伴生有长芒草、百里香、牛枝子、星毛委陵菜等。丛径 40～60cm；叶量集中在 0～20cm，占全株 80%～90%，属下繁草。4 月中旬返青，7 叶中、下旬抽穗，8 月上、中旬抽穗，8 月下旬种子成熟，9 月中、下旬枯黄。冬季保留良好。

【饲用价值】良等饲用植物。各类家畜四季采食。抽穗前茎叶柔嫩，适口性良好，后期茎秆粗硬，适口性降低。颖果成熟后基盘硬，芒柱又有沾湿而扭转的特性，易刺进羊的口腔、皮肤，甚至刺入腹腔，伤及内腔。对产皮毛、绒的羊，也会成为有害的植物。营养期和抽穗期粗蛋白质含量分别是 8.45% 和 5.29%，可消化粗蛋白质分别为 61.99g/kg

和 34.66g/kg。

短花针茅

【学　　名】*Stipa breviflora* Griseb.

【别　　名】蓑草

【资源类别】野生种质资源

【分　　布】产全区，以同心县王家团庄以北为主要产区。分布于我国内蒙古、四川、西藏等地。

【形态特征】染色体数：$2n=6x=42$。多年生草本，高 30～40cm。须根具砂套。秆直立，丛生，基部有时膝曲，宿存枯叶鞘。圆锥花序狭窄，基部为顶生叶鞘包藏；外稃芒 2 回膝曲，扭转，全部具 1mm 长白色柔毛，芒针弧形弯曲。

【生物学特性】喜暖的强旱生植物，荒漠草原地带性建群种。通常混生强旱生的小半灌木，如菊状亚菊、灌木亚菊、牛枝子等；分布区≥10℃活动积温 2000～3200℃，干燥度 2.5～3.0。在昆仑山可上升至高寒荒漠草原。适砂质、多砾石的淡灰钙土、棕钙土、暗棕钙土、山地栗钙土、淡栗钙土。3 月末至 4 月初返青，5 月上、中旬抽穗、开花，6 月结籽，6 月下旬种子成熟，10 月中、下旬枯黄。冬季保留良好。

【饲用价值】良等饲用植物。羊和大家畜均喜食。春季青鲜幼嫩，适口性好，夏季抽穗后适口性降低，秋季果后营养期适口性又恢复，冬季保存率高，属于冬春季放牧的好饲草。短花针茅营养期、果后期粗蛋白质含量分别为 10.29% 和 8.24%，可消化粗蛋白质分别为 71.22g/kg 和 55.91g/kg。

獐毛

【学　　名】*Aeluropus sinensis*（Debeaux）Tzvel.

【别　　名】小獐毛、马牙头、疏穗獐毛

【资源类别】野生种质资源

【分　　布】产于银川、石嘴山。分布于我国黑龙江、辽宁、吉林、河北、山东、江苏、河南、山西、甘肃、内蒙古、新疆等地。欧洲、西亚、中亚有分布。

【形态特征】多年生草本。通常有长匍匐枝，秆直立或斜生，高 15～35cm，多节，基部密生鳞片状叶鞘。叶片质硬，扁平而顶端内卷成针状。圆锥花序紧密呈穗状，分枝单生，紧贴主轴或斜升，自分枝基部即密生小穗；小穗含 4～10 花，颖革质，边缘膜质，与内外稃均无芒。

【生物学特性】耐盐碱的旱中生植物，盐碱土指示植物，盐化草甸的优势种。习生于河谷冲积平原、湖盆周围低湿盐化草地、盐化沙地、海滨盐化滩涂。嗜盐碱，在 1% 盐土上生长良好，3% 以上重盐土则生长稀疏，有盐斑时不能生长。常与盐地矮生芦苇、盐地碱蓬、碱蓬、蒙古鸦葱、二色补血草生长在一起。匍匐茎可生不定根，分生新株。耐践踏、耐牧，再生性、繁殖力强。4 月上旬萌发，5 月下旬至 8 月开花、结籽，9 月下旬至 10 月上旬枯萎。

【饲用价值】良等饲用植物。春季萌发较早，叶量较丰富，青嫩期各类家畜乐食。开花前羊喜食。冬季保存良好，也是冬春草地上家畜喜食的牧草，属于牧用为主的牧草，制作的青干草适口性也很好。

▋扁穗雀麦

【学　　名】*Bromus catharticus* Vahl.

【别　　名】北美雀麦、野麦子、澳大利亚雀麦

【资源类别】引进种质资源

【分　　布】宁夏曾有栽培。原产于阿根廷，后传入美国、澳大利亚、新西兰。我国于 20 世纪 40 年代引入南京，后传至各地栽培。

【形态特征】染色体数：$2n=4x$，$6x=28$，42。一年生草本。须根发达。茎直立丛生，高 1m 左右。叶鞘早期被毛，后脱落。叶舌膜质，长 2～3mm，有细缺刻。叶片披针形，长 40～50cm，宽 6～8mm。圆锥花序展开疏松，长 20cm，有的穗较紧密。小穗极压扁，通常 6～12 小花，长 2～3cm。颖尖披针形，脊上具刺毛，第二颖较第一颖长，外稃顶端裂处具短芒，内稃狭窄。颖果紧贴于稃内。

【生物学特性】中生植物。喜温暖、湿润，适温 10～25℃，不超过 35℃。宜肥沃黏土，也能生于轻盐碱土、酸性土。返青早、繁殖力强、叶量多、再生性强；但茎叶较粗糙，种子易脱落。北方 4 月上旬播种，6 月下旬抽穗，7～8 月开花，8～9 月种子成熟，生育期 122 天。

【饲用价值】优等饲用植物，具有较强的再生性和分蘖能力，产草量高，是冬春优良的禾本科牧草。粗蛋白质含量为 9.8%、粗脂肪为 3.2%、粗纤维为 24.6%、粗灰分为 8.1%、无氮浸出物为 44.5%。种子成熟后，茎叶仍保持绿色，仍具有较高营养价值。

▋硬质早熟禾

【学　　名】*Poa sphondylodes* Trin. ex Bge.

【别　　名】扫帚草

【资源类别】野生种质资源

【分　　布】产于贺兰山、南华山及固原、盐池、海原。分布于我国东北、华北、西北、华东等地。

【形态特征】多年生草本，高 30～60cm。密丛生，秆坚硬。叶片较狭，宽 1mm，扁平。圆锥花序紧缩而稠密，长 3～10cm，宽约 1cm；4～5 分枝着生于主轴各节；小穗绿色，熟后草黄色，含 4～6 花；颖先端锐尖，硬纸质；外稃坚纸质，先端具窄膜质，稍下带黄铜色，基盘具中量棉毛。

【生物学特性】中旱生、广旱生植物。生于干旱山坡、黄土丘陵大针茅、长芒草草原，

也生于缓坡丘陵砂质、砂砾质荒漠草原，固定沙地及山地草甸，少量出现于荒漠草原带。喜光、耐旱、耐寒。适栗钙土、碳酸盐褐土、黄绵土、侵蚀黑垆土、灰钙土、淡灰钙土，适宜 pH7.9～8.5。4月下旬返青，5～6月抽穗开花。7～8月结籽成熟，10月上旬枯黄。

【饲用价值】良等饲用植物。返青较早，是春季抢青牧草。适口性好，各类家畜喜食其叶片。抽穗后，生殖枝变粗硬，适口性下降。冬季保存率好，适宜放牧利用。

▎星星草

【学　　名】*Puccinellia tenuifolia*（Turcz.）Scribn. et Merr.

【别　　名】小花碱茅

【资源类别】野生种质资源

【分　　布】产于银川。分布于我国内蒙古、甘肃、青海、新疆、西藏等地。

【形态特征】染色体数：$2n=4x=28$。多年生草本，高 30～60（70）cm。秆直立或基部膝曲，丛生。叶片内卷，圆锥花序开展，每节具 2～4 分枝，分枝斜升或平展，下部裸露；小穗长 3～4.5mm，含（2）3～5 花；颖先端钝，边缘具不整齐细裂齿，第一颖长 0.6～0.8mm；外稃先端钝，背部紫色，先端带黄色，第一外稃长 2mm；内稃等长于外稃；花药线形，长 0.8～1mm。

【生物学特性】耐盐中生植物，盐碱地指示植物。分布于草原、半荒漠、荒漠带的低地盐化草甸；生于河谷平原及黄土高原沟谷底部、河边、湖盆低湿处。喜湿润和盐渍性土壤，耐盐碱性极强，在土壤 pH8.8 时能良好生长，土壤 pH 达 9～10 仍能生长。

【饲用价值】良等饲用植物。春季返青较早，适宜抢青放牧。茎秆柔软叶量大，营养丰富，饲用价值高。青绿期适口性好，各类家畜均喜食，尤以牛最喜食。耐盐碱，耐牧性好，适宜放、刈兼用。调制成干草适口性不亚于青草。抽穗期和开花期粗蛋白质含量分别为 17.00% 和 16.22%。

▎狗尾草

【学　　名】*Setaria viridis*（L.）Beauv.

【别　　名】谷莠子（宁夏）

【资源类别】野生种质资源

【分　　布】产全区。分布于我国河北、内蒙古、山西、山东、甘肃及陕西等地。

【形态特征】一年生草本，高 25～100cm。秆直立或基部膝曲。叶片扁平，先端长渐尖或渐尖。圆锥花序紧密，较宽，卵状、矩圆状或圆柱状，不间断，偶尔基部稍疏离，直立或稍弯垂，主轴被较长柔毛，每簇含 3 至数个小穗；小穗下托刚毛长 4～12mm，通常绿色或褐黄色到紫红色或紫色；小穗椭圆形，先端钝，第二颖与谷粒等长。谷粒长圆形，顶端钝，成熟后连同颖与第一外稃一起脱落。

【生物学特性】耐旱的中生植物，农田杂草，亚洲中部夏雨型一年生禾草层片组成成分；砂质、砂壤质半荒漠、荒漠群落的恒有成分。落地种子雨后大量繁生，在局地成为占优势的群落；为新垦地的先锋植物。5月初出苗，8月开花、结籽，9月种子成熟。冬季保留良好。

【饲用价值】良等饲用植物。叶量丰富，秸秆柔软，适口性好，各类家畜四季喜食。抽穗后调制成青干草，冬季饲喂母羊、产羔母羊、羔羊或母牛、犊牛具有增膘作用。种子成熟后适口性明显增加，羊、牛、马挑食穗子，是家畜抓膘的好牧草。

▌白草

【学　　名】*Pennisetum centrasiaticum* Tzvel.

【别　　名】中亚狼尾草、倒生草（固原）、中亚白草

【资源类别】野生种质资源

【分　　布】产于贺兰山、罗山、南华山及银川、固原、中卫、青铜峡、盐池、同心。分布于我国东北、华北、西北、西南。

【形态特征】染色体数：$2n=2x=18$。多年生草本，高20～90cm，具横走根茎。秆直立，单生或丛生。叶片狭线形。圆锥花序紧密呈穗状，圆柱形，直立或稍弯曲，长5～15cm，宽约10mm，小穗通常单生，其下围以刚毛组成的总苞；刚毛柔软，细弱，微粗糙，长1～2cm，灰白色、灰绿色或紫褐色；第一外稃与小穗等长，厚膜质，先端具芒状尖头；内稃膜质或退化。

【生物学特性】旱生植物。广布于森林草原、草原、荒漠草原带，生于山坡、缓丘间平地、黄土丘陵坡地、田埂、砂质撂荒地。在宁南黄土高原常见于农田地埂；在宁中北部多见于半固定、固定沙丘（地），常与黑沙蒿、苦豆子甘草、牛枝子、刺沙蓬、沙蓬等组成沙生植被；也生于白沙蒿半流动沙丘（地）；在地带性短花针茅荒漠草原因过牧、挖甘草、垦荒撂荒引起沙化的地段会大量侵入，成为次生群落的优势种。以地下根茎行营养繁殖。喜温，耐旱，耐沙埋。再生性强，耐践踏，耐牧，可刈、牧兼用。4月中、下旬返青，7月下旬至8月上旬抽穗，8月中、下旬开花，9月中、下旬种子成熟，花果期可延迟至10月上旬。

【饲用价值】良等饲用植物。茎叶柔嫩，叶量丰富，适口性好，各类家畜四季均喜食，特别是牛、羊在草群中挑食。抽穗后适口性不降低。花期粗蛋白质和可消化粗蛋白质含量均较高，冬季保存良好，是冬春季放牧家畜爱吃的草。花期也可割制干草，茎叶柔软，适口性仍然很好。

▌稗

【学　　名】*Echinochloa crusgalli*（L.）Beauv.

【别　　名】稗草、野稗、稗子（宁夏）

【资源类别】野生种质资源

【分　　布】产全区。全国分布，北方较多。

【形态特征】一年生草本，高 50～150cm。秆直立，基部倾斜或膝曲。叶片线形，扁平。圆锥花序直立，较开展，由数个偏于一侧的穗形总状花序组成。总状花序分枝斜上举或贴向主轴，有时再分小枝；小穗卵形；第一小花外稃草质脉上具疣基刺毛，顶端延伸成一粗壮的芒，芒长 5～15（30）mm；内稃薄膜质，狭窄。

【生物学特性】湿中生植物，农田杂草。生于稻田河畔、沟渠边、低地沼泽、沼泽化草甸。根系发达，再生性强，分蘖力强，单株可有分蘖 50 个左右。8 月上旬抽穗，8 月中旬开花，9 月中、下旬种子成熟，生育期 120～140 天。

【饲用价值】良等饲用植物。株型高大，叶量丰富，茎叶柔软，营养丰富，种子、茎叶产量高，各类家畜四季喜食。种子可做家畜精料，茎叶可青饲。

▌锋芒草

【学　　名】*Tragus racemosus*（L.）All.

【资源类别】野生种质资源

【分　　布】产于贺兰山东麓及吴忠、贺兰。分布于我国河北、山西、甘肃、青海、云南、内蒙古、四川（西部）等地。

【形态特征】一年生草本，高 15～25cm。茎丛生，常斜升或伏卧地面。叶片边缘疏生小刺毛。圆锥花序紧密呈穗状，小穗通常 3 个簇生，其中 1 个退化为柄状，下方 2 小穗可孕并结合为球形；第一颖退化，薄膜质，第二颖草质，背部有 5 肋，肋上具钩刺，顶端具明显伸出刺外的尖头，形似虱子状；外稃膜质，内稃较外稃稍短，质薄。

【生物学特性】旱中生植物，农田杂草，亚洲中部夏雨型一年生禾草层片的组成成分。生于草原、半荒漠带石质干山坡、河岸、固定沙地、干河床、田边、路旁。常与冠芒草、虎尾草混生于沙地草原、荒漠草原群落。5～6 月遇雨萌生，7 月初开花，8 月中、下旬种子成熟。

【饲用价值】中等饲用植物。秸秆柔软，适口性好，各类家畜四季乐食。种子成熟后也是家畜的抓膘牧草。开花期粗蛋白质和可消化粗蛋白质含量均较高。作为荒漠草原地区夏雨型植物层片，具有良好的饲用价值。成熟后颖果肋上有短钩刺，易粘于羊的毛被中，对毛纺造成不利影响。

▌荻

【学　　名】*Miscanthus sacchariflorus*（Maximowicz）Hackel

【别　　名】芒草

【资源类别】野生种质资源

【分　　布】产于贺兰山及银川、吴忠等地。分布于我国东北、华北、西北、华东。

【形态特征】多年生草本，高 1～1.5m。匍匐根茎被鳞片，节处生根与幼芽。秆直立，具 10 多节。叶片扁平，中脉白色。圆锥花序扇形，长 15～20cm，具 10～20 枚较细弱的分枝（总状花序），每节具 1 短柄小穗和 1 长柄小穗，成熟后带褐色，基盘具长为小穗 2 倍的丝状柔毛；第一颖顶端膜质长渐尖，边缘和背部具长柔毛；第二颖顶端渐尖，与边缘皆为膜质，并具小纤毛；第一、第二外稃均短于颖，先端尖，具纤毛；第二外稃稀有 1 芒状尖头。

【生物学特性】湿中生植物。生于低山区山坡、湿润河滩、灌溉农田田边、渠沟畔、路旁、固定沙地。繁殖力强，常可形成局地的小片。单优群落，或成为优势种构成大面积沼泽草甸群落。7～8 月开花，8～9 月结籽。

【饲用价值】中等饲用植物。青嫩期牛、马、羊喜食，拔节后适口性下降，抽穗后家畜几乎不采食。在河滩低地常形成群落优势种，产量较高，做打草场用可在抽穗前刈割。秸秆粉碎后与其他粗饲料混合饲喂家畜，适口性较好。

白羊草

【学　　名】*Bothriochloa ischaemum*（L.）*Keng*

【别　　名】蓝茎草

【资源类别】野生种质资源

【分　　布】产于贺兰山、西华山及中卫、青铜峡、贺兰、同心、隆德。广布于我国落叶阔叶林及草原带，向南延伸至湖北西北部、淮河流域，在我国是暖性灌草丛的主要成分，也是森林破坏后的主要次生植物。

【形态特征】染色体数：$2n=6x=36$。多年生草本，高 25～70cm。秆丛生直立或基部倾斜。叶鞘无毛，多密集于基部而相互跨覆；叶片线形，两面疏生疣基柔毛或下面无毛。总状花序 4 至多数着生于秆顶呈指状，灰绿色或带紫褐色；穗轴节间与小穗柄两侧具白色丝状毛；小穗孪生，一无柄，一有柄；无柄小穗基盘具髯毛；第一颖草质，下部 1/3 具丝状柔毛；第二颖中部以上具纤毛；第一外稃边缘上部疏生纤毛；第二外稃退化成线形，先端延伸成一膝曲、扭转、长 10～15mm 的芒；有柄小穗雄性，无芒。

【生物学特性】中旱生植物。生于山、丘、坡地、河谷、河滩、路旁，喜温暖湿润的砂壤质、砾石质、黄土等基质，习见于海拔 1600～1700m 的黄土丘陵、低山。在宁夏隆德县丘陵坡地与山桃组成类似而不典型的灌草丛群落片断，应是我国暖性灌草丛植被的西界；在我国东部暖温带，多与荆条、沙棘、细叶胡枝子、酸枣、黄背草、细裂叶莲蒿等混生，组成暖性灌草丛。生长期适≥10℃积温 3000～4500℃。白羊草短根茎，须根发达，地上、地下部生物量比为 1:3.66。寿命在 10 年以上。耐旱、耐贫瘠。分蘖力、再生性强，耐践踏、耐牧。茎叶与花序比为 1.47:1。0～20cm 生物量占总生物量的 70%，为放牧型下繁草；生境好时株高 70～80cm，可刈、牧兼用。4 月下旬萌生，7 月初至 9 月开花、结籽，秋末草枯较迟。

【饲用价值】良等饲用植物。春季返青较早，作为抢青牧草。茎叶丰富，柔软，适口性良好，从萌发到枯黄，牛、羊、马均喜食，羊首先挑食。冬季保存良好，适宜放牧利用；也可以割制干草饲喂，山羊、绵羊乐食。据分析，粗蛋白质含量 10.68%，粗脂含量为 1.87%，有机物质消化率为 63.50%。

圆柱披碱草

【学　　名】*Elymus cylindricus*（Franch.）Honda

【资源类别】野生种质资源

【分　　布】产于贺兰山、南华山及银川、中卫、同心等地。分布于我国内蒙古、河北、陕西、甘肃、青海、新疆、四川等地。

【形态特征】多年生草本，高 60～80cm。叶鞘无毛，上部叶鞘短于节间；叶舌极短；叶片长 5～12cm，宽 5mm，上面粗糙，下面平滑，两面无毛。穗状花序直立，长7～14cm，每节具 2 小穗，顶端各节仅具 1 小穗；穗轴基部节间长 8～12mm，上部节间长 3～4mm；小穗绿色或稍带紫色，长 9～11mm，通常含 2～3 花，仅 1～2 花发育；颖披针形至线状披针形，长 7～8mm，3～5 脉，先端渐尖或具短芒，芒长达 4mm；外稃披针形，全体被微小短毛，第一外稃长 7～8mm，具 5 脉，顶端具芒，芒长 6～13mm，直立或稍开展；内稃与外稃等长，先端圆钝，脊上被纤毛，脊间被微小短毛。

【生物学特性】生于海拔 2300m 左右的山坡、沟谷、田边、路旁。喜轻度的酸性土壤，喜湿，喜肥沃，但也能忍耐一定的盐碱、干旱和风沙，越冬率也较高，在年降水量250～300mm 的高寒地区也能生长良好。花果期 7～9 月。

【饲用价值】良等饲用植物。青嫩期草质柔软，适口性好，各类家畜喜食。分蘖力强，再生性好，叶量较丰富，冬季叶片保存率高，适宜牧、刈兼用。抽穗后茎叶变粗老，适口性和质量降低；孕穗期或初花期刈割，调制成优质青干草，除饲喂牛、羊外，还可以粉碎喂猪。

多花黑麦草

【学　　名】*Lolium multiflorum* Lamk.

【别　　名】意大利黑麦草、一年生黑麦草

【资源类别】引进种质资源

【分　　布】宁夏曾经引种，也是优良的栽培牧草。分布于我国新疆、陕西、河北、湖南、贵州、云南、四川、江西等地。

【形态特征】染色体数：$2n=2x=14$。一年生草本。秆直立，具 4～5 节，较细弱至粗壮。叶鞘疏松；叶舌长达 4mm；叶片扁平，无毛，上面微粗糙。穗形总状花序直立或弯曲；穗轴柔软，节间无毛，上面微粗糙；小穗含小花；小穗轴节间平滑无毛；颖披针形，质地较硬；外稃长圆状披针形，具 5 脉，顶端膜质透明，具长 5～15mm 的细芒，或上部小花无芒；脊上具纤毛。颖果长圆形，长为宽的 3 倍。

【生物学特性】喜温暖、湿润气候，抗寒性、耐热性差，在温度为 12～27℃时生长最快，秋季和春季比其他禾本科草生长快。在潮湿、排水良好的肥沃土壤和有灌溉条件下生长良好，但不耐严寒和干热。而海拔较高、夏季较凉爽的地区管理得当可生长 2年。最适于肥沃、pH 为 6.0～7.0 的湿润土壤。

【**饲用价值**】优等饲用植物。营养物质丰富，品质优良，适口性好，各种家畜均喜食。茎叶干物质中分别含粗蛋白质 13.7%、粗脂肪 3.8%、粗纤维 21.3%，草质好，适宜青饲、调制干草、青贮和放牧，是饲养马、牛、羊、猪、禽、兔和草食性鱼类的优质饲草。

石生针茅

【**学　　名**】*Stipa tianschanica* Roshev. var. *klemenzii*（Roshev.）Norl.

【**别　　名**】小针茅、克列门茨针茅、克氏针茅

【**资源类别**】野生种质资源

【**分　　布**】产于海拔 1600m 的贺兰山东麓洪积扇及青铜峡、海原。分布于我国甘肃、青海、新疆。

【**形态特征**】多年生丛生草本，高 40～55cm。秆直立，丛生，基部密生分蘖及残存枯萎叶鞘，叶鞘通常短于节间，无毛或被微毛；叶舌膜质，具白色纤毛，连毛长约 1.5mm；叶片长内卷成针形，茎生叶片长 4～7cm，分蘖叶片长达 50cm。圆锥花序长 7～15cm；颖等长，尖披针形，边缘膜质，先端延伸成丝状，长约 3.5cm，第一颖具 1 脉，第二颖具 3 脉；外稃长约 12mm（连同基盘），背部具排列成纵行的短毛，基盘尖成喙状，长约 3mm，密生白色细柔毛；芒 1 回膝曲，芒柱扭转，长 2.5～3.0cm，无毛，芒针长达 10cm，具长达 5mm 的白色长柔毛。

【**生物学特性**】旱生植物。生于石质山地、丘陵、砾石滩地、砂质地，呈小面积分布。石生针茅须根系，可深入土中 80 余 cm，根量大部集中分布于钙积层以上，即表层 0～25cm 的土层内，向下则显著减少。植株低矮，须根发达，草丛密集紧实，且在植丛基部保持着发达的纤维枯鞘。分布区年降水量＜250mm，≥10℃的积温为 2000～3100℃。石生针茅通常于 4 月萌发，返青的进程与春季土壤水分的含量有密切关系。一般在秋雨较大或冬雪较多的年份，次年春天土壤水分含量较高时，返青后迅速生长。5 月中、下旬至 6 月中旬抽穗开花，6 月下旬颖果成熟，8 月开始干枯，9～10 月彻底干枯。全生育期可达 180～240 天。

【**饲用价值**】良等饲用植物。叶片柔软，适口性好，整个生育期为羊、牛、马、骆驼喜食。冬季前半期保留较好，属于四季放牧利用的主要牧草。

芒洽草

【**学　　名**】*Koeleria litwinowii* Dom.

【**别　　名**】郇氏洽草、芒稃草

【**资源类别**】野生种质资源

【**分　　布**】产于宁夏贺兰山、南华山、六盘山。分布于我国甘肃、青海、贵州、西藏等地。

【**形态特征**】多年生草本，高 15～50cm。秆直立，丛生，被短绒毛，花序下稍密。叶

鞘短于节间或下部长于节间，被柔毛；叶舌膜质，长 1～2mm，边缘须状；叶片扁平，长 3～5cm，宽 2～4mm，分蘖上的长 5～15cm，宽 1～2mm，两面被短柔毛，边缘具长纤毛。圆锥花序缩呈穗状，灰绿色或带淡棕色，下部有间断，具光泽，长 3～10cm，主轴及分枝均被短毛；小穗含 2 花，稀含 3 小花，长 5～6mm，小穗轴节间被较长的柔毛，顶生者毛较稀少。颖长圆形至披针形，先端尖，边缘宽膜质，脊上粗糙，第一颖长 4.0～4.5mm，具 1 脉，第二颖长约 5mm，基部具 3 脉；外稃披针形，先端及边缘宽膜质，具不明显的 5 脉，在先端以下 1mm 处着生 1 长约 3mm 的短芒，第一外稃长约 5mm；内稃短于外稃，先端 2 裂。花果期 6～8 月。

【生物学特性】耐寒中生植物。生于海拔 3000～4000m 的山坡草甸、草原。

【饲用价值】良等饲用植物。茎叶柔软，适口性好，是家畜放牧的主要采食牧草，山羊、绵羊最喜食，马、牛也吃。冬季叶片保存良好。营养价值较高，干枯期也能较好地保持高营养，是家畜春、夏季增膘的好牧草。

▎莜麦

【学　　名】*Avena chinensis*（Fisch. ex Roem. et Schult.）Metzg.

【别　　名】裸燕麦、莜麦子（宁夏）

【资源类别】引进种质资源

【分　　布】宁夏固原市各县有栽培。我国华北、西北各地均有栽培。

【形态特征】一年生草本，高 60～80cm。秆直立，丛生。叶鞘松弛，基生者常被微毛；叶舌透明膜质，长约 3mm，叶片扁平，长 8～18cm，宽 3～9mm，微粗糙，基部边缘有时疏生纤毛。圆锥花序开展，金字塔形，长 15～20cm，分枝具角棱，刺状粗糙；小穗含 3～6 花，长 2～4cm，小穗轴坚韧，无毛，常弯曲，第一节间长达 1cm，颖草质，几相等，长 1.5～2.5cm，具 7～11 脉；外稃无毛，草质较柔软，具 9～11 脉，基盘无毛，先端通常 2 裂，第一外稃长 2.0～2.5cm，无芒或第一外稃上部 1/4 以上具长 1～2cm 的芒，芒细弱，直立或反曲；内稃甚短于外稃，脊上具纤毛；颖果与内稃分离。

【生物学特性】中生植物。喜凉爽、日照不强的气候，中性、微碱性土壤。北方 4 月末播种，6 月末抽穗，7 月中旬开花，8 月结籽成熟；南方可栽培于海拔 2100m 的山地，秋种，春刈，青饲年可刈割 2 次，刈后如追肥，再生良好。

【饲用价值】优等饲用植物。叶量丰富，茎秆柔软，各类家畜四季喜食。不论放牧、青刈饲喂，还是调制青干草，适口性均好。

▎无芒隐子草

【学　　名】*Cleistogenes songorica*（Roshev.）Ohwi

【别　　名】羊胡子草

【资源类别】野生种质资源

【**分　　布**】产于贺兰山及银川、吴忠、中卫等地。分布于我国内蒙古、陕西等地。

【**形态特征**】多年生草本，高 15～40cm。秆直立，具多节，密丛生，无毛。叶鞘长于节间，无毛，鞘口处具柔毛；叶舌短，顶端截形，边缘具短纤毛；叶片扁平或先端内卷，长 2～7cm，宽 1.5～2.5mm，上面及边缘粗糙，背面光滑。圆锥花序开展，长 3～8cm，下部各节具 1 分枝，枝腋间具白色长柔毛；小穗长 4～8mm，含 3～8 小花，成熟时带紫色；颖不等长，膜质，先端尖，具 1 脉，第一颖长 2.0～2.5mm，第二颖长 3.0～3.5mm；外稃质较薄，上部边缘宽膜质，具 5 脉，主脉及边脉疏生长柔毛，基盘疏生短毛，先端无芒或具小尖头，第一外稃长约 4mm，内稃与外稃等长或稍短，脊下部具长纤毛，上部具短纤毛或粗糙，顶端近平滑；雄蕊 3，花药黄色或带紫色，长约 1.5mm。

【**生物学特性**】强旱生植物。生于干旱山坡、丘坡地、固定沙地。在荒漠草原带为亚优势种或优势种，在石质、碎石坡地，砾质、卵石基质常保持一定优势，在草原化荒漠带为伴生种或亚优势种；可沿浅洼地、水沟边进入荒漠带；不耐盐碱化生境。向南进入宁夏中、北部恒有度、多度明显不如细弱隐子草。5 月萌生，7 月中旬抽穗，8 月上旬开花，8 月中旬至 9 月中旬结籽成熟，9 月下旬枯黄。冬季保留较好。

【**饲用价值**】优等饲用植物。整个生长季节各类家畜乐食，是荒漠草原地区重要的饲草。冬季保存良好，适宜放牧利用。

丛生隐子草

【**学　　名**】*Cleistogenes caespitosa* Keng

【**资源类别**】野生种质资源

【**分　　布**】产于贺兰山、须弥山。分布于我国内蒙古、宁夏、甘肃、河北、山西、陕西等地。

【**形态特征**】多年生草本，高 40～55cm。秆丛生，直立，无毛。叶鞘除鞘口具白色柔毛外，其余无毛，下部者短于节间，上部者常长于节间；叶舌为一圈长约 0.5mm 的纤毛；叶片长 2.5～75cm，宽 2～4mm，背面平滑无毛，上面稍粗糙，通常内卷或下部者扁平。圆锥花序开展，长 7～12cm，分枝长 1.5～5.0cm，粗涩，斜升或平展；小穗通常含 3～5 花，长 5～11mm；颖不等长，膜质而稍透明，第一颖长 1～2mm，先端尖或钝，具 1 脉或无脉，第二颖长 2.0～3.5mm，先端尖，具 1 脉；外稃具 5 脉或间脉不太明显，边缘疏生柔毛，第一外稃长 4.0～5.5mm，先端具长 0.5～1.0mm 的小尖头；内稃等长或稍长于外稃，脊上部粗涩。

【**生物学特性**】中旱生植物。生于较干旱的山、丘草原，为灌丛被破坏后的灌草丛演替的类型。多生长在阳坡、半阳坡或半阴坡。性耐旱、喜暖。常与荆条、铁杆蒿、白羊草、黄背茅等伴生。丛生隐子草返青晚，且生长很慢，雨季后开始迅速生长，7～8 月开花，9 月结实，10 月中旬枯黄。根系发达，能利用砾石地中的水分与养分，也是水土保持植物或矿山恢复植被的优良植物之一；还具有超强的生存能力，对水分、矿物质的需求尤其为少。

【饲用价值】优等饲用植物。茎秆柔软，营养丰富，适口性很好，整个生长季节各类家畜均喜食。适宜放牧利用，冬季保存不好。群落稀疏，产量低。丛生隐子草是干旱、贫瘠地区的较好牧草之一。

包鞘隐子草

【学　　名】*Cleistogenes kitagawai* Honda var. *foliosa*（Keng）S. L. Chen et C. P. Wang

【资源类别】野生种质资源

【分　　布】产于西吉。分布于我国内蒙古、河北、甘肃、山东等地。

【形态特征】多年生草本，高30～50cm。秆直立，密丛生，全部为叶鞘所包裹。叶鞘均长于节间，无毛或稍粗糙；叶舌为一圈长约0.5mm的白色纤毛；叶片长3～6cm，宽1.5～2.0mm，上面粗糙，背面无毛，先端内卷呈锥状。圆锥花序紧缩呈线形，长4～7cm，下部为叶鞘所包裹，分枝单生，贴生；小穗含3～4小花，长6～7cm，草黄色或成熟时带暗紫色；小穗轴节间长约1mm，顶端稍膨大而被微毛；颖不等长，具1脉，第一颖长1.5～3.0mm，第二颖长3.5～4.5mm；外稃披针形，近边缘着生稀疏柔毛，先端具2微齿，基盘具短柔毛，具5脉，主脉延伸成短芒，芒长1.5～3.0mm，粗糙，第一外稃长约6mm；内稃与外稃近等长，先端微凹，脊具微纤毛且延伸成小尖头。花果期6～8月。

【生物学特性】中旱生植物，生于干旱山、丘草原。

【饲用价值】优等饲用植物。茎秆柔软，营养丰富，适口性很好，整个生长季节各类家畜均喜食。适宜放牧利用，冬季保存不好。

第六章　豆科牧草种质资源

细叶百脉根

【学　　名】*Lotus tenunis* Waldst.

【资源类别】野生种质资源

【分　　布】产于引黄灌区。分布于我国内蒙古（中部、西部）、山西、陕西、甘肃、新疆、贵州。

【形态特征】染色体数：$2n=4x=24$。一年生草本，具主根。茎直立或斜生，高 15～50cm，无毛。羽状复叶，小叶 5 枚，最下一对叶着生于叶柄基部，小叶线形至长圆状线形、倒披针形。花单生或 2～3 朵呈伞形生于叶腋；苞片 1，叶状；萼钟形；花冠橙黄色；雄蕊 9+1 两体；子房无柄。荚果线状圆柱形，长 1.5～2.5cm，种子球形，橄榄绿色，平滑。

【生物学特性】旱中生植物。习生于半荒漠地带河滩低湿地沟、渠边，荒漠带的绿洲及河流两岸，也见于灌溉农田田埂地边。耐轻盐化土壤。该种具根瘤菌，有改良土壤的功能。除种子外，也靠根茎繁殖，局地可形成单优群落。6～7 月开花，7～8 月结荚。生长期长，能抗寒耐涝，在暖温带地区的豆科牧草中花期较早，到秋季仍能生长，茎叶丰盛，年割草可达 4 次。

【饲用价值】良等饲用植物。

百脉根

【学　　名】*Lotus corniculatus* L.

【别　　名】五叶草、牛角花

【资源类别】引进种植资源

【分　　布】宁夏引黄灌区有栽培。原产欧亚大陆温带地区，我国河北、云南、贵州、四川、甘肃等地均有野生种分布。

【形态特征】多年生草本，高 15～50cm，全株散生稀疏白色柔毛或秃净，具主根。茎丛生，平卧或上升，实心，近四棱形。羽状复叶小叶 5 枚；叶轴长 4～8mm，疏被柔毛，顶端 3 小叶，基部 2 小叶呈托叶状，纸质，斜卵形至倒披针状卵形，长 5～15mm，宽 4～8mm，中脉不清晰；小叶柄甚短，长约 1mm，密被黄色长柔毛。伞形花序；总花梗长 3～10cm；花 3～7 朵集生于总花梗顶端，长（7）9～15mm；花梗短，基部有苞片 3 枚；苞片叶状，与萼等长，宿存；萼钟形，长 5～7mm，宽 2～3mm，无毛或稀被柔毛，萼齿近等长，狭三角形，渐尖，与萼筒等长；花冠黄色或金黄色，干后常变蓝色，旗瓣扁圆形，瓣片和瓣柄几等长，长 10～15mm，宽 6～8mm，翼瓣和龙骨瓣等长，均略短于旗瓣，龙骨瓣呈直角三角形弯曲，喙部狭尖；雄蕊两体，花丝分离部略短于雄蕊筒；花柱直，等长于子房成直角上指，柱头点状，子房线形，无毛，胚珠 35～40 粒。荚果直，线状圆柱形，长 20～25mm，直径 2～4mm，褐色，二瓣裂，扭曲；有多数种子，种子细小，卵圆形，长约 1mm，灰褐色。

【生物学特性】喜温暖湿润的气候，最适生长温度为 18～25℃；幼苗不耐寒，成株耐寒力稍强，但低于 5℃则茎叶枯黄。百脉根对土壤要求不高，但在肥沃、排水性良好的土壤中生长良好。百脉根为长日照植物，不耐阴，日光充足能促进开花。花期 5～9月，果期 7～10 月。

【饲用价值】百脉根茎细叶多，产草量高，一般亩产鲜草 1500～3000kg，高者可达 4000kg，刈割后，再生缓慢，一般每年刈割 2～3 次。营养含量居豆科牧草的首位，特别是茎叶保存养分的能力很强，在成熟收种后，粗蛋白质含量仍可达 17.4%，品质仍佳。刈割利用时期对营养成分影响不大，因而饲用价值很高。其茎叶柔软细嫩多汁，适口性好，各类家畜均喜食；可刈割青饲、调制青干草、加工草粉和混合饲料，还可用作放牧利用。用于青饲或放牧时，其青绿期长，含皂素低，耐牧性强，不会引起家畜鼓胀病，为一般豆科牧草所不及。因其耐热，夏季一般牧草生长不良时，百脉根仍能良好生长，延长利用期。

红车轴草

【学　　名】*Trifolium pratense* L.

【别　　名】红三叶、红荷兰翘摇

【资源类别】引进种质资源

【分　　布】黄灌区有栽培，多用于园林绿化。其野生种在我国分布于东北大兴安岭，新疆鄂尔齐斯河、伊犁河流域、天山北坡、阿尔泰山及鄂西山地，云贵高原。现全国均有栽培。

【形态特征】染色体数：$2n=2x=14$。多年生草本。茎具棱，直立或平卧上升。掌状三出复叶，小叶卵状椭圆形至倒卵形，叶面上有"V"形斑纹。花序密集呈球状或卵状，顶生；花萼钟形，被长柔毛；花冠红色至淡红色；子房椭圆形，花柱细长。荚果倒卵形，通常含 1 粒扁圆形种子。

【生物学特性】中生植物。适年降水量>1000mm，冬日温和、夏不炎热的气候，生长适温 15～25℃，>40℃易干枯死亡。喜排水良好、含钙肥沃黏壤土，中性、微酸性土壤，pH5.5～7.5；不适贫瘠砂土、含盐>0.3%的盐碱土、强酸化土、地下水位过高的生境。适宜我国南方山地栽种；北京春播越冬率仅 55%，秋播不能越冬。银川可栽种在具温和小气候的庭院背风向阳处，越冬尚好。4月中旬萌发，7～8月开花，8～9月结荚，有冬雪覆盖对越冬有利。再生性良好，耐践踏。北方年可刈3～4次，南方5～6次。叶多，茎叶比花前为1：1，花期茎与花叶比为1：1.7～2。短寿命植物。

目前，国内审定登记的栽培品种有以下3个。

1. 巴东红车轴草 *T. pratense* L. cv. Badong　早花型和晚花型混合品种，以早花型为主。早花型生长发育快，再生性差，抗热性强，较耐旱。晚花型生长发育慢，植株粗矮，分枝多，花期长，抗寒性强。略耐酸性，易患白粉病。

2. 岷山红车轴草 *T. pratense* L. cv. Minshan　本品种抗寒，早熟，较耐涝和热，不易染病或遭受虫害，抗旱性较差。叶量丰富，适口性好。

3. 溪红车轴草 *T. pratense* L. cv. Wuxi　该品种青草期长达300天。分枝多，耐刈割，耐牧性强；还耐瘠薄，竞争力强，抗寒性强，再生性好，耐热性稍差。

【饲用价值】优等饲用植物。各类草食家畜均喜食，猪也爱吃。春季返青早，叶量丰富，茎秆柔软，生育期长，秋霜后还显绿色，是很好的放牧型牧草。其与黑麦草混播的草地是质量最好的人工刈、牧兼用型草地。因含皂苷，反刍动物采食过多会引发瘤胃鼓胀，症状较苜蓿为轻。

█ 白车轴草

【学　　名】*Trifolium repens* L.

【别　　名】白花三叶草、车轴草、荷兰翘摇、白三叶

【资源类别】引进种质资源

【分　　布】黄灌区有栽培。我国东北、华北、西北、华中、华南、西南各地均有栽培。另外在黑龙江、吉林、广西、福建、湖南、湖北、四川、贵州、云南及新疆山地都发现有野生种。

【形态特征】染色体数：$2n=4x=32$。多年生草本，茎匍匐蔓生，上部稍上升，高10～30cm；节上生根。掌状三出复叶，小叶倒卵形至近圆形，叶面具"V"形白斑。花序球形，顶生；花萼钟形；花冠白色、乳黄色或微淡红色；子房线状长圆形，花柱略长于子房。荚果长圆形，种子通常3粒，阔卵形。

【生物学特性】旱中生植物。生于山地、亚高山草甸，也见于河谷低地及河漫滩草甸，土壤为山地黑钙土、亚高山草甸土。分布区海拔1000～3200m，在四川山地可上升到3600m，适宜年降水量800～1200mm，气温19～24℃，夏季35℃为宜，能耐短期39℃高温。喜光，喜温凉、湿润气候。适pH4.5～8的酸性、中性土，pH6～6.5对形成根瘤有利。当前多栽植于庭院、公园、街心花园，用于城镇绿化。4月上旬萌发，6～7月开花，花期约2个月，8月结荚。寿命可长达10年以上。有大叶、小叶和中间型等生态类型，小叶型的更耐寒、耐热、耐旱、耐践踏、耐牧。

目前，国内申报审定登记的品种有4个，分别是：

（1）'鄂牧1号'白车轴草 *T. repens* L. cv. Emu Nol　育成品种。品质优良，适应

性广，产鲜草 6.0 万～7.5 万 kg/hm²。

（2）贵州门车轴草 *T. repens* L. cv. Cuizhou　　野生栽培品种，耐寒，再生性强，青绿期 280 天，产鲜草 3.0 万～4.5 万 kg/hm²。营养高，粗蛋白质含量达 19.30%。

（3）胡依阿门车轴草 *T. repens* L. cv. Hia　　引进品种，适应性较强，产鲜草 3.0 万～5.2 万 kg/hm²，品质好。

（4）川引拉丁诺白车轴草 *T. repens* L. cv. Chuanyin Ladino　　品质好，再生性强，年可刈割 3～4 次，产鲜草 6.0 万～7.5 万 kg/hm²。

【饲用价值】优等饲用植物。茎秆柔软，叶量丰富，适口性好，不论青饲或调制成干草，各类家畜均喜食。鸡也啄食其嫩叶，猪喜食叶片和花序。匍匐茎上可生出新根，繁殖快，耐践踏，属于很好的放牧型牧草。春季萌发早，生长快，绿期长，全生长期营养成分变化不显著，粗蛋白质含量在 30% 以上，干物质消化率在 80% 以上。

▌紫苜蓿

【学　　名】*Medicago sativa* L.
【别　　名】紫花苜蓿、苜蓿
【资源类别】引进种质资源
【分　　布】全区栽培，有逸出成半野生者。原产伊朗，现遍及全球温带及亚热带边缘地区。公元前 126 年汉武帝时张骞出使西域，带回我国。现广布于黄河流域以北；江苏、湖北、四川、云南也试种成功。此外，因栽培逸出及草地补播，在新疆、四川、云南、西藏山地，有野生者伴生于海拔 1500～3000m 的天然草地中。
【形态特征】染色体数：$2n=4x=32$。多年生草本，茎直立，四棱形，高 30～100cm。羽状三出复叶，小叶长卵形、倒长卵形至线状卵形，叶缘上 1/3 处有锯齿。总状花序叶腋生，萼钟形，花冠紫色或深紫色；子房线形；花柱短阔，柱头点状。荚果螺旋形，1～3 回旋转，成熟时棕色；种子肾形，黄褐色，有光泽。
【生物学特性】原产北方的长日照植物。生长适温 25℃左右，成株能耐冬季 -30～-20℃低温，-40℃有雪覆盖也不致冻死；高寒地带如无冬雪，或北纬 40℃以北，须选抗寒品种，并保护越冬。较抗旱，适年降水量 300～500mm 地区，雨量过多对结籽繁殖和调制干草均不利。适土壤 pH6～8，成株可耐土壤含盐 0.3%，不适低湿、地下水位过浅，或强酸、重盐碱的生境；地面积水会大量死亡。种紫苜蓿可培肥地力，轮作倒茬能提高后茬作物单产 15%～20%。
【饲用价值】优等饲用植物，被誉为"牧草之王"和"蛋白饲草"。营养价值高，适口性好，初花期粗蛋白质含量在 18% 以上，现蕾期达 20% 左右；氨基酸含量较高，赖氨酸含量在 1.05%～1.38%，可消化总营养成分为大麦籽实的 55%；饲草干物质消化率为 60%（55%～64%）。在奶牛饲料中添加 15%～20% 的紫苜蓿青干草，可提高产奶量和奶蛋白质含量。以苜蓿为原料开发的草产品有草粉、草颗粒、草块、草捆等，广泛用于各国羊、肉牛、奶牛、猪、鸡等家畜、家禽和特种动物养殖业中。青嫩期的紫苜蓿勿让反刍家畜牧食或过量喂给，最好与禾草或干草混合饲喂，以免引发瘤胃鼓胀。

▌黄花苜蓿

【学　　名】*Medicago falcata* L.

【别　　名】镰荚苜蓿、野苜蓿

【资源类别】野生种质资源

【分　　布】产于贺兰山。分布于我国东北、华北等地。

【形态特征】染色体数：$2n=2x=16$。多年生草本，茎平卧或上升，高 30～50cm。羽状三出复叶，小叶倒卵形至线状倒披针形，边缘上部 1/4 具锐锯齿。短总状花序；萼钟形；花冠黄色；子房线形，花柱短。荚果镰形，有 2～4 粒种子，种子卵状椭圆形，黄褐色。

【生物学特性】耐寒旱中生植物。分布于森林草原、草原带，少量进入森林带边缘。生于石质山坡、林缘、沟谷、河滩地、湖泊边缘、沙丘低地等低湿生境，是草甸草原、草原化草甸、低地草甸的伴生种；在撂荒地可形成小面积群落优势种。适 $\geqslant 10℃$ 积温 1700～2000℃、年降水量 350～450mm 的生境。喜砂壤、轻壤质湿润肥土，不耐盐碱。其抗旱性、抗寒性，抗风沙性比紫苜蓿略强。

【饲用价值】优等饲用植物，整个生长期和干枯后家畜均喜食。牧民反映在青绿期饲喂产奶家畜可以增加奶产量，促进家畜发育。冬季落叶后的茎秆家畜仍喜食，制成青干草是冬春季补饲的好饲草。黄花苜蓿利用时间长，可牧、刈兼用。不足之处是茎秆匍匐不便于刈割。

▌天蓝苜蓿

【学　　名】*Medicago lupulina* L.

【别　　名】黑荚苜蓿、黑籽籽（中卫）、天蓝

【资源类别】野生种质资源

【分　　布】产全区。分布于我国东北、华北、西北、华中、西南。

【形态特征】染色体数：$2n=2x=16$，$2n=4x=32$。一年生草本，茎平卧或上升，高 10～30cm。羽状三出复叶，小叶倒卵形或倒心形，先端圆或微凹，具细尖，基部楔形，边缘上半部具不明显尖齿。总状花序叶腋生；花萼钟形；花冠黄色；子房阔卵形，被毛，花柱弯曲。荚果肾形，具纵纹。种子卵形，黑褐色，平滑。

【生物学特性】中生植物。生于沙滩、低洼地、水边；也习见于农田、撂荒地、林园、渠沟边路旁。分布区海拔 300～1200m；适砂壤土；能耐受冬季 −23℃ 低温；较耐旱，在土壤含水 4.1% 时仍然存活；不耐水淹及土壤水分过多。在温带为一年生，5 月中旬萌发，6～8 月开花，7～9 月结荚成熟；再生性良好，年可刈、牧 2～3 次。种子当年发芽率 90% 以上，在亚热带有多年生的类型。

【饲用价值】优等饲用植物。茎秆柔软，分枝多，叶量丰富，营养价值高，适口性良

好，整个生育期牛、羊、驴、猪、兔都喜食。放牧、刈割饲喂或调制干草均可。

白花草木犀

【学　　名】*Melilotus albus* Medic.

【别　　名】白香草木犀、马苜蓿

【资源类别】野生种质资源

【分　　布】全区栽培，也有逸出成半野生者。我国河北、内蒙古、陕西、甘肃有野生种。其余各地有栽培。

【形态特征】染色体数：$2n=2x=16$。二年生草本，高 50～150cm。茎直立，具棱。羽状三出复叶，小叶长椭圆形或倒披针形，先端圆，具小尖头，基部楔形，边缘具细锯齿；有香味。总状花序细长，叶腋生；苞片锥形；花冠白色；子房无毛。荚果卵球形，长 3～3.5mm，无毛。

【生物学特性】中生、旱中生植物。生于沙地、微盐化砂质土。黄土高原历来种植其作绿肥、燃料、水保之用。种过的土地固定氮素达 127.5kg/hm²，相当于亩施硫酸铁 42.5kg，增加有机质及水稳团粒 30%～40%、氮素 13%～18%、磷 20%。种子 34°坡地可减少径流 14%、土壤冲蚀 66% 减少水土流失 60% 以上。耐旱、耐贫瘠，抗盐碱性强于苜蓿。适 pH7.5～9、含盐 0.15%～0.33% 土壤；耐冬季 -30℃低温。

【饲用价值】优等饲用植物。营养价值高，可刈、牧兼用。但在青嫩期因含香豆素，影响适口性，刈后晾晒几小时，或先与别的牧草混合饲喂，习惯后再单独饲喂，可改善适口性。在花期前割制成青干草适口性好。饲喂牛、羊、马、骡能显著增膘。青绿期采集后剁碎、煮熟可喂猪和鸡、鸭、鹅。叶片发霉时切忌饲喂，易引起家畜内出血而导致死亡。

细齿草木犀

【学　　名】*Melilotus dentatus*（Waldst. et Kit.）Pers.

【别　　名】无味草木犀

【资源类别】野生种质资源

【分　　布】产于银川、平罗、陶乐等地。分布于我国陕西、甘肃、山东、河南等地。

【形态特征】染色体数：$2n=2x=16$。二年生草本，高 20～40cm。茎直立，基部分枝。羽状三出复叶，小叶长椭圆形至长圆状针形，先端圆，具细尖，基部阔楔形或钝圆，边缘具细密锯齿，有甚小香味。总状花序腋生；萼钟形，花冠黄色；子房卵状长圆形，花柱稍短于子房。荚果近圆形至卵形，褐色，长 2.5～3mm，先端具宿存花柱。种子圆形，橄榄绿色。

【生物学特性】中生植物。耐轻盐碱，生于河漫滩、湖滨轻盐化草甸、农田、林带、撂荒地、沟渠边、路旁、芨芨草丛。在宁夏银北黄河两岸水泛地，有的年份可形成局部单优群落。4 月萌发，6～8 月开花，7～9 月结荚。条件好时长成大丛，生长繁茂，

干旱贫瘠生境则生长矮小。本种含香豆素为干物质的 0.01%～0.03%，比黄花草木樨
（0.84%～1.22%）、白花草木樨（1.05%～1.40%）要少得多。

【饲用价值】 优等饲用植物。因香豆素含量低而适口性较好。青绿期刈割、放牧各类家畜均喜食。割制青干草适口良好。优良育种种质资源植物。

草木樨

【学　　名】 *Melilotus officinalis*（L.）Pall.

【别　　名】 铁扫把、省头草、野苜蓿、黄花马苜蓿（西吉）

【资源类别】 野生种质资源

【分　　布】 产全区。分布于我国黑龙江、吉林、河北、内蒙古、甘肃、陕西、新疆、河南等地。

【形态特征】 一年生或二年生草本，高 50～80cm。茎直立，具棱。羽状三出复叶，小叶长椭圆形、倒卵状椭圆形至倒卵形，先端圆，基部楔形，边缘具锯齿。总状花序腋生，钟形；花冠黄色。荚果倒卵形，长约 3mm，无毛。

【生物学特性】 中生植物。生于山地沟谷、河滩、湖盆、河谷平原低湿沙地，也见于林带、田边、村旁荒地，为低地草甸、轻盐化草甸的伴生种。4 月萌发，6～8 月开花，8～9月结荚。

【饲用价值】 饲用价值与经济用途近似于白花草木樨。

花苜蓿

【学　　名】 *Medicago ruthenica*（L.）Trautv.

【别　　名】 扁蓿豆、苏苜蓿、野苜蓿（固原）、荞皮草（海源）

【资源类别】 野生种质资源

【分　　布】 产于麻黄山、南华山、月亮山、六盘山及固原、海原。分布于我国黑龙江、吉林、辽宁、河北、山西、内蒙古、甘肃、青海、四川、新疆等地。

【形态特征】 染色体数：$2n=2x=16$。多年生草本，高 30～80cm。羽状三出复叶，叶片狭卵形或卵状披针形，先端圆钝，具小尖头，边缘具细锯齿，基部全缘。总状花序腋生；萼钟形；花冠内黄色、外棕褐色；子房线形，无毛，花柱锥形。荚果扁平，矩圆状椭圆形，不弯曲或绝不弯成镰刀状，具网脉，先端具短喙。

【生物学特性】 广旱生植物。分布于森林草原、草原地带；习见于山坡、丘陵、平原、河岸、路边。适淡栗钙土、侵蚀黑垆土、黄绵土。常以偶见种或伴生种生于草甸草原、草原化草甸群落内。耐寒、耐旱，我国东北野生株高 60～80cm，栽培株第 2 年开花，第 3 年生长旺盛，高 180cm，地上分枝 50～60 枝。西北黄土高原野生株生长低矮，甚或紧贴地表铺散生长。4 月上旬返青，6 月下旬至 8 月为花期，8～9 月结荚，9 月中下旬荚果成熟。硬籽率达 50%～90%。

【饲用价值】 优等饲用植物。适口性好，叶多、茎柔，营养丰富，各类家畜四季喜食。

春季返青较早，是羊春季抢青上膘主要牧草之一。耐牧性好，是良好的放牧型牧草，也可以驯化成建设刈、牧兼用草地或补播改良退化草地的草种。

驴食豆

【学　　名】*Onobrychis viciifolia* Scop.

【别　　名】红豆草、驴喜豆

【资源类别】引进种质资源

【分　　布】银川、固原、盐池曾引种栽培。我国吉林、辽宁、内蒙古、河北、北京、陕西、甘肃、青海、新疆也曾引入栽种；新疆天山、阿尔泰山有逸出成野生种。

【形态特征】染色体数：$2n=2x$，$4x=14$，28。多年生草本，高30～120cm，主根细长，侧根发达。茎直立，多分枝，粗壮，中空，具纵条棱，疏生短柔毛。奇数羽状复叶，有小叶13～27对，长圆形、长椭圆形或披针形，长1～2.5cm，宽0.3～1.0cm，先端圆钝或尖，基部楔形，全缘，上面无毛，下面被长柔毛；托叶三角形，膜质，褐色。

【生物学特性】旱中生、中生植物。生于森林、森林草原、草原地带，伴生于海拔1100～2200m的山地草甸、灌丛中。喜暖，抗旱性比苜蓿强，抗寒性略逊于苜蓿。因具有播种当年生长快、早春萌发早、反刍动物食后不发生鼓胀、调制干草脱叶较少、抗病虫能力强等优点，可与苜蓿混播，互相取长补短。再生性中等，年可刈2次，寿命为6～7年，生境条件好时可延至10年以上。一般播后5年产生群体自疏，高产年限为4～5年。

　　该种经国家审定登记的栽培品种有以下2个。

　　1. 甘肃驴食豆 *O. viciaefolia* Scop. cv. Gansu　适宜在甘肃、河北、内蒙古、山西等气候温凉而有灌溉条件的地区种植。

　　2. 蒙农驴食豆 *O. viciaefolia* Scop. cv. Mengnong　适宜在内蒙古中、西部干旱半干旱地区及宁夏等地种植。

【饲用价值】优等饲用植物，各类家畜喜食，是很好的蛋白质饲草。与苜蓿比，优点是反刍动物采食不发生瘤胃鼓胀。茎中空柔软，叶量多，无论青绿期、结实期、枯草期都有良好的适口性。

绣球小冠花

【学　　名】*Coronilla varia* Linn.

【别　　名】多变小冠花、小冠花

【资源类别】引进种质资源

【分　　布】原产南欧地中海地区，北非、亚洲西部、美国、加拿大有栽培。我国1973年引入江苏、山西、陕西、北京等地。20世纪80年代初引入宁夏，在银川及宁南山区均生长良好。

【形态特征】一年生草本，茎直立，具分枝，高25～40cm。基生叶具长柄，大头羽状深裂，顶裂片近卵形，边缘波状或具不规则锯齿，侧裂片椭圆形，全缘、波状或具不规则锯齿；茎生叶羽状深裂，向上渐小，近无柄。总状花序顶生，花后伸长；萼片直立；花瓣十字形，先端微凹，基部具长爪，黄色，具褐色脉纹；雄蕊 4 长 2 短，离生。长角果直立，圆柱形，先端具剑形扁平长喙；种子近球形，淡黄褐色。

【生物学特性】再生性强，覆盖度大，寿命长达 60 余年。性喜高温，抗寒性较差，喜光照，不耐阴；抗病虫，耐旱，但旱作生长缓慢。适排水良好的中性肥沃土，耐贫瘠；不耐酸性土；不耐水淹；耐盐极限为 0.25%～0.28%。

目前经审定登记的品种有以下 4 个。

1. 宾吉夫特多变小冠花 *C. varia* L. cv. Pengjift　产干草 0.9 万～1.35 万 kg/hm^2，适宜在黄土高原丘陵沟壑地区及水土流失严重地区种植。

2. 宁引多变小冠花 *C. varia* L. cv. Ningyin　产干草 3.0 万～4.5 万 kg/hm^2，种子产量 225kg/hm^2，适宜黄土高原华北平原及长江中下游地区种植。

3. 绿宝石多变小冠花 *C. varia* L. cv. Emerald　产干草 1.05 万～1.35 万 kg/hm^2，种子产量 300kg/hm^2，适宜黄土丘陵地区种植。

4. 西辐多变小冠花 *C. varia* L. cv. Xifu　产干草 4500～9000kg/hm^2，种子产量 150kg/hm^2，适宜在西北、华北、西南、华南等地种植。

【饲用价值】良等饲用植物。草质柔软，盛花期茎叶含粗蛋白质 22.04%、粗脂肪 1.84%、粗纤维 32.28%、无氮浸出物 34.18%、粗灰分 9.66%、钙 1.63%、磷 0.24%；为反刍动物蛋白质补充饲料，可青饲、制干草或青贮。因含有毒物质 3- 硝基丙酸，不宜饲喂单胃家畜或家禽。

兵豆

【学　　名】*Lens culinaris* Medic.

【别　　名】滨豆、艾代斯、乃西克、麻苏尔、小扁豆、扁豆子

【资源类别】本地种质资源

【分　　布】固原、海原旱作栽培。原产亚洲西南部及地中海东部地区，土耳其、印度、叙利亚种植较多，多种于温带、亚热带、热带高海拔地区。我国由印度引入，在河北、内蒙古、山西、陕西、甘肃、青海、云南山区及黄土丘陵种植，淮河流域也有栽培。

【形态特征】一年生矮小草本。茎直立，高 20～30cm，自基部分枝。偶数羽状复叶，叶轴先端为不分枝，卷须或刚毛状；小叶 6～14，长椭圆形或倒披针形。总状花序腋生，较叶短；花 1～3 朵；萼浅钟状，齿线状披针形；花冠淡紫色；雄蕊 9＋1；花柱弯曲，上部内侧具一列髯毛。荚果稍扁，矩圆形，无毛；种子扁圆形。

【生物学特性】长日照、耐旱中生植物。喜冷凉气候，生长适温 24℃；每日 15～16h 光照可提前开花。适酸性、中性、微碱性土，喜 pH5.6～6.5 生境，pH7.5～9 也可。抗病性强，不耐涝，再生性弱。6～8 月开花，7～9 月结荚。种子在干燥环境可保持发芽

力 5 年以上。早熟品种生长期 80 天，晚熟品种生长期 125～130 天。

【饲用价值】优等饲用植物。茎叶柔嫩，适口性好，各类家畜常年喜食。种子（小扁豆）可食，也做精料，蛋白质含量高；豆荚也含蛋白质，可直接饲喂家畜，也可将干制茎叶粉碎做猪的粗饲料。

野大豆

【学　　名】*Glycine soja* Sieb. et Zucc.

【别　　名】野黄豆、山黄豆、耢豆、落豆秧、野毛豆

【资源类别】野生种质资源

【分　　布】产于黄灌区、贺兰山。分布于我国大部分地区。

【形态特征】染色体数：$2n=4x=40$。一年生草本。茎细弱、缠绕，长 60～100cm。羽状三出复叶，小叶狭卵形至卵状披针形，先端钝圆，基部宽楔形，全缘。总状花序腋生；萼钟形；花冠蓝紫色；子房疏被毛，花柱短，柱头头状。荚果线状矩圆形，长1.5～2.5cm，被棕黄色长硬毛。

【生物学特性】中生植物。生于山坡灌丛、草甸、湖盆、河谷平原草甸、沼化草甸、石质干河床；农区杂草，也生于灌溉农田、园林地、村落、沟渠边。适湿润肥沃的黑钙土、农田灌淤土，喜中性、微酸性生境。沙地种植可固沙改土。

【饲用价值】优等饲用植物。生长快，产量高，茎柔软，叶量大，适口性好，无论青绿期还是调制成干草均被各种家畜喜食。野大豆可牧、刈兼用，也可与禾草混播建设人工草地。带果全草及种子入中药，种子称"野料豆"。

大豆

【学　　名】*Glycine max*（Linn.）Merr.

【别　　名】黄豆、秣食豆

【资源类别】人工创造种质资源

【分　　布】全区栽培。原产热带、暖温带，现全世界栽培。我国东北、华北、西北普遍种植。

【形态特征】一年生草本。茎直立或俯卧，长 40～80cm。羽状三出复叶，小叶卵形，三角状斜卵形至狭卵形，先端急尖或渐尖，基部宽楔形或圆形，全缘。总状花序腋生；萼钟形，花冠白色或紫红色；子房密被毛，花柱短。

【生物学特性】适宜温度 18～22℃，pH3.5～9.6。耐阴，喜湿润、排水良好的生境；可与玉米、谷子、燕麦混播。4 月播种，6～7 月开花，7～8 月结荚，9 月中旬种子成熟。再生性弱，仅开花前早刈可以再生；耐牧性差。

【饲用价值】优等饲用植物。产量高，叶量大，茎秆柔软，适口性良好，各类家畜均喜食，放牧、刈割饲喂均可。可与其他禾草混播建设人工刈割草地，亩产干草可达1000kg 以上，籽实是家畜主要的蛋白质补充饲料。

歪头菜

【学　　名】*Vicia unijuga* A. Br.

【别　　名】野豌豆、两叶豆苗、对叶草藤、歪头草、歪脖菜

【资源类别】野生种质资源

【分　　布】产于六盘山、南华山及西吉火石寨。分布于我国东北、华北、西北、华东、华中、华南。

【形态特征】染色体数：$2n=2x=12$。多年生草本。茎直立，高 $30\sim70$cm。偶数羽状复叶，具小叶 2，椭圆形、长椭圆形、卵状披针形或近菱形，先端钝，具小尖头，基部楔形，边缘粗糙。总状花序顶生和腋生；萼钟形；花冠紫红色；子房具长柄，无毛，花柱上部周围被柔毛。荚果扁平，狭长圆形，长 $2.5\sim4$cm，先端具短喙，无毛。

【生物学特性】中生植物。生于山坡、沟谷林下、林缘草甸灌丛中；可升至海拔 3600m 的高山带。适微酸性山地棕壤、山地灰化土。除种子外，地下根茎也可繁殖。冬季保留良好；也可补播改良退化草甸和草甸草原。

【饲用价值】优等饲用植物。萌发较早，生长快，叶片大而多，茎柔软，产量高，适口性好，根茎繁殖快，耐牧性强。各类家畜常年喜食。割制干草适口性不降低。

救荒野豌豆

【学　　名】*Vicia sativa* L.

【别　　名】巢菜、野豌豆、建设豆、箭筈豌豆、箭舌豌豆

【资源类别】引进种质资源

【分　　布】产全区。原产欧洲南部、亚洲西部。分布于我国江苏、江西、台湾、陕西、甘肃、青海、云南等地。20 世纪 50 年代我国曾自苏联、罗马尼亚、澳大利亚引入优良品种，在甘肃、青海试种，适应性强，引入河北及长江流域，生长良好。

【形态特征】染色体数：$2n=2x=12$。一年生草本。茎斜升或攀援，长 $30\sim80$cm，被微柔毛。偶数羽状复叶，小叶 $2\sim7$ 对，长椭圆形或近心形，先端截形或微凹，具短尖头，基部楔形。花单生叶腋，萼钟形；花冠紫红色或红色；子房线形，微被柔毛，花柱上部被淡黄色髯毛。荚果线形，扁平，长 $4\sim6$cm，成熟时背腹开裂，果瓣扭曲。种子圆球形，棕色或黑褐色。

【生物学特性】喜温凉，生于山坡、河谷平原草甸、灌丛中；也生于路旁、田间地埂。生长期需 $\geqslant10$℃积温 $1500\sim2000$℃；冬季耐 -20℃低温。喜水，也耐旱；对土壤要求不严。$6\sim7$ 月开花，$7\sim8$ 月结荚，生育期因品种而异，一般为 $84\sim122$ 天。

【饲用价值】优等饲用植物。各类家畜常年喜食。产量高，叶量大，茎秆柔嫩，生长快，适口性好，亩产干草可达 400kg 以上，是建设人工割草地的良好草种。宁南山区常用来与草高粱、草谷子等混播，饲喂大家畜。

山野豌豆

【学　　名】*Vicia amoena* Fisch.

【别　　名】落豆秧、豆豌豌、山黑豆、透骨草

【资源类别】野生种质资源

【分　　布】产于六盘山、南华山。分布于我国东北、华北、西北、华东、华中、华南。

【形态特征】染色体数：$2n=4x=24$。多年生草本。茎斜升或攀援，高 50～100cm。偶数羽状复叶，小叶 4～7 对，椭圆形至卵状披针形，先端圆，微凹，基部近圆形，上面几无毛，下面被疏毛。总状花序长于叶，花冠紫红色或蓝紫色；花萼斜钟状；子房无毛，花柱上部四周被毛。荚果长圆形，长 2～2.5cm，两端渐尖，无毛。

【生物学特性】旱中生植物。生山地向阳山坡下部、沟谷、干河滩林缘灌丛、草甸、草原化草甸、草甸草原。耐寒，有厚雪覆盖可忍受 -40℃ 严寒，在内蒙古及东北北部苜蓿不能越冬地区可安全越冬。抗旱力相当于沙打旺；病虫害少见。4 月初返青，5 月下旬至 7 月开花，花期 2 个多月，每花序开花持续 6～13 天，花后 7～10 天结荚，30 天左右成熟，10 月下旬枯黄，生育期 85～92 天，生长期 200 天左右。可播种或扦插繁殖，当年仅 10% 开花，次年大量开花结果；株高叶茂。如与苜蓿或多年生禾本科牧草混播，可形成浓密的丰产草层。茎叶比（鲜重）花期为 1∶4，成熟期为 1∶1.2。主根入土 1.5～2m，单株有根瘤 25～34 个；每株有花序 15 枚，每花序有花 20～40 朵，结实率 50%～60%。再生性中等，现蕾至初花期刈割，年可刈 2 次。冬季保留良好。

【饲用价值】优等饲用植物。春季返青早，叶量大，茎秆柔软，适口性好。各类家畜四季采食，放牧或青饲、调制青干草家畜都喜食。茎叶粉碎后可作猪的粗饲料。

广布野豌豆

【学　　名】*Vicia cracca* L.

【别　　名】山落豆秧、草藤、苕子、落秧豆

【资源类别】野生种质资源

【分　　布】产于六盘山及中卫、灵武、同心。分布于我国黑龙江、吉林、辽宁、内蒙古、河北、山东、河南、江苏、安徽、湖南、四川、云南等地。

【形态特征】染色体数：$2n=2x$，$4x=14$，28。多年生草本。茎攀缘或蔓生，长 50～80cm。偶数羽状复叶，小叶 5～12 对，线形、长圆形或披针状线形，先端具短尖头，基部近圆形或近楔形。总状花序与叶轴近等长，花萼钟状，花冠紫色或蓝紫色；子房有柄，花柱弯曲，上部周围被柔毛。荚果长圆形或长圆菱形，长 1.5～2.5cm，先端有喙。

【生物学特性】中生植物。生于森林草原、草原带山地林缘灌丛、草甸、河滩、沟渠边。生长期适温 13～21℃，适 pH5～8.5 的黏壤、砂壤。单株有分枝 70 多枝。6～8 月开花，7～9 月结果，群体现蕾 8～10 天，开花 9～12 天，果期 15 天左右，结荚至成熟 6～8 天。花蕾约 80% 开放，开放花有 5%～10% 结荚，落花、落荚较多。

【饲用价值】优等饲用植物，饲用价值与山野豌豆相似。

蚕豆

【学　　名】*Vicia faba* L.

【别　　名】南豆、佛豆、大豆、竖豆

【资源类别】引进种质资源

【分　　布】全区栽培，以邻近六盘山的阴湿地区为多。原产中亚、里海南部，至非洲北部，北限北纬 60℃；现世界广泛栽培。西汉时张骞出使西域带回。我国各地栽培，西南水稻区及内蒙古、青海、甘肃栽培较多。

【形态特征】一年生草本，高 30～60（100）cm。茎直立，不分枝，四棱形，中空偶数羽状复叶，小叶 2～6，倒卵状长圆形或椭圆形；托叶半箭头形。总状花序短，叶腋生，具 1～4（6）花；萼钟形，5 齿，不等长；花冠白色，具紫色斑块；雄蕊 9＋1；花柱上部背面具髯毛。荚果肥厚，扁圆筒形，成熟时变黑色。

【生物学特性】长日照植物、中生。喜湿润、耐涝；可分布海拔 3000～4000m。适温苗期 9～12℃，开花期 16～20℃，果期 16～22℃；幼苗能耐 -4℃低温，-7～-5℃易受冻害，喜光，光照不足时种子产量低，但茎叶生长良好。耐轻盐碱、pH9.6 生境，不耐酸性土。排水不良时易罹病。宁南山区 6 月开花，8 月结荚。本种有饲用品种，结荚多，籽粒小，繁殖率高，抗逆性强。

【饲用价值】优等饲用植物。叶片大，叶量多，茎秆中空柔软，各类家畜四季喜食。种子是良好的精饲料和蛋白质补充料。青嫩期可割制青干草，冬春饲喂幼畜和生产母羊，有助于催奶。叶和豆荚粉碎可做猪的粗饲料，也可饲喂羊、牛、马、驴等家畜。调制青干草时谨防叶片变黄变黑，影响适口性。

豌豆

【学　　名】*Pisum sativum* L.

【别　　名】青豆、麦豌豆、寒豆、麦豆、雪豆、毕豆、麻累

【资源类别】引进种质资源

【分　　布】全区栽培，固原、海原栽培较多。我国各地均有分布。原产欧洲南部、亚洲西部，现全球种植，俄罗斯、美国种植面积大。

【形态特征】一年生攀缘草本，高 30～50cm。偶数羽状复叶，叶轴末端成羽状分枝的卷须，小叶 2～6，椭圆形或倒卵形，先端具小尖头，基部楔形，全缘或具少数粗锯齿。花单生或呈腋生短总状花序；花萼钟形；子房线状椭圆形，无毛。荚果长圆筒状，稍扁，长 5～10cm。

【生物学特性】长日照、中生植物，对日照要求不严格。喜冷凉、湿润，不耐高温、干燥；幼苗能耐 -5℃低温，生长适温 15～20℃，＞26℃易枯黄、罹病；花期需空气湿度 60%～90%，适 pH5.5～6.7 生境。6～7 月开花，7～9 月结荚，生育期早熟品种 65～

75 天，中熟品种 80~100 天，晚熟品种 100 天以上。种子寿命 5~6 年，保存良好 10 年后发芽率可达 80%。

【饲用价值】优等饲用植物。叶量多，茎秆中空柔软，营养价值高，各类家畜均四季喜食。种子是良好的精饲料。青嫩期可割制青干草冬春饲喂幼畜和生产母羊，有助于增膘催奶，是产后母羊和体弱家畜恢复体质的饲草；与其他秸秆混合饲喂可增加其他秸秆的适口性。叶和豆荚粉碎可做猪粗饲料，也可直接饲喂羊、牛等家畜。

山黧豆

【学　　名】*Lathyrus quinquenervius*（Miq.）Litv. ex Kom.

【别　　名】五脉山黧豆、五脉叶香豌豆

【资源类别】野生种质资源

【分　　布】产于六盘山。分布于我国东北、华北、华中、华南、西南、西北等地。

【形态特征】染色体数：$2n=6x=42$。多年生草本，高 30~40cm。茎具翅。偶数羽状复叶，叶轴末端具不分枝的卷须，小叶 1~3 对，坚硬，椭圆状披针形或线状披针形，先端具细尖，基部楔形，两面被短柔毛。总状花序腋生，萼钟状，花紫色或紫蓝色；子房密被柔毛。荚果线形，长 3~5cm。

【生物学特性】中生植物。生于森林，森林草原带，山地阴坡林下、林缘、河滩草甸；在沙区沙丘间低湿地、撂荒地成片生长；在轻碱化草甸土、湿润的陡石山坡也可生长。根系发达，侵占力强。4 月下旬萌发，6~7 月开花，8~9 月结荚，10 月初枯萎，生育期 150 天；开花多，花期长；再生性、结籽繁殖性强。

【饲用价值】优等饲用植物，各类家畜四季采食。春季返青早，再生性好，花期长，茎秆柔软，采食率高，为牧用型牧草，也可刈割青饲；花期割制成青干草适口性良好。

牧地山黧豆

【学　　名】*Lathyrus pratensis* L.

【别　　名】柔毛山黧豆

【资源类别】野生种质资源

【分　　布】产于六盘山、南华山。分布于我国内蒙古、湖北、四川、贵州、云南等地。

【形态特征】染色体数：$2n=2x=14$。多年生草本，高 30~60cm。叶具 1 对小叶，叶轴末端具卷须，小叶椭圆形、披针形或线状披针形，先端渐尖，基部宽楔形或近圆形。总状花序腋生，花黄色；花萼钟形；子房无毛，无柄，花柱里面有髯毛。荚果线形，黑色，具网纹。

【生物学特性】中生植物。生于海拔 1700~2200m 的山坡林下、林缘灌丛、草甸、路边阴湿处。多为伴生种，与山地中生禾草、杂类草组成山地草甸，也偶见散生于湖盆低地草甸，茎叶柔软多汁，滋生繁茂。5 月返青，7 月现蕾、开花，8 月结荚成熟，9 月枯黄。

【饲用价值】优等饲用植物。草质柔软，返青较早，放牧或青饲，四季都为羊、牛、马等家畜喜食，调制成干草后尤其喜食。

河北木蓝

【学　　名】*Indigofera bungeana* Walp.

【别　　名】铁扫帚、本氏木蓝

【资源类别】野生种质资源

【分　　布】产于六盘山、须弥山。分布于我国内蒙古、陕西、甘肃、青海（东部）、河南、湖北、四川、贵州、云南、西藏（东南部）等地。

【形态特征】灌木，高 30～70cm。奇数羽状复叶，小叶 5～9，椭圆形或卵状椭圆形，先端具小尖头，基部圆形至宽楔形，上面绿色，下面灰绿色，均被白色丁字毛。总状花序叶腋生；花萼斜钟形；花冠淡红色；子房线形。荚果线状圆柱形，长 2～2.5cm，密被白色毛。

【生物学特性】旱中生植物。生于暖温带与北亚、中亚热带及其以南的中低山地海拔300～1900m 的向阳山坡林下、林缘灌丛、草甸或疏林下、沟谷两壁、河滩灌丛、草甸。多为伴生种，有时成为亚优势或优势种。喜光也耐阴；适温 8.5～15℃、年降水量500～1500mm；适 pH4.5～7.5 的酸性、中性砂壤、砂砾质黄壤、棕壤、红壤。4 月上旬萌芽展叶，6～7 月开花，8～9 月结荚成熟，10 月随霜降枯黄，生育期 180 天，青绿期 210 天左右。种子落地经冬眠于次年早春萌发，实生苗物候期比成株晚 20～30 天。再生性强，年可刈 5～6 次。

【饲用价值】优等饲用植物。适口性好，当年生嫩枝、叶为羊、牛、马喜食。分枝较多，青绿期长，叶量较丰富，产量可达 1000kg/ 亩以上，放牧或刈割青干草饲喂均可。也可作为优质饲用灌木在林缘或草甸草原、草甸草地种植。

紫穗槐

【学　　名】*Amorpha fruticosa* L.

【别　　名】棉槐、椒条、棉条、穗花槐

【资源类别】引进种质资源

【分　　布】全区有栽培。我国东北、华北、华东、华中、华南、西南有分布，内蒙古有栽培。原产美国东部，俄罗斯、朝鲜有分布。

【形态特征】灌木，高 2～3m。小枝红褐色。奇数羽状复叶，互生，小叶 13～25，椭圆形、卵状椭圆形至线状椭圆形，先端圆，具小尖头，基部圆形至楔形，上面暗绿色，背面淡绿色，疏被伏柔毛及腺点。总状花序顶生；花萼钟形，暗紫色；雄蕊 10，近基部连合成 5＋5 的 2 体。荚果长圆形，长 7～9mm，弯曲，棕褐色，表面具瘤状腺点。

【生物学特性】喜暖中生植物。一般在沟渠边、田埂、公路、铁路旁、河岸栽植。耐寒、耐旱、抗风沙；能忍耐 −30℃低温和 1m 以上的冻土；在沙漠边缘，夏季能耐受沙面 70℃的高温；耐轻盐化、耐水淹，土壤含盐 0.3%～0.5% 及水渍 40 余天可良好生长。

【饲用价值】中等饲用植物。嫩枝条、叶片和花序家畜采食。但在青嫩期有异味，家畜一般不吃，干后可以采食。

狭叶锦鸡儿

【学　　名】*Caragana stenophylla* Pojark.

【别　　名】皮溜刺、牛板筋刺（固原）、细叶锦鸡儿

【资源类别】野生种质资源

【分　　布】产于贺兰山、罗山、香山及同心、海原。分布于我国内蒙古、山西、陕西、甘肃、新疆。

【形态特征】染色体数：$2n=4x=32$。具刺小灌木，高 60～80cm。老枝灰绿、灰黄色，幼枝灰褐、带红色。长枝上叶轴宿存，与托叶皆硬化成针刺；短枝上叶无轴、无柄，小叶 4，线状倒披针状线形，先端具刺尖。花单生，花梗长 1～1.5cm；花萼钟形；花冠黄色；子房无毛。荚果线形，膨胀，成熟时红褐色。

【生物学特性】旱生植物。生于荒漠草原区砾石质山地、黄土丘陵坡地、覆沙的草原、荒漠草原，在群落内形成灌丛化的旱生灌木层片；是半荒漠的建群种，在荒漠或草原群落则为伴生种。根蘖性强；主根深达 3m；早春萌发，5～9 月开花，6～10 月结荚、成熟。当年生枝条柔软，再生良好，耐牧。

【饲用价值】中等饲用植物。早春萌发，羊采食花、嫩枝和果实，是羊渡过春乏的好饲草。骆驼四季采食。茎具刺，影响其适口性，可刺伤羊皮肤，刮掉羊绒、羊毛。据测定，结果期含粗蛋白质 14.37%、粗纤维 32.05%、可消化粗蛋白质 113.02g/kg，营养较高，可平茬粉碎加工成粗饲料。

甘蒙锦鸡儿

【学　　名】*Caragana opulens* Kom.

【资源类别】野生种质资源

【分　　布】产于贺兰山、南华山。分布于我国山西、内蒙古、陕西、甘肃及四川等地。

【形态特征】矮灌木。老枝灰褐色，小枝灰白色，具白色纵条棱，无毛。托叶硬化成针刺，长 3～5mm；小叶 4，假掌状着生，具叶轴，长 3～4mm，先端成针刺；小叶卵状倒披针形，长 5～8mm，宽 1.0～1.5mm，先端急尖，具硬刺尖，无毛。花单生叶腋；花梗长 7～10mm，中部以上具关节；花萼筒状钟形，长约 1cm，宽约 5mm，无毛，萼齿三角形，边缘具短柔毛，基部偏斜；花冠黄色，旗瓣倒卵形或菱状倒卵形，长 2.0～2.5cm，宽 1.0～1.5cm，顶端圆而微凹，基部渐狭成短爪，翼瓣较旗瓣稍短，长 1.8～2.2cm，爪长 1.0～1.3cm，耳弯曲，较短，龙骨瓣与翼瓣等长，耳极短，圆形，爪

细长，与瓣片近等长；子房线形，无毛。荚果线形，膨胀，无毛。

【生物学特性】 喜暖的中旱生植物。多生于干旱山坡，散生于海拔 1700～4700m 的干燥山坡、沟谷、丘陵的灌丛中。也见于黄土高原和沙区沙地。花期 5～6 月，果期 7～8 月。

【饲用价值】 中等饲用植物，饲用价值与狭叶锦鸡儿相似。

█ 毛刺锦鸡儿

【学　　名】 *Caragana tibetica* Kom.

【别　　名】 黑猫头刺、铁猫头（盐池）、康青锦鸡儿、川青锦鸡儿、藏锦鸡儿、垫状锦鸡儿

【资源类别】 野生种质资源

【分　　布】 产于贺兰山及吴忠、中卫、灵武。分布于我国内蒙古、甘肃、青海、四川（西部）、西藏。

【形态特征】 矮灌木，高 30～50cm，分枝多而密集。小叶线状长椭圆形，3～4 对，先端具小刺尖，两面密被长柔毛；叶轴宿存硬化成针刺。花单生；花萼筒形；花冠黄色；子房密生柔毛。荚果短，椭圆形，里外均被毛。

【生物学特性】 强旱生植物，半荒漠地带习见建群种。生于向阳干山坡、砾石质山、丘坡麓。适紧实的砂砾质、砂壤质、轻壤质棕钙土、灰钙土；也见于荒漠区低洼地水分稍好处。4 月初返青，5～6 月开花，7 月结荚成熟。抗旱、抗风沙，具良好的固沙护坡性能。

【饲用价值】 中等饲用植物。羊喜食其嫩叶和花，花期羊最喜食；骆驼四季采食。枝条平茬后可粉碎加工成颗粒或混合饲料。据测定，果后营养期含粗蛋白质 7.48%、粗纤维 26.98%、可消化粗蛋白质 56.70g/kg，营养价值较高。

█ 荒漠锦鸡儿

【学　　名】 *Caragana roborovskyi* Kom.

【别　　名】 猫儿刺（盐池）、洛氏锦鸡儿

【资源类别】 野生种质资源

【分　　布】 产于贺兰山、罗山、南华山及中卫。分布于我国内蒙古、甘肃、青海、新疆。

【形态特征】 矮灌木，高 30～50cm。叶轴宿存硬化成针刺；羽状复叶，小叶 4～6 对，倒卵形或倒卵状披针形，先端具小刺尖，基部楔形，两面密被长柔毛，有甘草甜味。花单生；萼筒形；花冠黄色；子房密被柔毛。荚果圆筒形，长 2～2.5cm，密被柔毛。

【生物学特性】 强旱生植物。叶片具甘草甜味。分布于半荒漠地带，也进入荒漠带低地水分稍好处。生于向阳干燥剥蚀山、丘坡地、山间谷地、干河床、山麓石质、砾石质洪积扇下缘及径流经过处。耐贫瘠，适有机质 1.5%～2.9%、pH8.3～10.4 生境。在东

阿拉善和宁夏中、北部常见于短花针茅荒漠草原，混生有红砂、松叶猪毛菜、刺旋花、沙冬青等；在黄土高原北边缘，也生于长芒草草原。分布区海拔 1300～2400m，可上升至 3300m。4 月萌发，5～6 月开花，6～7 月结荚成熟。

【饲用价值】中等饲用植物。春季萌发后羊采食其叶片，花、果实营养和饲用价值大，羊喜食。

▌柠条锦鸡儿

【学　　名】*Caragana korshinskii* Kom.

【别　　名】毛条锦鸡儿、毛条、大柠条（盐池）

【资源类别】野生种质资源

【分　　布】产于中卫、灵武、盐池。野生种主要分布于内蒙古鄂尔多斯西北部、巴彦淖尔、阿拉善盟等地的沙漠中。宁夏腾格里沙漠南缘、河东沙地，甘肃河西走廊沙区，宁南黄土丘陵有人工栽培。

【形态特征】染色体数：$2n=2x=16$。灌木，高 1.5～4m。长枝上托叶硬化成针刺；羽状复叶具 6～8（10）对小叶，小叶披针形或狭长圆形，先端具刺尖，基部宽楔形，两面密被白色柔毛。花单生，花梗疏被短毛；花萼管状钟形；花冠黄色；子房披针形，密被短柔毛。荚果扁，矩圆状披针形，长 2～2.5cm，先端短渐尖。

【生物学特性】沙生超旱生植物，砂质荒漠建群种。生于荒漠、半荒漠带沙漠中流动、半固定沙丘、沙地、沙丘间低地、覆沙戈壁、干河床等，局部可构成占优势的群落片断，也常与黑沙蒿、白沙蒿混生。喜光；分布区年降水量＜150mm，≥10℃积温 3000～3600℃；耐冬季 -39℃低温和夏季沙面 45℃高温。实生苗生长较慢，第 2、3 年株高 1m 以上，第 4 年开花结荚，第 6 年结籽多；其种子产量每间隔 1～2 年有丰、欠之分。种子常温下存放 3 年会丧失 60%～70% 的发芽力，4 年后发芽力全部丧失。冬季平茬后，次年新枝增长 1.5～3 倍，冠幅增加 30% 至 1 倍；沙埋可增加分枝达 100 多条，并随积沙增高，可达 5～7m。与中间锦鸡儿比较，再生性不强。4 月返青，5 月下旬到 6 月上旬开花，6 月上旬到 7 月中旬结荚，7 月中、下旬成熟，10 月上旬叶片枯黄。

【饲用价值】良等饲用植物。营养价值高；返青早，株型高大，枝叶繁茂，单位面积生物量高，可四季放牧利用。山羊、绵羊采食其嫩枝叶和花，骆驼四季喜食。据测定，营养期含粗蛋白质 14.95%、粗纤维 33.15%、可消化粗蛋白质 104.42g/kg。近年来将其直径≤1.0cm 茎秆平茬后，经过揉扁粉碎与玉米等的秸秆混合制成舍饲牛、羊的草粉和草颗粒，粗蛋白质含量为 8%～10%，对在禁牧封育条件下发展舍饲养殖业，开发饲草料资源，具有重要意义，可开发潜力很大。

▌小叶锦鸡儿

【学　　名】*Caragana microphylla* Lam.

【别　　名】柠条、小柠条

【资源类别】野生种质资源

【分　　布】产于中卫、灵武、陶乐、盐池，固原、海原有栽培。分布于我国内蒙古（中西部）、陕西（北部）。

【形态特征】染色体数：$2n=2x=16$。灌木，高 0.7～1.5（2）m。托叶在长枝上硬化成针刺；羽状复叶有 3～8 对小叶，狭倒卵形、狭倒卵状披针形，先端具短刺尖，基部宽楔形。花单生，花梗被毛；萼管状钟形，花冠黄色；子房无毛或疏被短毛。荚果扁，披针形、矩圆状披针形，长 2.5～4cm，花柱宿存，先端短渐尖。

【生物学特性】生于固定、半固定沙地和砂砾质丘陵，其生长使沙化的荒漠草原灌丛化。常与黑沙蒿混生。耐冬寒、夏热；耐土壤贫瘠和轻度沙埋；不耐涝。根深 2～4m，具发达侧根。种子直播后遇雨 6～7 天发芽；第 3 年生长加速，第 4 年开花结荚。隔 4～5 年平茬 1 次，可促进分枝，生长旺盛。4 月中旬萌发，5 月中旬开花，6 月结荚，7 月上、中旬成熟，11 月上旬落叶，生长期 200 天左右。

【饲用价值】良等饲用植物。适口性良好，比较耐牧，在荒漠草原群落中参与度高，枝条多，株型较高，叶量丰富，单位面积生物量高。早春其花和嫩枝、叶是良好的春季恢复膘情的好饲草。羊喜食花、叶和当年生枝条；骆驼常年喜食。马、牛一般不吃。据测定，营养期含粗蛋白质 11.73%、粗纤维 30.88%、可消化粗蛋白质 92.38g/kg。盐池县将其平茬后的枝条压扁、揉碎、粉碎后加工成混合全价型草粉和草颗粒，用于舍饲养殖牛、羊的饲料，具有良好的开发利用前景。

▌甘草

【学　　名】*Glycyrrhiza uralensis* Fisch.

【别　　名】乌拉尔甘草、甜甘草、甜草根、红甘草、粉甘草

【资源类别】野生种质资源

【分　　布】产全区，主产于灵武、平罗、陶乐、盐池、同心。分布于我国东北、华北、西北。

【形态特征】染色体数：$2n=2x=16$。多年生草本，高 40～80cm，具粗壮根茎。茎直立，密被褐色鳞片状腺体。奇数羽状复叶，互生，叶轴被褐色鳞片；小叶 7～13，卵形、宽卵形、近圆形，全缘，两面密生腺体。总状花序叶腋生；花萼钟形；花冠淡紫红色；子房无柄，密被腺状突起，荚果线状矩圆形，长 2～4cm，弯曲成镰状、环状，密被腺体。

【生物学特性】中旱生或潜水旱生植物。主要分布于荒漠草原、草原带，森林草原、落叶阔叶林带也有，在荒漠地带则生于河岸林或灌丛中。习生于砂质草原、轻碱化沙丘、河岸、湖泊边缘轻盐化草甸、芨芨草丛、矮芦苇丛；也见于田边、沟渠边、路旁、村旁荒地、撂荒地。在荒漠草原、草原带可形成群落优势种或单优群落。其分布与根系可达地下水密切相关。主根粗长，深 1～2m，侧根在土下 30～40cm 处，横向延伸长达 2m。分布区海拔 800～2000m，年均温 2.6～8℃，年降水量 270～500mm。喜光照、

温凉，适水良好、pH8 左右、含钙质、砂土层深厚的生境。4 月上旬萌发，6 月下旬至 7 月中旬开花，8 月中旬至 9 月中旬结荚成熟，9 月下旬枯黄，生长期 180 天。

【饲用价值】中等饲用植物。萌发至现蕾期，虽营养价值高，但适口性不好，骆驼采食，马、牛、羊不吃；经霜后适口性增强，羊、马、骆驼都喜食，羊尤其喜食其荚果，牛也乐食。盐池、灵武等地群众在秋季将甘草秧刈割、晒干，冬春季饲喂家畜，对产羔母羊和体弱羊有催奶和增膘作用。据分析，营养期和结果期分别含粗蛋白质 13.75%～17.65%、粗纤维 14.15%～18.56%、可消化粗蛋白质 77.40～139.28g/kg。

圆果甘草

【学　　名】*Glycyrrhiza squamulosa* Franch.

【别　　名】马兰杆

【资源类别】野生种质资源

【分　　布】产于黄灌区。我国多地有分布。蒙古国也有。

【形态特征】多年生草本。根与根茎细长，外面灰褐色，内面淡黄色，无甜味。茎直立，多分枝。叶长 5～15cm；托叶披针形；叶柄密被鳞片状腺点。总状花序腋生，具多数花；总花梗长于叶；苞片披针形，膜质，被腺点及短柔毛；花萼钟状；花冠白色。荚果近圆形或圆肾形，顶端具小短尖，成熟时褐色，表面具瘤状突起，密被黄色鳞片状腺点。种子 2 粒，绿色，肾形。花期 5～7 月，果期 6～9 月。

【生物学特性】多生长于北温带低海拔地区的平原、山区或河谷。适生土壤多为砂质土，酸碱度以中性或微碱性为宜。圆果甘草具有喜光、耐旱、耐热、耐盐碱和耐寒的特性。

【饲用价值】中等饲用价值。

多叶棘豆

【学　　名】*Oxytropis myriophylla*（Pall.）DC.

【别　　名】狐尾藻棘豆

【资源类别】野生种质资源

【分　　布】产于六盘山及固原（原州区和隆德）。分布于我国东北、华北等地。蒙古国、俄罗斯也有分布。

【形态特征】多年生草本，高 20～50cm，具莲座叶丛，无地上茎；叶长 4～7cm，小叶线形，两面密被平伏白色长柔毛，常每节 4～6 枚轮生，每复叶具小叶 2～43，甚或近 100 枚。总状花序较叶长；花萼筒形；花冠紫色，龙骨瓣具喙；子房无柄，密被白色柔毛。荚果长椭圆形，长 17mm，膨胀，密被长柔毛。

【生物学特性】中旱生植物。生于森林草原、草原区，进入森林区边缘地带，是草甸草原、山地草原的伴生种或次优势种；也少量见于山地林缘灌丛草甸。适碎石、砾石质、砂质土或固定沙丘；喜光、耐旱、耐贫瘠。在宁南散见于黄土丘陵、山地、田边、路边、人工林下、农田撂荒地；在内蒙古东部，是贝加尔针茅、线叶菊、羊草草甸草原或西北针茅、大针茅、糙隐子草草原的常见伴生种；局地可形成小面积单优群落。4月上、中旬返青，5月下旬现蕾，6月开花，7月荚果成熟，进入果后营养期，10月霜后枯萎。

【饲用价值】中等饲用植物。春季返青较早，马、牛、羊喜食。适口性随生育期而降低，秋霜后适口性又增加。

▌鳞萼棘豆

【学　　名】*Oxytopis squammulosa* DC.

【资源类别】野生种质资源

【分　　布】产于麻黄山及固原、海原。分布于我国内蒙古、陕西、甘肃、青海。蒙古国、俄罗斯也有分布。

【形态特征】多年生草本，茎甚缩短，丛生，高3～5cm。叶基生，奇数羽状复叶，小叶7～13（17），对生，线形，常上卷成圆筒状；叶轴宿存，近针刺状。总状花序甚短，花1～3朵；苞片膜质；花萼筒形；花冠乳白色，龙骨瓣尖端具喙；子房无毛，无柄。荚果卵形，长1.0～1.5cm，膨胀。

【生物学特性】旱生植物。生于荒漠草原、荒漠地带，也少量进入黄土高原典型草原带，生于干燥的石质、砾石质山、丘坡地，砂砾质河谷阶地、薄层覆沙地，是群落伴生种。主根入土深50cm左右，耐旱。4月中旬萌发，5月上旬至6月开花，6月结荚，7月成熟。

【饲用价值】中等饲用植物。山羊、绵羊乐食其青嫩期花和叶片；因株型矮小，叶量少，大家畜采食困难；叶轴具刺尖，影响其适口性。

▌缘毛棘豆

【学　　名】*Oxytropis ciliata* Turcz.

【资源类别】野生种质资源

【分　　布】产于海原、西吉等地，多生于荒地及黄土丘上。分布于我国内蒙古等地。

【形态特征】多年生草本。花萼无鳞片状腺体，叶轴脱落，无干硬叶轴刺；叶两面无毛，叶缘具缘毛；叶腋生总状花序，具总花梗，长度等于叶长；子房无柄。

【生物学特性】旱生植物。生长在黄土丘陵、海拔1800～2500m的阳坡。5～6月开花，6～7月结果。

【饲用价值】中等饲用植物，饲用价值近似于鳞萼棘豆。

▌砂珍棘豆

【学　　名】*Oxytopis racemosa* Turcz.

【别　　名】猫蹄秧子（盐池）

【资源类别】野生种质资源

【分　　布】产于盐池。分布于我国黑龙江、吉林、内蒙古、陕西、甘肃等地。蒙古国、朝鲜有分布。

【形态特征】染色体数：$2n=2x=16$。多年生草本，高5～10cm，茎极短。叶丛生，小叶25～43，线形或线状披针形，常4～6片轮生，两面及叶轴密被白色长柔毛。花序与叶近等长或略长，密被柔毛，花10～15朵密集于花序轴顶端，近头状；苞片膜质；花萼钟形；花冠淡红紫色，龙骨瓣与翼瓣近等长，具喙和爪；子房无柄，被短柔毛。荚果卵形，1室，长约1cm，硬膜质，膨胀，被短柔毛，近头状果序外形颇似猫爪的腹面。

【生物学特性】喜暖的旱生、沙生植物。分布于草原带风沙区；生于半固定、固定沙丘（地），砂质丘陵坡地，农田，撂荒地，少量生于流动沙丘；是陕西北部、鄂尔多斯、宁夏盐池一带长芒草、大针茅草原和短花针茅、中亚白草荒漠草原的常见伴生种，也见于中间锦鸡儿、黑沙蒿、北沙柳沙生灌丛，在内蒙古锡林郭勒盟、鄂尔多斯沙地则伴生在黑沙蒿、黄柳沙地群落中。一般情况为群落伴生种，局地小片可成为亚优势种；在撂荒地可密生成单优群聚。适贫瘠的棕壤土、淡棕钙土、淡灰钙土，有机质0.6%左右，pH8.3，可溶盐0.045%。茎、叶、花（果）比（干重）为1:0.64:0.83。主根长75～140cm，地上地下比（干重）为1:1.7。4月上、中旬返青，4月下旬至5月中旬现蕾，5月下旬初花，6～7月盛花，（6）7～8月上、中旬结荚成熟，进入果后营养期，10月上旬枯萎。

【饲用价值】优等饲用植物。羊、骆驼四季喜食，马、牛、驴乐食。在荒漠草原中作为伴生种出现，是良好的放牧型草。结果期和枯黄期分别含粗蛋白质16.11%和9.01%，粗纤维26.91%和20.72%，无氮浸出物39.08%和41.48%。

▌二色棘豆

【学　　名】*Oxytropis bicolor* Bge.

【别　　名】地角儿苗

【资源类别】野生种质资源

【分　　布】产于六盘山、云雾山及固原、中卫、海原、同心。分布于我国内蒙古、山东、河南、山西、陕西、甘肃等地。蒙古国也有分布。

【形态特征】染色体：$2n=2x=16$。多年生草本，茎极短至近无茎，高5～15cm。羽状复叶丛生，小叶卵状披针形，2～4枚轮生，4～14轮共有小叶16～56（80）枚，两面被平伏柔毛。短总状花序与叶等长或稍长，密被棕色长柔毛，花多数；花萼筒形；花冠蓝紫色，旗瓣中央具草绿色大斑，龙骨瓣较翼瓣短，具喙；子房具短柄，密被长柔毛。荚果矩圆形，长约17mm，密被白色长柔毛。

【生物学特性】旱生、中旱生植物。喜暖，分布于温带南部及暖温带半干旱、半湿润区，散在地伴生于森林草原、草原带的草甸草原、草原、沙地草原中；偶尔进入荒漠草原带。生于干燥的山丘坡地，农田，撂荒地，固定、半固定沙地。本种是黄土丘陵长芒草、冷蒿、百里香或茭蒿草原的常见伴生种；在暖温带也生于白羊草暖性草丛；在撂荒地或林地中可构成小面积群落优势种。适灰褐土、淡灰褐土、黑垆土或黄绵土。4月中旬萌发，5～7月开花，7～8月结荚。

【饲用价值】良等饲用植物。叶嫩质柔，营养价值高，整个生长期和干枯后均为各类家畜喜食，为放牧型牧草；株型较低矮，影响了牛的采食。

▌单叶黄耆

【学　　名】_Astragalus efoliolatus_ Hand. -Mazz.

【别　　名】痒痒草（盐池）

【资源类别】野生种质资源

【分　　布】产于贺兰山及灵武、盐池、海原。分布于我国内蒙古（中西部）、陕西、甘肃。

【形态特征】多年生矮小草本，地上茎甚缩短，呈密丛状，高5～10cm。单叶丛生，线形，全缘，边缘常反卷，两面密被灰白色稍硬丁字毛。叶腋生短总状花序，具2～5花，花梗仅2mm；花萼筒形，花冠紫红色；子房疏被毛，花柱无毛。荚果卵状矩圆形，长约1cm，疏被丁字毛。

【生物学特性】喜暖的广旱生植物。荒漠草原、草原的习见伴生种，偶见于荒漠区。生于干燥高平原、丘陵、山坡、干河床、河漫滩、田埂、路边、撂荒地。适轻盐化砂质土、砂质棕钙土、灰钙土、侵蚀黑垆土。4月下旬至5月上旬返青，6月下旬现蕾，7月上、中旬至8月中旬开花、结荚，10月上旬枯萎。主根入土深1m左右，甚耐旱。

【饲用价值】中等饲用植物，青嫩状态羊喜食。株型矮小，不便于大家畜采食，冬季叶片的保存率也低，影响其利用率。

▌荒漠黄耆

【学　　名】_Astragalus alaschanensis_ H. C. Fu

【资源类别】野生种质资源

【分　　布】产于银川、平罗、陶乐。分布于我国内蒙古、甘肃。

【形态特征】多年生草本，茎缩短，丛生，密被丁字毡毛，高10～20cm。羽状复叶，小叶宽椭圆形、宽倒卵形或近圆形，11～15（31）片，两面密被丁字毛；托叶披针形或卵状披针形，密被白色长毛。总状花序短缩，花10余朵于叶丛基部集生；萼筒管状，被白色长柔毛；花冠紫红色；子房密被硬毛。荚果卵形或矩圆状卵形，具短喙，密被白色长毛。

【生物学特性】强旱生、沙生植物。生于半荒漠、荒漠带的库布齐沙漠、乌兰布和沙漠、腾格里沙漠、巴丹吉林沙漠、河西走廊沙漠以及宁夏中北部沙区的平坦沙荒地、半固定沙地、山麓洪积扇、砾石滩地，多以偶见种出现。5～6月开花，7～8月结荚。

【饲用价值】中等饲用植物。山羊、绵羊、骆驼采食。

乳白花黄耆

【学　　名】*Astragalus galactites* Pall.

【别　　名】白花黄芪、白花黄耆、白花猫蹄秧子（盐池）

【资源类别】野生种质资源

【分　　布】产于贺兰山及银川、中卫、盐池。分布于我国内蒙古、陕西、甘肃、青海等地。

【形态特征】多年生草本，地上茎极短缩，呈丛生状，高5～7cm。奇数羽状复叶，小叶椭圆形或倒卵状椭圆形，9～17（21）枚，上面疏被灰白色丁字毛，甚或无毛，下面密被灰白色丁字毛。花几无梗；萼筒形；花冠乳白色，翼瓣与龙骨瓣近等长；子房被毛，花柱细长，柱头头状。

【生物学特性】强旱生植物。广布于草原、半荒漠区；是大针茅、西北针茅、戈壁针茅、短花针茅草原或荒漠草原的常见伴生种。喜砾石、砂砾质土壤，在过牧退化的草场数量增多。4月上旬萌发，4月下旬至5月开花，6～7月结荚，7月下旬至8月成熟。有文献称本种有毒。

【饲用价值】中等饲用植物。适口性好，山羊、绵羊喜食嫩枝叶和花，春夏季马也喜食；果后营养期适口性也好；因植株矮小，牛采食困难。据内蒙古锡林郭勒盟牧民反映，家畜采食适量有驱虫作用，羊吃后有便稀现象，采食过量则有中毒反应，严重时可致死。蒙古国也有报道开花期家畜采食有中毒现象；果后营养期则无中毒情况发生。

糙叶黄耆

【学　　名】*Astragalus scaberrimus* Bge.

【别　　名】春黄芪、白花猫蹄秧子（盐池）

【资源类别】野生种质资源

【分　　布】产全区，中部、北部较多见。分布于我国东北、华北、西北。

【形态特征】多年生草本，高5～8cm，无地上茎。奇数羽状复叶，小叶18～23，椭圆形或卵状椭圆形，两面及叶轴被开展的丁字毛。花无梗，于基部集生；萼筒形，密被丁字毛；花冠乳白色，翼瓣先端微凹；子房被毛。

【生物学特性】旱生植物。主要分布于草原带，也进入森林草原带、荒漠草原的边缘地带。生于砂砾质、砾石质剥蚀山、丘坡地、山地林缘、河滩地。适栗钙土、灰钙土，针茅、冷蒿草原的习见伴生种。4月中、下旬返青，5月中、下旬至8月现蕾、开花，花期长，7～8月结荚，8月下旬至9月初成熟。

【饲用价值】良等饲用植物。返青早，可做抢青牧草，叶片、花序和果实羊、牛、马喜食；因株型低矮，牛采食较困难。

斜茎黄耆

【学　　名】*Astragalus adsurgens* Pall.

【别　　名】沙打旺、野生沙打旺（固原）、直立黄芪

【资源类别】野生种质资源

【分　　布】产全区，固原云雾山有集中分布。分布于我国东北、华北、西北、西南地区。

【形态特征】染色体数：$2n=2x=16$。多年生草本。茎多数丛生，斜生，被白色平伏丁字毛，高 20～80cm。奇数羽状复叶，小叶 11～25，卵状椭圆形、椭圆形或长椭圆形，下面被白色平伏丁字毛。总状花序叶腋生，较叶长，有花约 40 朵；花萼钟形；花冠蓝紫色；子房被白色短毛。荚果圆筒形，长 1.0～1.5cm，被黑色丁字毛。

【生物学特性】中旱生植物。生于山坡草地、河谷平原、盐化低地、沟渠边、田边、撂荒地、轻盐化固定沙地，是草甸草原的伴生种或次优势种；也生于河漫滩低湿草甸或草原化草甸、山地林缘、灌丛草甸。分布区海拔 1000～3150m，年降水量 300～500mm，年均温 8～15℃，≥10℃积温 3600～5000℃，无霜期不少于 150 天。适砂壤质栗钙土、黑垆土，pH6～8。在年均温＜10℃、≥0℃积温＜3600℃、无霜期＞150 天的地区种子难以成熟。幼苗能忍耐 −30℃低温，成株可耐受 −37℃低温，7 月均温 28℃，生长良好。抗风沙，耐轻盐碱，0～30cm 土层含盐 0.68%～0.7% 可有 80%～85% 正常出苗。4 月初返青，6～8 月开花，8～10 月结荚。再生性强，年可刈 2～3 次。寿命 6 年。

【饲用价值】良等饲用植物。株型高，叶量大，返青早，花期长，是家畜抓膘、保膘的好饲草。放牧、刈割制作干草、打浆喂猪均可，家畜喜食；放牧反刍家畜也不会发生鼓胀病；还可以与禾草混合制作青贮料。风干样中粗蛋白质含量为 14%～17%，虽然适口性不如苜蓿，但是产量高，耐旱，抗风沙，是较干旱地区人工、半人工草地种植的主要牧草，也是改良沙化、退化草地的首选草种之一。

乌拉特黄耆

【学　　名】*Astragalus hoantchy* Franch.

【别　　名】黄耆、贺兰山黄耆

【资源类别】野生种质资源

【分　　布】产于罗山、黄灌区近贺兰山处及贺兰。分布于我国内蒙古（中部、西部）、甘肃、青海、新疆。

【形态特征】多年生草本，茎直立，高近 1m。奇数羽状复叶，小叶宽椭圆形、宽倒卵形或近圆形，边缘具缘毛。总状花序叶腋生，花 8～20 朵，疏散；花萼钟形；花冠紫红色；子房无毛，具长柄，柱头上部具画笔状髯毛。荚果矩圆形，两侧稍扁，长 3～4cm，先端渐尖，基部渐狭，具横网纹，无毛。

【生物学特性】旱中生植物。生于半荒漠、荒漠区海拔 1500～2200m 的石质山地、沟

谷、河漫滩、溪水边、灌丛中。5~6月开花，7~10月结荚。

【饲用价值】优等饲用植物。茎柔软，叶量大，分枝多，各类家畜喜食；稍有气味，但不影响家畜采食。猪、鸡、兔尤喜食其嫩枝，刈割调制成青干草饲喂牛、羊和马，或粉碎后做猪粗的饲料营养价值良好。本种粗蛋白质含量较高，粗纤维含量低，冬春保存率高，是值得驯化栽培的牧草。

背扁黄芪

【学　　名】*Astragalus complanatus* Bunge.

【别　　名】蔓黄芪、蔓黄芪、沙苑子

【资源类别】野生种质资源

【分　　布】产于贺兰山、六盘山。分布于我国河南、陕西、甘肃、江苏、四川等地。

【形态特征】多年生草本。根系发达，主根粗大。茎匍匐，长可达1m以上，常由基部分枝。单数羽状复叶，具小叶9~21；托叶小，狭披针形，小叶椭圆形或卵状椭圆形，长5~15mm，宽3~7mm，先端钝或微缺，基部钝圆，全缘，上面无毛，下面密被短毛。总状花序腋生，总花梗细长，具花3~9朵，花萼钟形，被黑色和白色短硬毛；花冠蝶形，黄色，旗瓣近圆形，翼瓣稍短，龙骨瓣与旗瓣近等长，雄蕊10，子房密被白色柔毛，柱头有簇毛。荚果纺锤形，长25~35mm，腹背稍扁，被黑色短硬毛，内含种子30粒，捆肾形，长约2mm，宽约1.5mm，灰棕色或深棕色。根系发达，开花结实后期，根系长达1.5m以上，侧根纵横，根瘤很多，呈珊瑚状。

【生物学特性】旱中生植物。抗寒性很强，甚至在寒冷的黑龙江也有野生分布，但适宜在凉爽的北方种植。抗旱性强，潮湿多雨对其生长结实不利，忌积水，喜通风透光，宜栽种于排水良好的山坡地。对土壤的要求不严，除低湿地、强酸碱地外，从粗砂到轻粘壤土皆能生长，但以砂质壤土为最好。生于山坡、灌丛、路旁，为山区农田杂草。花期7~9月，果期8~10月。

【饲用价值】优等饲用植物。茎柔软，叶量大，分枝多，各类家畜喜食；虽有气味，但不影响家畜采食。猪、鸡、兔尤喜食其嫩枝，无论青饲或调制成干草粉、搭配饲喂均可。粗蛋白质含量及能值较高，而粗纤维含量较苜蓿低，含有丰富的动物必需的氨基酸，是值得驯化栽培的牧草。

草木樨状黄芪

【学　　名】*Astragalus melilotoides* Pall.

【别　　名】草木樨状紫云英、马梢、扫帚草（盐池）

【资源类别】野生种质资源

【分　　布】产于贺兰山及银川、中卫、固原、平罗、盐池。分布于我国黑龙江、吉林、辽宁、内蒙古（中部、西部）、陕西、甘肃、青海、山东、河南等地。

【形态特征】染色体数：2*n*=4*x*=32。多年生草本，茎直立，丛生，高50~80cm。奇数羽状复叶，小叶 5～7，长矩圆形或矩圆状倒披针形，两面被平伏白色短毛。总状花序叶腋生，花 5～30 朵，疏散；花萼钟形；花冠白色或粉红色；子房无柄，无毛。荚果宽倒卵状球形，长 2.5～3.5mm，具横纹，无毛。

【生物学特性】广旱生植物。森林草原、草原、荒漠草原带的习见伴生种，局地可成为次优势种。生于石质、碎石质或砂质、轻壤质山、丘坡地，坡麓，丘间低地，干河床。在宁夏中部、北部习见于短花针茅荒漠草原；在宁南黄土高原，生长于大针茅、长芒草草原；在内蒙古东部，生长于羊草、大针茅草场；在草原带沙区，混生于榆、黄柳、叉分蓼、黑沙蒿、沙鞭、老瓜头群落内。耐旱，耐轻盐碱。5 月返青，6 月下旬至 7 月上旬现蕾，7～8 月开花，8～9 月结荚，8 月中旬至 10 月上旬荚果成熟。

【饲用价值】中等饲用植物。春季返青后牛、羊喜食，花果期茎秆变粗硬后，牛、羊、马仍乐食枝叶和花序；骆驼四季喜食。可刈割调制青干草。不足之处是叶量少，产量不高。近年采种作为典型草原和荒漠草原退化草场改良补播的草种，颇有驯化栽培的前景。据分析，盛花期含粗蛋白 17.68%，粗纤维 28.72%，可消化粗蛋白质 119.41g/kg。

小果黄耆

【学　　名】*Astragalus tataricus* Franch.

【别　　名】皱黄芪、紫菀、小叶黄芪、密花黄芪、鞑靼黄芪

【资源类别】野生种质资源

【分　　布】产于六盘山、南华山及海原。分布于我国辽宁、河北、山西、内蒙古、四川。

【形态特征】多年生草本。茎丛生，直立或斜升，高 10～35cm。奇数羽状复叶，小叶 19～23，椭圆形或披针状椭圆形，疏被平伏白色短毛。总状花序叶腋生，具被白及黑色短毛的长梗，花 7～17 朵，密集，花冠长 <1cm；花萼钟形，疏被白色、黑色平伏短毛；花冠淡紫红色；子房具柄，密被白色短柔毛。荚果椭圆形，稍弯，长 6～7mm，密被白色平伏柔毛。

【生物学特性】广幅中旱生、旱生植物。生于海拔 1700～3300m 的山坡、沟谷草地、路边，田间，沙地，是草原、草甸草原习见伴生种，也少量生于山地草甸、草原化草甸。习见于宁南海拔 1700～2200m 的黄土丘陵、低山白莲蒿、茭蒿、长芒草草原。4 月中旬返青，6 月上旬现蕾，7 月上旬开花，8 月上旬结果，8 月下旬荚果成熟，10 月上旬枯萎。

【饲用价值】中等饲用植物。放牧型牧草。株型小，叶量比例大，质地柔软，可食部分多，马、牛、羊都喜食，兔子也吃。因植株小，影响了牛、马的采食率。

黄耆

【学　　名】*Astragalus membranaceus*（Fisch）Bge.

【别　　名】膜荚黄芪、蒙古黄芪、淡紫花黄芪

【资源类别】野生种质资源

【分　　布】产于贺兰山、罗山、六盘山及固原。分布于我国黑龙江、内蒙古、陕西、甘肃、青海、新疆、四川、西藏等地。

【形态特征】多年生草本，高 50～100cm。茎直立，上部具棱，被柔毛。奇数羽状复叶，小叶 13～27，椭圆形或卵状长圆形，长 0.7～3cm，下面被平伏柔毛。总状花序叶腋生，等长或长于叶，具花 10～25 朵，稍稀疏；苞片线状披针形；萼钟形，被白、黑色柔毛，5 齿不等长；花冠黄色；雄蕊 9+1，子房被柔毛。荚果椭圆形，一侧边缘呈弓状弯曲，被黑色短伏毛。

【生物学特性】中生植物。喜日照、凉爽气候，耐旱，不耐涝，有较强的抗寒性。散生于林间草地、林缘草地、灌丛、草甸、河滩、沙地。7～8 月开花，8～9 月结荚。地上部分不耐寒，霜降时节大部分叶已脱落。冬季地上部分枯死，次年春天重新由宿根发出新苗。种子萌发温度比较低，平均气温 8℃时，可满足播种温度要求。

【饲用价值】中等饲用植物。羊、牛、驴采食。

狭叶米口袋

【学　　名】*Gueldenstaedtia stenophylla* Bge.

【别　　名】米谷粗粗（宁夏）、细叶米口袋

【资源类别】野生种质资源

【分　　布】产于贺兰山东麓及吴忠、中宁。分布于我国黑龙江、吉林、河北、内蒙古、陕西、甘肃、河南、江苏、湖北、广西、四川。

【形态特征】染色体数：$2n=2x$，$4x=14$，28。多年生草本，地上茎短缩，丛生。奇数羽状复叶，集生于短茎上，呈莲座丛状；小叶 7～19，披针形至线形，全缘，常向上反卷，两面被伏柔毛。总花梗从叶丛中抽出，与叶近等长。花常 4 朵，于总花梗顶端集生；花萼钟形；花冠粉红色；雄蕊稍短于龙骨瓣；子房密被毛，花柱短，内卷。荚果圆筒形，长约 18mm，密被伏柔毛。

【生物学特性】旱生、旱中生植物。在北方生森林草原、草原、荒漠草原带，为零星分布的伴生种，习生于干旱的向阳山（丘）坡地、山麓、固定沙地、盐化低地。适黑钙土、栗钙土、盐化草甸土和 pH6.5～8 的微酸性、微碱性生境；耐砂质地面夏日 53℃高温。抗霜，轻霜可保持青绿。再生性强，年可放牧 4～5 次。4 月上、中旬返青，4 月下旬至 5 月初开花，花期 15～20 天，5 月下旬至 6 月中、下旬结果，果期 20 天左右，6 月后进入果后营养期，10 月中旬枯萎，生长期 180 天。

【饲用价值】中等饲用植物。羊乐食其叶、花和果实；株型较小，大家畜采食困难。营养较高，花期粗蛋白质含量达 22.79%。

少花米口袋

【学　　名】*Gueldenstaedtia verna*（Georgi）Boriss.

【别　　名】小米口袋、紫花地丁

【资源类别】野生种质资源

【分　　布】产于六盘山。分布于我国黑龙江（北部）、内蒙古（东部）、陕西（中部）等地。俄罗斯西伯利亚地区也有分布。

【形态特征】多年生草本。主根直下，分茎具宿存托叶。叶长 2～20cm；托叶三角形，基部合生；叶柄具沟，被白色疏柔毛；小叶 7～19 片，长椭圆形至披针形，长 0.5～2.5cm，宽 1.5～7mm，钝头或急尖，先端具细尖，两面被疏柔毛，有时上面无毛。

【生物学特性】中生植物。一般生于海拔 1300m 以下山坡、路旁、田边等。

【饲用价值】中等饲用植物。羊乐食其叶、花和果实；株型较小，大家畜采食困难。营养较高，但生物量少。

▎甘肃米口袋

【学　　名】*Gueldenstaedtia gansuensis* H. P. Tsui

【资源类别】野生种质资源

【分　　布】产于灵武、盐池等地。分布于陕西、甘肃、内蒙古等地。

【形态特征】多年生草本。托叶狭三角形，被稀疏柔毛，基部合生并贴生于叶柄，叶长 2～5cm，被疏柔毛，小叶 9～15 片，椭圆形或长圆形，长 2～8mm，宽 1.5～3.5mm，先端圆到微缺。伞形花序具 2～3 朵花，总花梗纤细，可长于叶 1 倍，被疏柔毛；苞片钻形，小苞片线形。花萼钟状，长 5mm，上 2 萼齿稍长而宽，长 2.5mm，下 3 萼几相等；花冠紫红色，旗瓣倒卵形，长 9mm，宽 5mm，基部渐狭成瓣柄；翼瓣长倒卵形具斜截头，长 7mm，宽 2mm，具短线形瓣柄；龙骨瓣卵形，长 4mm，宽 1.5mm，先端具斜急尖，具耳及线形瓣柄，瓣柄长 2mm；子房圆棒状，密被长柔毛，花柱纤细，卷曲。荚果狭长卵形或圆棒状，长 1.5cm，宽 3.5mm，被稀疏柔毛；总果梗较叶长。种子肾形，具凹点。

【生物学特性】中旱生、旱生植物。花期 3 月，果期 5 月。

【饲用价值】中等饲用植物。羊乐食其叶、花和果实。营养较高，粗蛋白质含量高，适口性好，但生物量少。

▎宽叶岩黄耆

【学　　名】*Hedysarum polybotrys* Hand.-Mazz. var. *alaschanicum*（B. Fedtsch.）H. C. Fu et Z. Y. Chu

【别　　名】拟蚕豆岩黄芪

【资源类别】野生种质资源

【分　　布】产于贺兰山、罗山、南华山。分布于我国内蒙古、河北、陕西、甘肃、四川、云南，为分布于甘肃榆中的多序岩黄芪的变种。

【形态特征】染色体数：$2n=2x=14$。多年生草本。茎直立，分枝，高 25～60cm。叶片宽15mm，奇数羽状复叶，小叶9～15枚，椭圆形或卵状椭圆形。总状花序叶腋生，具长梗，花20～30朵；花萼斜钟形；花冠淡黄色，旗瓣与翼瓣等长，龙骨瓣较旗瓣稍长；子房具短柄，被短柔毛。

【生物学特性】旱中生植物。分布于森林草原、草原带山地，也进入半荒漠地带山地。生于海拔2500～4100m的山坡、沟谷林缘灌丛、草甸。喜阴。苗期生长慢，当年株高10～25cm，第2年少量开花、结实，第3年大量开花结实。5月上旬返青，5月下旬分枝，6月现蕾，7月开花，8月中旬种子成熟。

【饲用价值】优等饲用植物。分枝多，叶量较丰富，枝条较柔软，适口性好，各类家畜四季乐食。冬春季羊、驼采食。果期粗蛋白质含量达13.42%，可作为引种驯化的种质资源。

红花岩黄耆

【学　　名】*Hedysarum multijugum* Maxim.

【别　　名】红花岩黄芪

【资源类别】野生种质资源

【分　　布】产于贺兰山、罗山、六盘山、南华山及固原。分布于我国河北、内蒙古、河南、湖北、陕西、甘肃、青海、新疆、西藏。

【形态特征】染色体数：$2n=2x=16$。亚灌木。茎直立，多分枝，高20～50cm。奇数羽状复叶，小叶23～37，矩圆形至卵状矩圆形。总状花序叶腋生，梗长，花较疏散，5～20朵；花萼斜钟形；花冠紫红色，翼瓣较旗瓣短，龙骨瓣与旗瓣等长；子房具长柄，被疏毛。荚果2～3节，具网纹，被毛和小刺。

【生物学特性】中旱生植物。分布于草原、半荒漠带的山地、固定沙地。生于海拔1600～3400m的山坡、砾石滩地、黄土丘陵沟壑、河岸沙地、渠沟边。喜光，耐寒，耐旱，抗风沙，冬季可忍受 -14～-11℃低温。根系发达，平行侧根长1.5～2m；对土壤要求不严。喷射播种以绿化石漠（青砂露面），容易成活。4月中旬萌发，6月中旬现蕾，7月上旬开花，8月下旬种子成熟，10月上旬枯萎。

【饲用价值】优等饲用植物。青、干状态时均为各类家畜喜食。枝柔软，叶量大，比较耐牧。研究表明，其粗灰分、粗蛋白质、粗脂肪、还原糖含量高于紫苜蓿；结实期粗灰分、粗蛋白质、粗脂肪、粗纤维含量高于红豆草。

短翼岩黄耆

【学　　名】*Hedysarum brachypterum* Bge.

【别　　名】短翼岩黄芪

【资源类别】野生种质资源

【分　　布】产于贺兰山、罗山、南华山及宁南黄土丘陵地区。分布于我国河北（北部）、内蒙古、甘肃。

【形态特征】染色体数：$2n=2x=16$。多年生草本。茎短缩，似无茎，植株呈莲座状，高15～25cm。奇数羽状复叶，小叶11～25，椭圆形、卵状椭圆形至线状矩圆形。总状花序叶腋生，具长梗，花10～20朵；花萼钟形；花冠紫红色，具深紫色纵纹，翼瓣明显小于旗瓣和龙骨瓣；子房具短柄，被柔毛。荚果1～3节，顶端具短尖，被柔毛及短刺。

【生物学特性】中旱生植物。生于草原带及森林草原带的边缘，少量进入荒漠草原带。喜湿润，耐旱。常伴生于砾石质黄土丘陵、山地草原中，在撂荒地可形成小面积占优势的群聚。4月中旬返青，5月下旬至6月开花，6月底结荚，7月中旬种子成熟。

【饲用价值】优等饲用植物。青绿期和干枯后均为各类家畜喜食。山羊、绵羊尤其喜食其花和果实。结果期粗蛋白质含量在17%以上，适口性好。青绿期长，属于夏秋季放牧型牧草；冬季保存较差。

细枝岩黄耆

【学　　名】*Hedysarum scoparium* Fisch. et Mey.

【别　　名】花帽、花棒、花柴

【资源类别】野生种质资源

【分　　布】产于中卫沙坡头及灵武、陶乐、盐池。分布于我国内蒙古（西部）、甘肃（河西走廊）、青海、新疆。

【形态特征】染色体数：$2n=2x=16$。灌木，高可达2m，多分枝；树皮黄色，纤维状剥裂。奇数羽状复叶，植株上部具少数叶或小叶全部退化而仅具叶轴，下部具小叶7～11枚，披针形或线状披针形。总状花序叶腋生，花少，稀疏；花萼钟状筒形；花冠紫红色；子房密被柔毛。荚果2～4节，膨胀，被网状脉及密白色毡毛。

【生物学特性】强旱生、沙生植物。生于沙漠、沙地的半固定、流动沙丘背风坡下部，也见于戈壁滩水蚀沟中。喜风沙土、pH7.8～8.2、年降水量150～250mm、干燥度2～4的生境；在年降水量不足100mm，干燥度>4的西部地区也能生存。成株夏季耐气温40～50℃、沙面70℃以上的高温；在沙土含水0.04%～0.09%时可正常生长；不适黏质土和过湿生境，洼地土表含水16%时，导致死亡。3月下旬至4月上旬萌发，5～6天展叶，5月下旬初花，7～8月盛花，花期长，8月至10月上、中旬荚果成熟。人工播种第2～3年少量开花，5年后大量开花结荚，寿命14～20年，条件好时可达70余年。主根不深，10～60cm，侧根伸展，根幅达10m。冬季平茬，当年株高达2.2m，冠幅2.6m，1年相当于不平茬4年的生长量。种子发芽率高，保存期长。

【饲用价值】优等饲用灌木。枝条细柔，适口性好，采食率高，萌发早，花多而花期长，营养价值高，是沙区羊和骆驼终年采食的植物，马也喜食，牛多不吃。优良固沙植物，已经驯化成补播改良退化、沙化草场的重要饲用灌木。

塔落岩黄耆

【学　　名】*Hedysarum fruticosum* Pall. var. *leave*（Maxim.）H. C. Fu

【别　　名】羊柴、杨柴

【资源类别】野生种质资源

【分　　布】产于灵武、盐池等河东沙区及中卫沙坡头。分布于内蒙古（东部、中部）、陕西（北部）等地的沙地。

【形态特征】染色体数：$2n=2x=16$。半灌木，高可达2m；树皮褐色，条状剥落。奇数羽状复叶，小叶5～9，线形或线状椭圆形；植株上部具叶。总状花序叶腋生；花萼钟形，萼齿不等长；花冠紫红色，旗瓣宽倒卵形或倒圆卵形；子房无柄，无毛；荚果无毛。

【生物学特性】喜暖的草原带旱生、沙生灌木。生于半流动、流动及固定沙丘（地）。耐夏季50～55℃高温，抗风蚀、沙埋。根蘖性强，根幅达9m，一株可繁生80余株，固沙效果显著。播种第1～2年株高1m以上，冠幅1.5m，第3年株高1～4m，冠幅1.7～3.2m。4月中旬至5月上旬萌发，6～7月生长迅速，7～8月开花，花期2个多月，9月上、中旬结荚，9月下旬至10月下旬种子成熟。每株结籽4000～5000粒，适宜采种期为10月下旬。

　　目前国内审定登记的品种有以下两个。

　　1. 蒙古塔落岩黄耆 *H. fruticosum* Pall. *laeve*（Maxim.）-H. C. Fu. cv. Neimeng　该品种适应性强，耐旱、耐瘠薄，耐盐性差。喜砂性土壤，抗风蚀沙埋。适口性好，营养丰富，干草产量3000～5000kg/hm^2。

　　2. 中草1号塔落岩黄耆 *H. fruticosuom* Pall. *laeve*（Maxim.）-H. C. Fu. cv. Zhongcao　该品种高产，干草产量1.45万 kg/hm^2。适应华北、西北地区的半固定、流动沙丘和黄土丘陵浅覆沙地种植。

【饲用价值】优等饲用灌木。各类家畜喜食；山羊、绵羊、骆驼尤其喜食当年生枝条、花序和果实；马也乐食嫩枝条。花期割制成干草，适口性好。盛花期牧民常采集储存，于冬春季节饲喂羔羊。

▌胡枝子

【学　　名】*Lespedeza bicolor* Turcz.

【别　　名】萩、胡枝条、扫皮、随军茶、二色胡枝子

【资源类别】野生种质资源

【分　　布】产于贺兰山、六盘山。分布于我国黑龙江、吉林、辽宁、河北、内蒙古、陕西、甘肃、山东、河南、江苏、江西、福建、湖北、湖南。

【形态特征】染色体数：$2n=2x=22$。直立灌木，高1.0～1.3m。羽状三出复叶，椭圆形、倒卵状椭圆形至宽倒卵形，顶生小叶较侧生小叶大，1.5～2.5cm，宽1～3cm。总状花序叶腋生，总花梗较叶长；花萼钟形，萼4裂，其一上部又2裂；花冠紫红色；雄蕊9+1，二体；子房具柄，被毛。荚果斜卵形，具明显网纹。

【生物学特性】耐阴中生灌丛。生于温带、暖温带、亚热带山地、丘陵林下、林缘灌

丛或伐林迹地；也生于沙区的固定沙地。常与榛、虎榛、绣线菊、悬钩子等混生成杂灌木丛；有时可成为优势种。耐寒、耐旱、耐贫瘠，冬季耐 −30～−28℃低温。主根深1.7～2m，根幅 1.3～2m，单株有根瘤 40～200 个。5 月中旬返青，7～8 月开花，9～10月结荚，生长期 180～190 天。再生性强，年可刈 2 次。

【饲用价值】优质饲用灌木。叶量大，分枝多，返青早，枝条柔软，营养高，各类家畜几乎全年喜食，尤其是山羊最喜食。当年生枝条调制成干草适口性良好，羊最喜食。氨基酸含量高，粗蛋白质含量在 13.4%～17%；二年生枝条苗期赖氨酸含量达到1.06%，开花期为 0.83%，高于紫苜蓿。

多花胡枝子

【学　　名】*Lespedeza floribunda* Bge.

【别　　名】铁鞭草、米汤草、石告杯

【资源类别】野生种质资源

【分　　布】产于贺兰山、须弥山及固原、海原、中宁。分布于我国东北（南部）、华北、西北、华东、华中、华南、西南。

【形态特征】染色体数：$2n=2x=22$。小灌木，高 30～60cm。羽状三出复叶，顶生小叶较大，长 8～15mm，宽 4～7mm，倒卵状披针形或狭倒卵形。总状花序腋生，总花梗较叶长；萼钟形，萼齿 5；花冠紫红色；子房无柄，被毛。荚果卵形，长 5～7mm，具网纹，密被毛。

【生物学特性】喜暖的旱中生植物。常散生于山地砾石质山坡、林缘灌丛、黄土丘陵沟谷崖畔、路旁。耐旱，耐贫瘠，适应性广。习见于山杏、小叶鼠李灌丛或荆条、酸枣、白羊草、白莲蒿暖性灌草丛中。4 月下旬萌发，6 月上旬至 9 月开花，花期长，9～10月结荚成熟。

【饲用价值】优质饲用灌木。利用时间长，分枝多，茎柔软，叶丰富，适口性好。放牧羊和大家畜均喜食，兔子喜食嫩枝叶。本种也适合割制青干草，枝叶调制的草粉是猪、鸡、鸭、鹅的良好粗饲料。开花期含粗蛋白质 12%～13%、粗纤维 30%。

尖叶胡枝子

【学　　名】*Lespedeza juncea*（L. f.）Pers.

【别　　名】尖叶铁扫帚、细叶胡枝子

【资源类别】野生种质资源

【分　　布】产于固原。分布于我国黑龙江、吉林、辽宁、河北、山西、内蒙古、山东等地。

【形态特征】染色体数：$2n=2x=20$。小灌木，高可达 1m，全株被伏毛，分枝或上部分枝呈扫帚状。托叶线形，长 2mm；叶柄长 0.5～1cm；小叶披针形、长圆状披针形或倒披针形，长 1.0～2.5cm，宽 3～6mm，基部渐狭，先端稍尖或稍钝，稀圆形，有小刺尖，表面近无毛，背面密被伏毛，边缘稍内卷，顶生小叶较大。总状花序腋生，有长梗，稍超出叶，3～7朵花排列成近伞形花序；苞及小苞卵状披针形或狭披针形，长1mm；花萼狭钟形，长3～4mm，5深裂，裂片披针形，先端锐尖，外面被白色伏毛，花后具明显3脉；花冠白色或淡黄色，旗瓣基部带紫斑，龙骨瓣先端带紫色，旗瓣与龙骨瓣、翼瓣近等长，有时旗瓣较短；闭锁花簇生于叶腋，近无梗。荚果广卵形，两面被白色伏毛，稍超出萼。

【生物学特性】中旱生植物。生于略干旱的山坡、丘陵或山地栋林林缘、砂质地。耐旱、贫瘠，适应性广。在华北，常与白羊草、达乌里胡枝子一起分布于海拔1000～1500m的碎石质低山地，是华北山地的常见种。宁夏仅散布于固原南部灌丛草原带的山、丘坡地。7～8月开花，8～9月结荚。种子硬实率约35%，发芽率50%左右。

【饲用价值】优等饲用植物。叶量丰富，结实前青饲或割制成干草适口性好，各类家畜特别是羊喜食；后期秸秆变硬，适口性有所下降，其花序和种子羊仍乐食。有文献表明，现蕾前叶重为地上总重量的73.5%、叶片风干重的60.3%，主要集中生长在地上5～20cm，适宜放牧。

牛枝子

【学　　名】*Lespedeza potaninii* V.

【别　　名】豆豆苗、枝儿条（盐池）、籽籽条（中卫）、狐食条（同心）

【资源类别】野生种质资源

【分　　布】广布于同心以北及固原、海原北部。分布与辽宁、河北、陕西、四川、山西、甘肃、青海、江苏、云南等地。

【形态特征】染色体数：$2n=6x=42$。半灌木。茎单一或数条丛生，常伏生或斜升，枝条长20～60cm。羽状三出复叶，小叶狭长圆形，下面被灰白色粗硬毛。总状花序腋生，具有冠花、无冠花（闭锁花）；有冠花花序比叶长，花疏生，花冠黄白色，旗瓣中央和龙骨瓣前端带紫色；闭锁花无花冠。荚果倒卵形，长3～4mm，密被粗硬毛。

【生物学特性】强旱生植物，地带性半荒漠的稳定伴生种，向南延伸至典型草原带边缘地区。习见于缓坡丘陵、平原、石质山坡、山麓、固定沙地。分布区年降水量150～400mm，≥10℃积温2600～3200℃，湿润度0.15～0.3。适砂质、砂砾质棕钙土、灰钙土、淡灰钙土、侵蚀黑垆土。经常伴生于短花针茅、沙生针茅、灌木亚菊、冷蒿荒漠草原或刺旋花、刺叶柄棘豆、红砂、珍珠、松叶猪毛菜荒漠草原或草原化荒漠；局地可构成优势种，与猫头刺、短花针茅、沙芦草组成牛枝子荒漠草原；在沙地，生于中间锦鸡儿、黑沙蒿、老瓜头、大苞鸢尾群落内；在黄土高原北边缘，伴生于长芒草、万年蒿、茭蒿、百里香草原内。耐旱，抗风蚀、沙埋，耐践踏。春季播种，当年枝长40～60cm，少量开花结实，第2年枝条长80～150cm，大量开花结果。成株有分枝15个，茎叶比为1.8∶1。4月下旬萌发，6月下旬现蕾，7月中、下旬初花，8月上、中旬盛花，8月下旬花谢，9月上、中旬结荚，9月中、下旬成熟，10月上旬枯萎。种子硬实率30%以上。

【饲用价值】优等饲用植物。叶多而密生，枝条柔软，利用时间长，耐牧，各类家畜四季特别是春末和夏季喜食，盐池县农民称其为"夏草"。结实后枝条老化，适口性降低，但羊仍然喜食其果序。花期割制干草冬春饲喂产羔母羊和体弱家畜，具有良好的催奶、增膘效果。其叶片兔子喜食。但寒冷季节保存不好，影响冬春季利用。

▌杭子梢

【学　　名】*Campylotropis macrocarpa* Bge.

【资源类别】野生种质资源

【分　　布】产于六盘山及盐池。分布于我国河北、山西、江苏、安徽、浙江、江西、福建、湖北、湖南、广西、四川、云南、西藏、山东、河南、陕西、甘肃、贵州等地。

【形态特征】小灌木，高 1～2m。幼枝密生白色短伏毛。羽状 3 出复叶，具长柄，顶生小叶较大，椭圆形或卵形，顶端圆或微凹，有短尖，侧生小叶较小。总状花序腋生和顶生，顶生者具分枝，呈圆锥状；花梗于萼下具关节；苞片褐色，常脱落；每苞腋具 1 花；花萼钟状，萼齿 4，其 1 为 2 齿合生；花冠紫色，雄蕊 9＋1；子房密被短毛。荚果斜椭圆形，脉纹明显，被短伏毛。

【生物学特性】中生植物。生于山坡，沟谷林下、林缘灌丛，路边。喜荫蔽；分布区海拔多在 2000m 以下，年降水量 400～1500mm；南方亚热带山地、丘陵有广泛分布。可耐受冬季 −30℃低温及夏季 44℃的极端温度，适 pH4～8.5 生境。实生苗当年生长缓慢，第 2 年生长加快，第 3 年开花结实。花期 6～8 月，果期 7～9 月。根系发达，再生性强，温带年可刈割嫩枝叶 2～3 次，亚热带 3～4 次。

【饲用价值】良等饲用灌木。叶片质地柔软，羊、牛喜食，花后叶片革质化，适口降低。青嫩期采集嫩枝叶调制青干草或草粉，适口性好，羊、牛、马、兔喜食，有较高营养价值。

第七章　菊科牧草种质资源

拐轴鸦葱

【学　　名】*Scorzonera divaricata* Turcz.

【别　　名】苦葵鸦葱、羊奶及及、散枝鸦葱、分枝鸦葱

【资源类别】野生种质资源

【分　　布】产于贺兰山东麓及盐池、同心。分布于我国内蒙古（中、西部）、河北、山西、陕西、甘肃、青海、新疆、四川。

【形态特征】多年生草本，高20～30cm。茎铺散或直立，分枝呈叉状。叶线形，长0.5～9cm，先端常卷曲成钩状，两面被微毛至无毛。头状花序单生茎枝顶端，具舌状花4～5，花冠黄色；总苞窄圆柱状。瘦果圆柱状；冠毛污黄色，羽毛状。

【生物学特性】强旱生植物；荒漠草原特征种。习生于干旱砂质坡地、固定沙丘、沙丘间低地、干河床边缘、沟谷、浅洼地。耐干旱，抗风沙，喜砂质、砂砾质土；伴生于短花针茅、戈壁针茅、沙生针茅荒漠草原，混生细弱隐子草或无芒隐子草、冬青叶兔唇花、碱韭等，恒有度高而多度低近荒漠地带数量更稀少。5～6月开花，7～8月结果。

【饲用价值】良等饲用植物。春季返青早，是过冬家畜特别是羊的良好抢青饲草。茎秆柔软，适口性好，营养丰富。各类家畜四季乐食，猪也采食，制成青干草后适口性不降低。冬季茎秆保存率高，属较好的冬季牧草。根入中药。

蒙古鸦葱

【学　　名】*Scorzonera mongolica* Maxim.

【别　　名】羊犄角、羊角菜、章牙牙

【资源类别】野生种质资源

【分　　布】产于贺兰山、罗山、黄灌区及盐池、海原。分布于我国河北、内蒙古、山东、河南、陕西、甘肃、青海、新疆。

【形态特征】多年生草本。茎直立或铺散，高15～20cm，茎基被褐或淡黄色鞘状残迹。叶肉质，两面无毛，灰绿色，基生叶长椭圆形或线状披针形，柄基鞘状；茎生叶互生或对生，无柄。头状花序单生茎、枝顶端；总苞圆柱状；舌状花黄色。瘦果圆柱状；冠毛白色，羽毛状。

【生物学特性】耐盐旱中生植物；土壤含 NaCl 的指示植物。生于海拔 1000～2100m 的草原，半荒漠、沙区的低湿沙地，盐化草甸，河滩，湖盆边缘，沟渠边；也生于海滨盐土、盐田梗上。常在轻盐土上与小獐毛、芦苇、盐地碱蓬混生；局地可形成小面积单优群丛。4 月萌发，6～7 月开花，7～8 月结果，10 月末、11 月初枯萎。

【饲用价值】良等饲用植物。茎叶鲜嫩多汁，适口性好，羊、牛、马四季乐食，猪也吃。冬季保存率较高，放牧家畜喜食其茎叶。

▌桃叶鸦葱

【学　　名】*Scorzonera sinensis* Lipsch. et Krasch.

【别　　名】老虎嘴

【资源类别】野生种质资源

【分　　布】产于罗山及隆德。分布于我国辽宁、北京、内蒙古、河北、山西、陕西、甘肃、山东、江苏、河南等地。

【形态特征】多年生草本植物，高 5～53cm。根垂直直伸，粗壮，粗达 1.5cm，褐色或黑褐色，通常不分枝，极少分枝。茎直立，簇生或单生，不分枝，光滑无毛；茎基被稠密的纤维状撕裂的鞘状残遗物。基生叶宽卵形、宽披针形、宽椭圆形、倒披针形、椭圆状披针形、线状长椭圆形或线形；茎生叶少数，鳞片状，披针形或钻状披针形，基部心形，半抱茎或贴茎。头状花序单生茎顶。总苞圆柱状，直径约 1.5cm，全部总苞片外面光滑无毛，顶端钝或急尖。舌状小花黄色。瘦果圆柱状，有多数高起纵肋，长 1.4cm，肉红色，无毛，无脊瘤。冠毛污黄色，长 2cm，大部羽毛状，羽枝纤细，蛛丝毛状，上端为细锯齿状；冠毛与瘦果连接处有蛛丝状毛环。

【生物学特性】中旱生植物。生于山坡、丘陵、沙丘、荒地或灌木林下。花期极早，抗旱能力强，喜欢"独居"。适应性强，喜温和湿润环境，干旱条件下也有极强的生命力。根茎种植后，日平均气温 6℃时即可出芽。生长的适宜温度为 20～30℃；当气温降至 0℃以下时，地上部分萎缩干枯，生长停滞。对土壤要求不严，黏土、壤土、砂土均可生长，荒山、坡地、贫瘠地也可种植，适宜土壤 pH 为 6.5～7.5。

【饲用价值】良等饲用植物，饲用价值与蒙古鸦葱相似。

▌鸦葱

【学　　名】*Scorzonera austriaca* Willd.

【别　　名】罗罗葱、谷罗葱、兔儿奶、笔管草、老观笔

【资源类别】野生种质资源

【分　　布】产于贺兰山、罗山。分布于我国北京、黑龙江、吉林、辽宁、内蒙古、河北、山西、陕西、宁夏、甘肃、山东、安徽、河南。

【形态特征】染色体数：$2n=2x=14$。多年生草本，高 10～42cm。茎多数，簇生，不分枝，直立，光滑无毛，茎基被稠密的棕褐色纤维状撕裂的鞘状残遗物。基生叶线形、

狭线形、线状披针形、线状长椭圆形、线状披针形或长椭圆形，顶端渐尖或钝而有小尖头或急尖，向下部渐狭成具翼的长柄，柄基鞘状扩大或向基部直接形成扩大的叶鞘，3～7 出脉，侧脉不明显，边缘平或稍见皱波状，两面无毛或仅沿基部边缘有蛛丝状柔毛；茎生叶少数，2～3 枚，鳞片状，披针形或钻状披针形，基部心形，半抱茎。头状花序单生茎端。

【生物学特性】中旱生植物。生于海拔 1400～2100m 的石质山、丘坡地、林缘草甸。6～7月开花，7～8 月结果。

【饲用价值】良等饲用植物。茎叶鲜嫩多汁，适口性好，羊、牛、马四季乐食，猪也吃。冬季保存率较高，放牧家畜喜食其茎叶。含粗蛋白质较高，粗纤维低。

蒲公英

【学　　名】*Taraxacum mongolicum* Hand. Mazz.

【别　　名】蒙古蒲公英、公英（中药名）、黄苗苗（中卫）、顶顶红（泾源）、黄花狼（灵武）

【资源类别】野生种质资源

【分　　布】产全区。分布于我国东北、华北、西北、华东、华中、西南。

【形态特征】多年生草本，高 10～25cm。叶倒卵状披针形、倒披针形、长圆状披针形，边缘具波状齿或羽状深裂，有时倒向羽状深裂或大头羽状深、浅裂，叶柄及主脉常带红紫色。花葶 1 至数个；头状花序总苞钟状；舌状花黄色。瘦果倒披针形，稍扁，具小刺或小瘤，顶端具长 8～9mm 的喙；冠毛白色。

【生物学特性】中生植物。耐旱、耐盐碱，喜砂质土。生于海拔 1300～2350m 的山坡、河滩沙地、泉水边、田埂、路旁。早春返青，5～6 月开花，6～7 月结果。

【饲用价值】中等饲用植物。叶嫩柔软，适口性好，牛、羊、马、驴四季采食，猪也吃。茎叶冬春季保存较好，可做放牧利用。嫩叶采集、煮熟后可直接喂猪。

苦苣菜

【学　　名】*Sonchus oleraceus* L.

【别　　名】苦苣、扎库日、苦菜、甜苦菜

【资源类别】野生种质资源

【分　　布】产全区。除荒漠、戈壁、高寒地带外，我国各地都有。

【形态特征】一、二年生草本，高 15～30（40）cm。茎直立，不分枝，基部带紫红色。叶长椭圆形或卵状长椭圆形，尖头羽状深裂或全裂或羽状深裂，边缘具不规则小尖齿牙，下部叶柄具翅，基部半抱茎；茎上部叶无柄，基部具戟形耳，抱茎。头状花序数个于茎顶排列成伞房花序；总苞钟形或圆筒形，总苞以下具蛛丝状毛。舌状花黄色。瘦果扁，长椭圆状倒卵形，褐色，无喙；冠毛白色，基部结合成环状。

【生物学特性】中生植物；农田杂草。生于田间、地埂、撂荒地、路边、村落，多见于灌溉农田、林带、堆肥场；常形成单优势群聚。适土壤 pH4.5～8.9；喜肥沃生境；耐寒，5℃时可缓慢生长，-1.0℃时仍保持青绿。3月下旬至4月初萌发，6～7月开花，7～8月果实成熟，生育期120天。单株结籽300～1200粒，发芽率95%以上。根茎具潜芽，可萌发再生，幼期每20天可刈1次，花枝形成后再生减弱。

【饲用价值】优等饲用植物。茎叶多汁，质地柔软，营养丰富，适口性好，是各类家畜都可以采食的植物，鸡、鹅也啄食其叶片，兔喜食叶片和花序。猪可直接采食叶片，也可收集剁碎煮熟饲喂，适口性良好，能节约精饲料。

苣荬菜

【学　　名】*Sonchus arvensis* L.

【别　　名】苦菜、北败酱（中药名）、甜苦苦菜（宁夏）

【资源类别】野生种质资源

【分　　布】产全区。分布于我国陕西、新疆、福建、湖北、湖南、广西、四川、云南、贵州、西藏。

【形态特征】染色体数：$2n=2x=18$。多年生草本。叶缘具波状牙齿或羽状浅裂，裂片具不规则细尖齿牙；茎生叶基部耳状抱茎，耳圆形。

【生物学特性】中生植物。生于海拔1000～2300m的山坡、丘陵、平原。多见于农田地埂、沟渠边、村庄、路旁。花果期6～8月。

【饲用价值】优等饲用植物，饲用价值与苦苣菜相似。

乳苣

【学　　名】*Mulgedium tataricum*（L.）DC.

【别　　名】紫花山莴苣、苦菜、蒙山莴苣、鞑靼山莴苣、麻苦菜、苦苦菜

【资源类别】野生种质资源

【分　　布】产全区。分布于我国辽宁、河北、山西、陕西、甘肃、青海、新疆、河南、内蒙古、西藏。

【形态特征】多年生草本，高10～50cm。茎单生或数个丛生，直立或斜升。基生叶、茎中下部叶长椭圆形或线状长椭圆形，质厚，羽状浅裂、半裂或有大锯齿，基部渐狭，成具翅的柄，柄基半抱；茎上部叶披针形，全缘，无柄。头状花序多数，排成圆锥状；总苞圆筒形，常带紫红色。舌状花紫色或淡紫色。瘦果长圆状披针形；冠毛白色。

【生物学特性】耐盐中生植物。耐旱，生于草原、半荒漠带河滩、湖滨低洼盐湿地、固定沙丘（地）、农田地埂、撂荒地、沟渠边、路旁。分布区海拔1000～2600m，在西藏高原可生于4100～4300m的高寒盐化草甸。常与芨芨草、角果碱蓬、矮生芦苇、匍根骆驼蓬、二色补血草、虎尾草、盐地风毛菊、白茎盐生草等组成盐化草甸。5月初返青，7月中旬生出花葶，8月下旬现蕾，9月上旬至下旬开花，10月上旬种子成熟，10月下旬枯萎。茎叶比为2.3:1。

【饲用价值】良等饲用植物。适口性良好，茎叶质地柔嫩，多汁，营养丰富，各类家畜四季均采食，猪、家禽、兔子也喜食。割调制青干草家畜均喜食。

碱黄鹤菜

【学　　名】*Youngia stenoma*（Turcz.）Ledeb.

【资源类别】野生种质资源

【分　　布】产于盐池。分布于我国黑龙江、吉林、辽宁、内蒙古、甘肃。

【形态特征】多年生草本，高10～40cm。茎单一或数个丛生，直立。基生叶及茎下部叶线形、线状披针形，质厚，基部渐窄成具翼长柄，全缘或有浅波状锯齿；中、上部叶渐小，线形，全缘，无柄。头状花序小，于茎顶排成总状或窄圆锥状，全为舌状，黄色；总苞圆柱状，总苞片边缘膜质，近先端有角状突起。瘦果纺锤形，有多条纵肋，肋上有小刺毛；冠毛白色。

【生物学特性】耐盐中生植物。生于海拔1450m的盐化低湿地、水边、盐湖周围、盐化草甸。花果期7～9月。

【饲用价值】中等饲用植物，春、夏季羊喜食，牛也采食，猪和兔子也乐食其叶片，煮熟饲喂适口性提高。

中华小苦荬

【学　　名】*Ixeridium chinensis*（Thumb.）Tzvel.

【别　　名】山苦荬、小苦苣、燕叭叭草（固原）、黄鼠草、黄鼠馒头子（海源）

【资源类别】野生种质资源

【分　　布】产全区。分布于我国北部、东南部。

【形态特征】多年生草本，高10～20cm。茎直立或斜升，上部分枝。基生叶长椭圆形、倒披针形、线形或舌形，基部渐窄成翼柄，全缘或羽状浅裂、半裂或深裂，侧裂片2～4对；茎生叶1～2枚，线状披针形、披针形，全缘，基部稍抱茎，无耳。头状花序多数，排成伞房状；总苞圆柱状；舌状花黄色。瘦果狭披针形；冠毛白色。

【生物学特性】中生、旱中生植物。生于海拔1200～2000m的山、丘坡地，田野，田间地埂，沟渠边，路旁。分布广，海拔3300～4000m的青藏高原有，北方固定、半固定沙丘（地）和南方土石山、丘也有。本种具根蘖，耐寒，耐旱。4月上、中旬返青，5～6月开花，6～7月结果，7月进入果后营养期，10月上旬枯黄。

【饲用价值】优等饲用植物。茎叶多汁，青嫩，质地柔软，适口性良好，各类家畜四季均喜食，猪喜食嫩茎叶，鸡、鸭、鹅也采食叶片。

多头苦荬

【学　　名】*Ixeris polycephala* Cass.

【别　　名】蔓生苦荬菜、多头荬菜、多头莴苣

【资源类别】野生种质资源

【分　　布】产于六盘山及隆德等地。分布于我国江苏、浙江、福建、安徽、江西、贵州、四川、陕西等地。

【形态特征】一、二年生草本，高 35～70（80）cm。茎直立，单生或 2～3 丛生，分枝，基部带紫红色。基生叶莲座状，匙形或倒卵状披针形，边缘具不规则尖齿牙，稀为不规则大头羽状浅裂；中、下部茎生叶线状披针形或线形，具不整齐尖齿牙，叶基抱茎；上部叶全缘，叶基箭状抱茎。头状花序排成伞房状圆锥花序；总苞圆柱形；舌状花黄色。瘦果扁，长椭圆形，有 10 条纵棱，棱上具小刺尖，喙短。

【生物学特性】中生植物。生于海拔 1900～2400m 的山坡、林缘灌丛、草地、田野、路旁。花果期 6～7 月。

【饲用价值】优等饲用植物。各类家畜四季喜食，猪、鸡也采食。

抱茎小苦荬

【学　　名】*Ixeridium sonchifolium*（Maxim.）Shih

【别　　名】苦碟子、黄瓜菜、抱茎苦荬菜

【资源类别】野生种质资源

【分　　布】产于贺兰山、六盘山及同心、海原。分布于我国辽宁、河北、山西、内蒙古、山东、江苏、浙江、河南、湖北、四川、贵州、陕西、甘肃。

【形态特征】多年生草本，高 20～40cm。茎直立，单生或丛生，上部分枝。基生叶铺散，匙形、长倒披针形或长椭圆形，不裂或大头羽状深裂；中、下部茎生叶长椭圆形、倒披针形或披针形，羽状浅裂或半裂，基部心形或耳状抱茎；上部叶线状披针形，全缘或下部具尖齿牙，基部圆耳状抱茎。头状花序排成伞房状或伞房状圆锥花序；总苞圆柱形；舌状花淡黄色。瘦果黑色，纺锤形，有 10 条纵棱，棱上具刺状小突起，喙短；冠毛白色。

【生物学特性】中生植物。习生于海拔 1400～2800m 的山地、丘陵、平原疏林下、田野、路边、农田地埂、沙区固定沙丘、沙地。花果期 6～7 月。

【饲用价值】优等饲用植物。各类家畜四季喜食，猪、鸡也采食。

中亚紫菀木

【学　　名】*Asterothamnus centraliasiaticus* Novopokr.

【资源类别】野生种质资源

【分　　布】产于贺兰山、南华山、西华山及中卫等地。分布于我国内蒙古、甘肃、青海。

【形态特征】亚灌木，高 30～40cm。基部多分枝；全株被蛛丝状绒毛。叶互生，长圆状线形或近线形。头状花序径约 1cm，单生枝端或排成疏散伞房状；总苞带紫红色；外围舌状花淡紫色；中央两性花管状，黄色。瘦果长圆形，稍扁；冠毛白色，糙毛状。

【生物学特性】超旱生植物，亚洲中部荒漠区特有种。分布于半荒漠、荒漠地带，少量进入草原地带。生于海拔 1000～2000m 的干燥山坡、山谷、浅洼地、干河床疏松的砾石、砂砾质冲积土上，常沿短暂径流区呈线性分布；常伴生于膜果麻黄、球果白刺、合头藜或红砂、珍珠柴、黄花红砂、霸王等稀疏半荒漠、荒漠群落。根幅大于丛径数倍。总盖度仅 10%～20%。4 月返青，6～8 月开花，8～9 月结果。

【饲用价值】中等饲用植物。骆驼一年四季均喜食。特别在冬季，其枝条是主要的采食部分，饲用价值重要。羊乐食当年生嫩枝，牛、马很少采食。蛋白质含量不高，灰分和碳水化合物含量高，钙、磷、胡萝卜素含量也高，是较好的饲用植物。

▌碱菀

【学　　名】*Tripolium vulgare* Nees
【别　　名】金盏菜
【资源类别】野生种质资源
【分　　布】产于黄灌区。分布于我国东北、华北、西北、华东。
【形态特征】一年生草本，高 25～60cm。茎直立，具分枝，下部常带紫红色。叶多少肉质，下部叶花后枯萎，茎中、上部叶线状长椭圆形或线形，先端锐尖，基部渐狭，全缘，无柄。头状花序在枝顶排列成伞房花序；总苞倒卵形，总苞片肉质，边缘浅红紫色；边花舌状，雌性，蓝紫色；盘花管状，两性，黄色。瘦果圆柱形；冠毛糙毛状，白色或淡红色。
【生物学特性】耐盐湿中生植物。生于山谷、河谷平原低湿地、沼泽边、盐化沼泽或沼泽化草甸；也生于我国东部沿海。宁夏分布区海拔 1000～2000m。6～9 月开花，花期长，随开花随结果成熟。
【饲用价值】中等饲用植物。茎秆比较柔软，适口性良好。青嫩期和开花期家畜均采食，特别是羊喜食。牛也采食。可割制干草饲喂。

▌三脉紫菀

【学　　名】*Aster ageratoides* Turcz.
【别　　名】三褶脉紫菀、三脉叶马兰
【资源类别】野生种质资源
【分　　布】产于罗山、六盘山、南华山。分布于我国各地。
【形态特征】多年生草本，高 30～60cm，具根茎。茎直立，单一，上部稍分枝，被弯曲的短硬毛。叶卵形、卵状椭圆形或长椭圆状披针形，边缘疏具圆钝锯齿，齿端具小尖头，上面绿色，下面浅绿色。头状花序在茎顶排列成伞房状，稀单生，总苞宽钟形或半球形，下半部干膜质；边花舌状，紫红色或淡红色，盘花管状，黄色。瘦果近椭圆形；冠毛 1 层，糙毛状，红褐色。
【生物学特性】中生植物。生于海拔 2000～2500m 的阴湿山坡，沟谷，林下、林缘灌丛，草甸，路边。花期 7～9 月，果期 9～10 月。

【饲用价值】中等饲用植物。茎秆柔软，适口性好。青嫩期和开花期家畜均采食，羊喜食。骆驼四季采食，牛也吃。开花结实期，是家畜抓秋膘的良好饲草。

阿尔泰狗娃花

【学　　名】*Heteropappus altaicus*（Willd.）Novopokr.

【别　　名】阿尔泰紫菀、野菊花（宁夏）

【资源类别】野生种质资源

【分　　布】产全区。分布于我国内蒙古、甘肃、陕西、山西、河北、湖北、辽宁、黑龙江、四川等地。

【形态特征】染色体数：$2n=6x=36$。多年生草本，高 10～40cm。茎直立或斜升，具分枝，被弯曲硬毛。下部叶线形、倒披针形或近匙形，全缘或有疏浅齿；上部叶线形。头状花序单生枝端或排成伞房状；总苞半球形；边花舌状，浅蓝紫色，中央管状花黄色，顶端 5 裂，常有 1 裂片稍长。瘦果扁，倒卵状长圆形；冠毛污白或红褐色，有不等长微糙毛。

【生物学特性】广旱生植物，草原种。习生于森林草原、草原、荒漠草原带，生于海拔 400～3000m 的山地、丘陵、平原石质、砾石质坡地、干燥沟谷、河滩，也生于半固定、固定沙丘（地），覆沙的轻盐碱地，村落，田边，路旁。多为伴生种，在放牧过度的草场，因适口性不强而处于演替的优势。4 月中、下旬返青，5～9 月开花，6～10 月结果。

【饲用价值】中等饲用植物。早春萌发，是抢青的牧草。青嫩期各类家畜均采食，尤其喜食花序。花后期，家畜仅采食其中上部位；骆驼可采食全株。冬季干枯后羊乐食，对牛、驴的适口性降低。

华蟹甲

【学　　名】*Sinacalia tangutica*（Maxim.）B.Nord.

【别　　名】唐古特蟹甲草、羊角天麻（药名）、羽裂蟹甲草

【资源类别】野生种质资源

【分　　布】产于六盘山。分布于我国河北、山西、陕西、甘肃、青海、湖北、四川。

【形态特征】多年生草本，高 40～60cm，具顶端膨大成块茎状的根茎。茎直立，单一，不分枝或有时分枝，上部被蛛丝状棉毛。基生叶花期枯萎；茎生叶互生，三角状宽卵形或卵状心形，羽状深裂，侧裂片 3～4 对，边缘常具数个小尖齿，上面绿色，下面灰绿色，叶柄基部半抱茎。头状花序甚多，于茎顶排成圆锥花序；总苞圆柱状；舌状花 2～3 朵，管状花 4～7 朵，皆黄色。瘦果圆柱形；冠毛糙毛状，白色。

【生物学特性】中生植物。生于海拔 800～2500m 的山地林缘、草甸、沟谷、溪边、河畔。花果期 8～9 月。

【饲用价值】中等饲用植物。茎秆柔软，羊乐食叶片和花序，牛也采食，马不吃。可刈割与其他牧草混合饲喂家畜，提高利用率。

紫花野菊

【学　　名】*Dendranthema zawadskii*（Herb.）Tzvel.

【别　　名】山菊、紫花毛山菊

【资源类别】野生种质资源

【分　　布】产于贺兰山、罗山、六盘山、南华山、月亮山。分布于我国黑龙江、吉林、辽宁、河北、山西、内蒙古、陕西、甘肃、安徽等地。

【形态特征】多年生草本，高 15～50cm，具细长横走根茎。茎单生或 2～3 个丛生，中、下部紫红色。叶互生，卵形、宽卵形、近圆形，2 回羽状分裂，侧裂片 2～3 对，边缘又羽状浅裂或具牙齿，齿端具细尖头。头状花序径 1.5～4.5cm，2～5 个排成疏散的伞房花序，稀单生；总苞浅碟状；边花舌状，紫红色；中央管状花，黄色。瘦果具不明显纵肋。

【生物学特性】中生植物。生于海拔 2000～2500m 的山坡林下、林缘草甸，沟谷溪水边。山地草甸的伴生种。7～9 月开花，9～10 月结果。

【饲用价值】中等饲用植物。羊、牛乐食，经霜后马采食。刈割晾干后适口性提高。冬季保存良好，羊乐食。

蓍状亚菊

【学　　名】*Ajania achilloides*（Turcz.）Poljak. ex Grubov.

【别　　名】蓍状艾菊、芪状亚菊、嘎季篙（宁夏）

【资源类别】野生种质资源

【分　　布】产于贺兰山。分布于我国内蒙古、甘肃。

【形态特征】小半灌木，高 15～25cm。茎多分枝，基部木质，密被灰色短柔毛或叉状毛。茎下、中部叶卵形或宽卵形，2 回羽状全裂，小裂片线形，先端钝，两面密被短柔毛；上部叶羽状全裂或不裂。头状花序在茎、枝端排列成伞房状；总苞钟形或卵圆形，黄色，有光泽；边花雌性，花冠细管状，4 齿裂；盘花两性，花冠管状，外面被腺点，顶端 5 齿裂，全部小花结实。瘦果褐色。

【生物学特性】强旱生植物。生于海拔 1200～1500m 的砾石干山坡，半荒漠地带的优势种。适疏松砂壤质棕钙土、淡灰钙土、灰棕漠土，碎石、石质山、丘坡地，伴生于石生针茅荒漠草原，有时成为建群种；可沿浅洼地、沟谷、干河床边缘进入荒漠区；也少量出现在草原地带的干燥石质山、丘坡地。耐旱，不耐盐化、强碱性土。8～9 月开花，9～10 月结果。

【饲用价值】良等饲用植物。在荒漠草原地区是较好的放牧草。春季萌发较早，茎秆木质化低，叶量较多，耐牧，冬季保存率高，适口性好，春季羊、骆驼喜食，马、牛也采食，夏、秋季对牛、马的适口性降低，秋霜后又恢复；冬季各类家畜均喜食，是冬季家畜保膘的牧草。

细叶亚菊

【学　　名】*Ajania tenuifolia*（Jacq.）Tzvel.

【别　　名】细叶艾菊

【资源类别】野生种质资源

【分　　布】产于六盘山、南华山。分布于我国甘肃、青海、新疆、四川、西藏。

【形态特征】多年生草本，高 15～20cm，具短根茎。茎枝被短柔毛。叶 2 回羽状分裂，第一回侧裂片 2～3 对，末裂片长椭圆形或倒披针形，上面淡绿色，下面灰白色，两面皆被贴伏长柔毛。头状花序少数，于茎顶排成直径 2～3cm 的伞房花序；总苞钟状，直径约 4mm，总苞片边缘宽膜质，内缘棕褐色，外缘无色透明。边缘雌花细管状；盘花两性，管状。

【生物学特性】中生植物。生于海拔 2600～2900m 的向阳山坡或亚高山草甸，在青藏高原可分布至海拔 4580m 的高寒草甸。7～8 月开花，8～10 月结果。

【饲用价值】中等饲用植物。青绿期各类家畜乐食，秋霜后牛、羊喜食其花序。冬、春季缺草季节羊、驼采食其茎叶。

柳叶亚菊

【学　　名】*Ajania salicifolia*（Mattf.）Poljak.

【别　　名】柳叶菊亚蒿

【资源类别】野生种质资源

【分　　布】产于六盘山。分布于我国甘肃（东部、南部）、陕西（南部）、青海、四川等地。

【形态特征】小半灌木，高 30～60cm。枝端有密集莲座状叶丛，其上发出更新短枝或长花枝，花枝紫红色，被白绢毛。叶线形，全缘，长 5～10cm，上面绿色，无毛，背面白色，被毡毛；上部叶渐小。头状花序多数，于茎顶排成密集的伞房花序；总苞钟状；边缘雌花细管状，6～7 朵；盘花两性，管状。瘦果椭圆形，具脉纹。

【生物学特性】中生植物。生于海拔 1900～2300m 的山坡、沟谷、林缘灌丛、草甸、石质河滩。高原地带可生于海拔 4600m 的高寒草甸。花果期 6～9 月。

【饲用价值】中等饲用植物，饲用价值近似于细叶亚菊。

女蒿

【学　　名】*Hippolytia trifida*（Turcz.）Poljak.

【别　　名】三裂艾蒿

【资源类别】野生种质资源

【分　　布】产于贺兰山及石嘴山、盐池、同心。分布于我国内蒙古。

【形态特征】小半灌木，高 20～30cm。老枝灰褐色，树皮干裂，全部枝密被银白色短绢毛。叶互生，灰绿色，楔形或匙形，3 深裂或浅裂，裂片短线形或线状矩圆形，有时裂片中、上部具 1～2 个小裂片或齿，两面密被白色绢毛；最上部叶线状倒披针形，全缘。头状花序钟形，4～8 个在茎顶排列成伞房状；总苞片疏被长柔毛与腺点；花全部两性，管状，黄色，顶端 5 齿裂；花药顶端具附片。瘦果圆柱形，黄褐色。

【生物学特性】强旱生植物。生于荒漠草原带海拔 1200～2100m 的干旱砾石山坡、岩石缝隙、缓坡丘陵。适砂质棕钙土、淡灰钙土；较少进入草原带边缘。常为群落建群种；也参与短花针茅、戈壁针茅、沙生针茅荒漠草原，成为亚优势种或伴生种。4 月中旬返青，7～8 月开花，9 月结果成熟，10 月进入果后营养期，11 月中旬枯黄。冬季枝条保留良好。

【饲用价值】中等饲用植物。羊喜食，骆驼四季采食。马、牛在青嫩期采食，结实后羊最喜食花序和果实，牛、马也采食。生育期和青绿期长，是家畜抓秋膘的好饲草。开花期的粗蛋白质含量在 14%～15%，粗纤维含量较低，营养价值良好。

大籽蒿

【学　　名】*Artemisia sieversiana* Ehrhart ex Willd.

【资源类别】野生种质资源

【分　　布】产于贺兰山、六盘山、南华山，全区均有分布。分布于我国除华南外的大部分地区。

【形态特征】染色体数：$2n=2x=18$。一、二年生草本；茎单一，直立，高 50cm～1.5m，被灰白色微柔毛。茎下部与中部叶两面被微柔毛，3～2 回羽状全裂，稀深裂，每侧裂片 2～3，再不规则羽状全裂或深裂，中部裂片再第 3 次分裂，小裂片线形或线状披针形，有时具缺齿；茎上部叶及苞叶羽状全裂或不分裂。头状花序半球形或近球形，直径 4～6mm，在分枝上排成总状、复总状花序，在茎顶组成圆锥花序；花序托具白色柔毛；边缘雌花，黄色，中央两性花全育。瘦果长圆形。

【生物学特性】中生植物。生于海拔 1100～2700m 的山坡林缘、沟谷、河滩、路旁、田边、撂荒地、村落、畜群栖憩地。多散生，局地小面积可形成占优势的群聚。适肥沃、疏松土壤。抗寒，冬季 −30℃可安全越冬。种子发芽率达 84%。实生苗当年处于叶簇状态，第 2 年株高近 2m。4 月中旬返青，9 月初成熟，生育期 140 天。

【饲用价值】良等饲用植物。春季返青较早，幼嫩期羊、马、牛采食；随生长蒿味增加，适口性下降羊、马、牛甚至不吃；花后，结实期适口性逐渐增加；霜后羊、牛、马喜食。本草叶量较多，株型高大，青嫩期割制成干草冬季饲喂家畜适口性也好。

莳萝蒿

【学　　名】*Artemisia anethoides* Mattf.

【别　　名】肇东蒿、小碱蒿、伪菌陈

【资源类别】野生种质资源

【分　　布】产于贺兰山、香山及银川、青铜峡、中卫，全区广布。分布于我国黑龙江、吉林、辽宁、内蒙古、河北、山西、陕西、甘肃、青海、新疆、山东、河南、四川。

【形态特征】二年生草本；茎单一，多分枝，高 30～60（90）cm，被灰白色柔毛。叶两面密被白色绒毛。基生叶与茎下部叶 3～4 回羽状全裂，小裂片狭线形；茎中部叶 3～2 回羽状全裂，每侧有裂片 2～3，小裂片丝线形，基部裂片半抱茎；茎上部叶与苞叶 3 全裂或不裂，狭线形。头状花序近球形，直径 1.5～2（2.5）mm，具短梗，下垂；在枝上排成复总状或穗状总状花序，再在茎顶组成开展的圆锥花序；花序托具白色柔毛；总苞片背面密被白色柔毛；边花雌性，黄色，盘花两性。瘦果倒卵形。

【生物学特性】耐盐中生植物。分布于荒漠草原、草原带，也进入森林草原带和荒漠带的山地。生于砾石质浅沟、河、湖边微盐碱化低地，干河床两边，芨芨草滩，常形成密集群丛；农区杂草。花果期 7～9 月。

【饲用价值】中等饲用植物，幼嫩期或秋霜后羊、骆驼、牛采食。

冷蒿

【学　　名】*Artemisia frigida* Willd.

【别　　名】串地蒿（宁夏）、火要子（盐池）、小白蒿

【资源类别】野生种质资源

【分　　布】产于贺兰山、罗山、香山、云雾山及固原、中卫、灵武、盐池、同心。分布于我国东北、华北、西北等地。

【形态特征】染色体数：$2n=2x=18$。多年生草本，有时稍亚灌木状，高 10～30cm；茎斜升、丛生，不分枝或上部分枝；茎、枝、叶两面及总苞片背面密被淡灰黄或灰白色稍绢质绒毛。茎下部叶 2～3 回羽状全裂，每侧裂片（2）3～4；茎中部叶 1～2 回羽状全裂，每侧裂片 3～4，常再 3～5 全裂，小裂片线状披针形或披针形；茎上部叶与苞叶羽状全裂。头状花序半球形、球形或卵球形，直径 2.5～4mm，排成总状或窄总状圆锥花序；花序托有白色托毛；边花雌性，盘花两性，可育，花冠黄色或边缘略带紫色。瘦果长圆形或椭圆状倒卵圆形。

【生物学特性】广旱生植物。分布于海拔 1200～2600m 的草原、荒漠草原带，沿山地进入森林草原或荒漠地带。从薄层覆砂地、砂砾质、碎石质山谷底部，到高山带都有，不进入盐化低地和潮湿地。分布区 ≥10℃积温 2000～3000℃，年降水量 150～400mm。在不同地区常伴生于大针茅、糙隐子草、细弱隐子草、长芒草、短花针茅群落；在内蒙古东部生于西北针茅、羊草草原。在放牧过度、侵蚀严重的草场可成为亚优势种或建群种。耐旱、耐牧。主根深为株高的 4～5 倍，根幅为丛径的 2～3 倍。3 月末至 4 月初返青，8 月中旬开花，9 月初结果，10 月初种子成熟。

【饲用价值】优等饲用植物。山、绵羊、马、牛一年四季喜食，夏秋季尤喜食其生殖枝；骆驼也终年喜食。春季返青早，冬春叶枯而枝条多汁，营养丰富，是冬春草场的

好饲草，对家畜具有抓膘、保膘、催情、催乳等作用。质量在菊科饲草中居前位。

紫花冷蒿

【学　　名】*Artemisia frigida* Willd. var. *atropurpurea* Pamp.

【别　　名】黑紫冷蒿

【资源类别】野生种质资源

【分　　布】产于贺兰山、罗山、香山、云雾山及固原、中卫、灵武、盐池、同心。分布于我国黑龙江、吉林、辽宁、河北、山西、陕西、甘肃、青海、新疆、内蒙古、西藏等地。

【形态特征】植株较矮小；头状花序半圆形，直径 3.5～4.5mm；小花深紫色或黄色，具紫色条纹，花冠檐部紫色。

【生物学特性】产于海原海拔 1500～2800m 的向阳山坡、干河床。

【饲用价值】优等饲用植物。山、绵羊、马、牛一年四季喜食，夏秋季尤喜食其生殖枝；骆驼也终年喜食。春季返青早，冬春叶枯而枝条多汁，营养丰富，是冬春草场的好饲草，对家畜具有抓膘、保膘、催情、催乳等作用。

白莲蒿

【学　　名】*Artemisia sacrorum* Ledeb.

【别　　名】毛莲蒿、铁秆蒿

【资源类别】野生种质资源

【分　　布】产于贺兰山、罗山、六盘山及固原、中卫、盐池。分布于我国东北、华北、西北。

【形态特征】多年生草本。茎直立，丛生，褐色、暗紫褐色，高 30～60cm，下部常木质化。叶上面微被毛或无毛，背面密被灰白色平贴短柔毛；茎下部与中部叶 2～3 回栉齿状羽状分裂，第一回羽状全裂，每侧裂片 3～5，又羽状全裂，小裂片狭披针形，两侧具三角状栉齿；叶轴两侧具少数栉齿；上部叶 1～2 回栉齿状羽状分裂；苞叶栉齿状羽状分裂或不裂。头状花序近球形，下垂，排成穗状总状花序，再在茎顶组成圆锥花序；总苞片边缘膜质，非褐色，被柔毛；花序托圆锥形，无毛；边花雌性，盘花两性。瘦果窄椭圆形。

【生物学特性】广布的中旱生植物。靠种子和根蘖繁殖；耐寒、耐旱。生于森林草原、草原带海拔 900～2400m 的山坡林缘灌丛、山麓、沟谷、干河床边缘。其主要分布区为华北西部，西北地区的低、中山和丘陵，黄土高原丘陵梁地，新疆各山地。常与多种针茅、冰草、白羊草、沟叶羊茅等混生，组成群落共建种。适山地灰褐土、淡灰褐土及海拔较高的砂砾质栗钙土；也进入落叶阔叶林区的干旱山坡，在森林破坏后形成占优势的次生群落。4 月初萌发，7～8 月开花，8～9 月结果，9 月末枯黄。

【饲用价值】中等饲用植物。春季萌发早，青嫩期羊采食。随生长期蒿味增加，适口性下降，花后特别是结实后，适口性有所恢复，霜后是家畜抓秋膘的好饲草。叶量较多，比较耐牧，冬季保存良好，放牧家畜冬春采食其叶片和当年生枝条。

蒙古蒿

【学　　名】*Artemisia mongolica*（Fisch. ex Bess.）Nakai

【别　　名】蒙蒿、狭叶蒿、狼尾蒿

【资源类别】野生种质资源

【分　　布】产全区。分布于我国黑龙江、吉林、辽宁、内蒙古、河北、山西、陕西、青海、甘肃、新疆、山东、安徽、江西、福建、河南、湖北、湖南、广东、贵州、江苏、四川等地。

【形态特征】染色体数：$2n=2x=16$。多年生草本；茎直立，单一或数个丛生，高 $30\sim80cm$，分枝或否；茎、枝密被灰白色蛛丝状柔毛。茎下、中部叶 2 回羽状全裂或深裂，第一回全裂，每侧裂片 $2\sim3$，再羽状深、全裂或浅齿裂，稀 3 裂，上面无毛或近无毛，下面密被灰白色蛛丝状绒毛；上部叶与苞叶羽状全裂，裂片全缘或具 $1\sim3$ 浅裂齿。头状花序椭圆形，直径 $1.5\sim2mm$，排成穗状花序，再组成窄或中等开展的圆锥花序；花托无毛；总苞片背面密被灰白色蛛丝状毛；边花雌性；盘花两性，檐部紫红色，全育。瘦果长椭圆形。

【生物学特性】中生植物。广布于森林草原、草原及半荒漠带山坡草地、沟谷、河滩、农田、林带、渠沟边、路旁或固定沙地。分布区海拔 $850\sim3100m$。散生，或可形成小的群聚。$8\sim9$ 月开花，$9\sim10$ 月结果。

【饲用价值】中等饲用植物。青嫩期羊采食。随生长期而蒿味增加，适口性下降，花期适口性良好，羊喜食花序，牛、马也采食；结实后特别是霜后适口性增加，可割制干草饲喂，是家畜抓秋膘的饲草。茎木质化较低，叶量较多，冬季保存良好，也是放牧家畜冬春采食的主要牧草。

猪毛蒿

【学　　名】*Artemisia scoparia* Waldst. et Kit.

【别　　名】棉蒿

【资源类别】野生种质资源

【分　　布】产全区。除东南沿海外几乎全国分布。

【形态特征】染色体数：$2n=2x=18$。一、二年生草本，高 $30\sim50$（100）cm。茎直立，单一，自基部多分枝，被灰黄色绢质柔毛。基生叶，茎下部叶 $3\sim2$ 回羽状全裂，每侧裂片 $3\sim4$，再羽状全裂，每侧小裂片 $1\sim2$，线形，不裂或 3 全裂，小裂片线形，近无毛；茎上部叶与苞片 $3\sim5$ 裂或不裂。头状花序近球形，直径 2mm，排成复总状，再在茎顶组成开裂的圆锥花序；花托无毛；总苞片无毛，有光泽，边花雌性；花盘两性，不育。瘦果倒卵形或长圆形。

【生物学特性】广幅旱生、中旱生植物。广布于草原、半荒漠、荒漠带，生于海拔950～2300m 的干旱山丘、坡地、河谷、固定沙丘（地），多生于浅沟、浑水流经地；是草地夏雨型一年生草本层片的主要成分。农田杂草，生于田边地埂、沟渠边、路边、荒地。适砂质、砂砾质土壤，耐轻盐碱，不生于重度盐化土、过湿或石质生境。在过牧草地或短期撂荒地常大量繁生，形成占优势的群聚。初秋种子萌发以幼苗越冬，来年逢雨迅速生长。7～8 月（8 月末）开花，9～10 月结实。猪毛蒿属广布耐旱植物，其数量增多是草地退化的标志。

【饲用价值】中等饲用植物。在蒿属植物中饲用价值较好。青嫩时羊喜食，牛、马也采食，驼乐食。开花期蒿香味浓，适口性降低，花后特别是霜后适口性显著提高。在荒漠草原地区的雨季可以形成优势群聚，牧民刈割储存到冬季饲喂家畜。

▌黑沙蒿

【学　　名】*Artemisia ordosica* Krasch.

【别　　名】籽蒿（内蒙古）、油蒿、鄂尔多斯蒿、沙蒿（盐池、灵武）

【资源类别】野生种质资源

【分　　布】产于同心以北各地。分布于我国内蒙古、河北、山西、陕西、甘肃、新疆等地。

【形态特征】染色体数：$2n=2x=18$。半灌木，茎高 50～100cm，分枝多，组成密丛，幼枝淡紫红或黄褐色。叶黄绿色，稍肉质；茎下部叶 2 回羽状全裂，每侧裂片 3～4，基部裂片长，有时又 2～3 全裂，小裂片狭线形；茎中部叶 1 回羽状全裂，每侧裂片 2～3（4），裂片狭线形，常呈弧形；茎上部叶 3～5 全裂；苞叶 3 全裂或不裂。头状花序卵形，直径 1.5～2.5mm，排成总状、复总状花序，再在茎顶组成宽展的圆锥花序；总苞片黄绿色，无毛；边花雌性，黄色；盘花两性，不育。瘦果黑色，倒卵圆形，果壁具胶质。

【生物学特性】沙生、旱生植物。生于草原、半荒漠带海拔 1000～1700m 的固定、半固定沙丘，沙地，覆沙或砂砾质土上。可生于含水 2%～4%，含氮 0.02%～0.03% 的干旱、贫瘠沙地。喜温暖，也耐寒，冬季 -30℃可安全越冬。主根深 1～2（3.5）m，在 0～130cm 土层有密布的侧根，根幅近 1m，耐干旱，但持续大旱也会枯死；抗风沙，幼龄植株沙埋后，可生不定根，加强繁殖。不耐涝，积水 1 月造成死亡。黑沙蒿是沙地群落建群种，也常与青藏锦鸡儿、细叶锦鸡儿、北沙柳、小红柳、乌柳混生，伴生披针叶黄华、甘草、苦豆子、牛枝子、中亚白草及虫实、狗尾草、小画眉草等。3 月末至 4 月初萌芽，6 月生长新枝，7～9 月生长旺盛，7 月中、下旬现蕾，8 月开花，9 月结果，9 月下旬至 10 月初成熟，11 月初枯萎。营养枝霜后形成冬眠芽，次年萌发。幼期生长慢，实生苗当年生长约 10cm，2 年植株高 10～20cm，一般第 2～3 年始开花结实，4～7年为结籽盛期；寿命 10～15 年。再生性良好，留茬 30cm，年可刈 2 次。冬季平茬可使枝条增加 1.4 倍，叶量增加 5 倍。

【饲用价值】中等饲用植物。春季萌发较早，是家畜抢青的牧草。随生长期蒿味变浓，适口性降低，花后至果期适口性又增强，山羊、绵羊、骆驼喜食，马、牛也采食，是抓秋膘的好饲草，叶片保存率高，当年生枝条是冬春季节羊、骆驼的主要饲草。旱年缺草，家畜对黑沙蒿采食率更高。

圆头蒿

【学　　名】*Artemisia sphaerocephala* Krasch.

【别　　名】白砂蒿、油砂蒿、白沙蒿、籽蒿

【资源类别】野生种质资源

【分　　布】产于中卫、陶乐、灵武、盐池、同心、平罗。分布于我国山西（北部）、内蒙古、陕西、甘肃、青海。

【形态特征】染色体数：$2n=2x=18$。半灌木；茎直立，单一或丛生，老枝灰白色，幼枝灰褐或灰黄色，高 80～150cm。叶近肉质，短枝叶常成簇生状；茎中部叶 2 回羽状全裂，每侧有裂片（1）2～3，中部裂片长，又 3 全裂，小裂片弧曲呈镰形；茎上部叶羽状分裂或 3 全裂；苞叶不裂，稀 3 全裂。头状花序近球形，直径 3～4mm，下垂，排成穗状、复总状花序，再在茎顶组成开展的圆锥花序；边花雌性，紫红色；盘花两性，不育。瘦果黑色，果皮有胶质。

【生物学特性】超旱生、沙生植物。分布于半荒漠、荒漠带，习见于流动、半固定沙丘。常形成疏生的单优群落。在沙漠的流动沙丘上稀疏散生，或与沙鞭、花棒、沙拐枣、黑沙蒿、中间锦鸡儿、沙木蓼、膜果麻黄混生，草本有沙蓬、虫实、百花蒿等，是流动沙丘的先锋植物。耐旱、耐贫瘠，抗风蚀、抗沙埋。虽可生长于流沙丘各部，但迎风坡生长较差，强风蚀根部暴露会造成死亡；在轻盐化低地也生长不良。3 月中旬萌发，4 月中旬叶出齐，并生新枝，7 月下旬现蕾，8 月中旬开花，花期半个月左右，9 月下旬结果，10 月上旬成熟，10 月下旬叶黄。5～7 月生长旺盛，8 月中、上旬至 9 月上旬停止生长，生长期 200 天左右。种子发芽率 80% 以上；种皮具胶质，遇水黏着沙粒，易于发芽繁殖。在 20～70cm 沙层中侧根横伸达 10m，根幅为灌幅的 7～8 倍。实生苗 3～4 年进入壮龄，大量结籽，7～8 年始衰亡。冬季平茬后株高增加 10cm 以上，新枝大量增生。

【饲用价值】中等饲用植物。青嫩期仅山羊、绵羊、骆驼偶尔采食。秋霜后适口性增加，羊、驼喜食，牛、马也采食；冬春季叶片和当年生枝条是驼、羊的主要饲草。

甘肃蒿

【学　　名】*Artemisia gansuensis* Ling et Y. R. Ling

【资源类别】野生种质资源

【分　　布】产于贺兰山及盐池、西吉、海原。分布于我国辽宁、河北、内蒙古、陕西、甘肃、青海等地。

【形态特征】多年生草本，高 15～30（40）cm。茎丛生，斜升或直立。叶小，基生叶与茎下部叶长 2～3（3.5）cm，2 回羽状全裂，每侧裂片 3，稀 2～4，裂片又 3 全

裂，小裂片狭线形；茎中部叶羽状全裂，每侧裂片 2，小裂片狭线形；茎上部叶与苞叶3～5 全裂。头状花序卵形或宽卵形，直径 1.5～2mm，排成穗状、总状花序，再在茎顶组成圆锥花序；边花雌性；盘花两性，不育。瘦果倒卵形。

【生物学特性】旱生植物。生于海拔 950～2300m 的干旱山坡、黄土高原丘陵梁地、路边，是构成黄土高原草原习见的伴生种或优势种。花果期 8～10 月。

【饲用价值】中等饲用植物。青嫩期羊采食，牛也吃。开花后蒿味浓烈，适口性下降。花后至结实期，适口性又提高，羊乐食，牛、马也吃，也可割制干草到冬季饲喂羊。

龙蒿

【学　　名】*Artemisia dracunculus* L.

【别　　名】狭叶青蒿

【资源类别】野生种质资源

【分　　布】产于贺兰山。分布黑龙江、吉林、辽宁、内蒙古、河北、山西、陕西、甘肃、青海及新疆。

【形态特征】半灌木状草本。根粗大或略细，木质，垂直；根状茎粗，木质，直立或斜上长，直径 0.5～2cm，常有短的地下茎。叶不分裂，线状披针形或线形，全缘；头状花序近球形、半球形、卵球形，直径 2～2.5mm。

【生物学特性】中生植物。适合于湿润、凉爽的气候。对土壤要求不严，在砂砾质草甸土、棕漠土、栗钙土等均可生长。龙蒿分布广，常散生于平原绿洲和低山丘陵，多在农区渠边出现。生活力强，生长速度快，水分条件要求高，在水分适中的土壤上生长很高大，不耐盐碱。一般 4 月中旬返青，7～8 月开花，8～9 月结实，9 月下旬枯黄。

【饲用价值】中等饲用植物。青绿时期各种家畜都不采食。秋季枯黄后，适口性才有所提高，驴乐食，羊少量采食。晒制成干草各种家禽均可采食。冬季叶脱落，只残留粗大的茎秆。青干草养分含量丰富，粗蛋白质、无氮浸出物含量高，粗纤维较低。

华北米蒿

【学　　名】*Artemisia giraldii* Pamp.

【别　　名】茭蒿、吉式蒿

【资源类别】野生种质资源

【分　　布】产于贺兰山及中卫、盐池、同心、彭阳、西吉、固原、原州区。分布于我国内蒙古、河北、山西、陕西、甘肃、四川等地。

【形态特征】多年生草本，茎直立，高 40～100cm，常成小丛，上部分枝，暗紫褐色或褐色。叶茎下部叶指状 3（5）深裂，裂片披针形或线状披针形，上面疏被短柔毛，下面密被灰白色蛛丝状柔毛；茎中部叶指状 3 深裂，裂片线形或线状披针形，边缘反卷；茎上部叶与苞叶 3 深裂或不裂。头状花序宽卵形、长圆形、近球形，直径1.5～2mm，排成总状、复总状花序，再于茎顶组成开展的圆锥花序；总苞片无毛；边花雌性；盘花两性。瘦果倒卵圆形。

【生物学特性】喜暖旱生、中旱生植物。分布于森林草原、草原带山地。生于海拔1400～2000m 的石质低山、丘陵向阳坡地、残垣、沟谷陡崖，或黄土梁地、冲沟壁上。本种是黄土高原草原植被的建群种，常与长芒草或白莲蒿、白羊草混生。适黑垆土、浅黑垆土、黄绵土、山地灰褐土、褐色土、山地森林土；也适砂质淡栗钙土、山地灰钙土。4 月返青，6～8 月开花，8～9 月结果，10～11 月枯萎。干鲜比为 1∶3。

【饲用价值】中等饲用植物。早春羊、牛、马乐食；夏季蒿味变浓，适口性下降；秋季结实至秋霜后适口性转好，羊、牛、马均采食；冬季保存率好，在半干旱的典型草原区是放牧草原的主要牧草。

▍向日葵

【学　　名】*Helianthus annuus* L.

【别　　名】太阳花、朝阳花、望日莲、葵花（宁夏）

【资源类别】引进种质资源

【分　　布】产全区。原产北美洲，野生于美国西南部、墨西哥北部干旱地区。大约900 年前引入中国，各地有种植，以黑龙江、吉林、辽宁、内蒙古、河北、山西、甘肃、新疆较多。

【形态特征】一年生草本，茎高 2～3m，被白色粗硬毛。叶对生或互生，心状卵圆形或卵圆形，边缘有粗锯齿，两面被糙毛，有长柄。头状花序，直径 10～30cm，单生茎端或枝端，常下倾；总苞片多层，叶质。边花 1 层，舌状，无性，黄色；盘花管状，两性，多数，棕色或紫褐色，结果；托片半膜质。瘦果倒卵圆形或卵状长圆形，稍压扁，上端有 2 膜片状早落冠毛。

【生物学特性】喜光的短日照植物，光照利于开花结实。适应性广，幼苗能耐（-8）-5～-4℃低温；耐高温、干旱；生育期需≥10℃积温 2600～3000℃；适黏质土、壤质土、砂质土，耐盐，在含盐 0.3%～0.4% 的土中正常生长。7～9 月开花，8～10 月结籽成熟。近代培育出许多品种，有食、油兼用和专门油用等类型。

【饲用价值】中等饲用植物，茎秆粗硬，羊、牛采食叶子；花盘有良好的饲用价值，种子收获后，可直接喂羊或粉碎后饲喂，还可与其他粗饲料混合饲喂。

▍菊芋

【学　　名】*Helianthus tuberosus* L.

【别　　名】鬼子姜、洋姜

【资源类别】引进种质资源

【分　　布】全区有栽培。国内农区及牧区的农区有栽培或半野生。原产北美洲温带。

【形态特征】多年生草本，高 1～2（3）m，具地下块茎。茎直立，有分枝，被白色糙毛或刚毛。叶对生，上部叶互生，卵圆形或卵状椭圆形，边缘具粗锯齿，离基 3 出脉，上面被白色粗毛，下面被柔毛，有长柄；上部叶渐小。头状花序单生枝端，直径2～5cm；边花1层，舌状，黄色，无性；盘花管状，多数，黄色。瘦果小，楔形，上端有2～4个有毛的锥状扁芒。

【生物学特性】地下块茎生长，适宜温度为18～20℃，春末夏初6～7℃或8～10℃发芽，出苗30天，地下块茎生匍匐枝，60天左右，于匍匐枝先端生出小块茎，一株可生块茎15～30个，多至50～60个。北方于9月现蕾、开花。秋季收获的块茎，要在浅土堆或地窖、贮藏室以0～2℃贮藏过冬，经80天左右休眠期，才能栽种。

【饲用价值】中等饲用植物。在青嫩期，牛、羊乐食其叶和花盘。生长后期茎秆粗硬，叶表面有粗糙毛，适口性降低。块茎为多汁饲料，营养价值高，适口性好，可补充维生素，各类家畜都喜食。

▌串叶松香草

【学　　名】*Silphnum perfoliatum* L.

【别　　名】串叶草

【资源类别】引进种质资源

【分　　布】黄灌区有栽培。原产北美洲山区，传入朝鲜。1979年我国自朝鲜引入，在东北、华北、华中、华南各地种植生长良好。

【形态特征】多年生草本，株高2～3m。根粗壮，有多节的水平根茎。播种当年仅形成莲座状叶丛，次年形成丛生、直立的茎；茎四棱。叶长椭圆形，长40cm，宽30cm左右，叶面皱缩，叶缘有缺刻，与叶面均有稀疏的毛；基生叶有柄，茎生叶无柄。头状花序着生于假二叉分枝顶端；花杂性，外缘2～3层为雌性花，中央为两性花。瘦果心形，扁平，褐色，外围有翅。

【生物学特性】冬性植物，幼株须经一段时间低温通过春化，否则越冬率低。抗严寒，也耐高温，−35℃下可以越冬，夏日32℃可安全生长。耐水淹，在积水120天的生境能缓慢生长；适土壤pH6.5～7.5，耐轻盐碱；抗病虫；不耐贫瘠、干旱。4月上、中旬返青，6月中、下旬开花，7月中、下旬结果，11月中旬枯萎，生育期110天，生长期230天左右。北方刈割次数为3～4次，南方为4～5次。

【饲用价值】优等饲用植物。各类家畜喜食。茎叶丰富，质地柔嫩，营养丰富，适口性良好，蛋白质和氨基酸含量均比较高；再生性好，适宜青贮和青饲家畜，也可刈割调制青干草。串叶松香草添加精料饲喂山羊，能明显提高日增重。

▌蒙疆苓菊

【学　　名】*Jurinea mongolica* Maxim.

【别　　名】蒙疆久苓菊、蒙新苓菊、鸡毛狗、野棉花（盐池）

【资源类别】野生种质资源

【分　　布】产于同心以北各地。分布于我国内蒙古、陕西、甘肃、新疆。

【形态特征】多年生草本，高 15～25cm，基部具白色棉花团。茎直立，自基部分枝，被蛛丝状棉毛，后期脱落。基生叶、茎生叶长椭圆形或长椭圆状披针形，羽状深、浅裂或具疏齿，边缘皱曲；两面被蛛丝状白色棉毛。头状花序单生枝端；总苞钟形，直径 2～2.5cm，总苞片革质，直立，内层的先端具长刺尖。花冠红紫色。瘦果倒圆锥状，具 4 棱，冠毛羽毛状，不等长。

【生物学特性】强旱生植物。生于荒漠、半荒漠地带海拔 1040～1500m 的砾石坡地、沙地、覆沙的荒地、路边、畜群栖息地，是半荒漠带小针茅群落的恒有伴生种。多散生。6～7 月开花，7～8 月结果。

【饲用价值】中等饲用植物，羊、驼、马乐食。在荒漠和半荒漠地区草原群落中参与度较高，饲用价值良好。

▍麻花头

【学　　名】*Serratula centauroides* L.

【别　　名】菠叶麻花头、草地麻花头、菠菜帘子

【资源类别】野生种质资源

【分　　布】产于贺兰山、罗山。分布于我国黑龙江、辽宁、吉林、内蒙古、山西、河北、陕西等地。

【形态特征】多年生草本，高 40～80cm，基部具深褐色残存叶鞘。茎直立，单生或丛生，不分枝。基生叶及茎下部叶长椭圆形，羽状深、全裂，侧裂片 5～8 对，裂片长椭圆形或宽线形，边缘具齿牙，具长柄；上部叶渐小，羽状全裂，裂片线形，无柄。头状花序单生茎枝顶端；总苞宽钟形至杯状，总苞片先端具锐尖头，内层的先端具淡紫红色附片；全部为管状花，花冠淡紫色，裂片 5；花药基部箭形；花柱分枝下部有毛丛。瘦果圆柱形，褐色；冠毛浅棕色，糙毛状，不等长。

【生物学特性】旱中生植物。生于海拔 2100～3300m 的山坡林缘、山脚、砂砾质干河床；落叶阔叶林、森林草原、草原带习见的群落伴生种，有时成为亚优势种；在老撂荒地上可形成临时性优势种；也生于草原带的固定沙丘、沙地。在内蒙古东部，麻花头是草原或沙地灌丛群落伴生种。适栗钙土、淡黑钙土、山地褐色土，少量生于风沙土；不耐盐碱。4 月上、中旬返青，6～8 月开花，7～9 月结果。

【饲用价值】中等饲用植物。春季返青后叶片青嫩，马、牛、羊乐食。随生育期延长和其他牧草增多，适口性降低。夏季家畜一般不采食，秋季割制成干草，适口性良好，各类家畜亦乐食；冬季叶片保存较好，放牧牛、羊采食。

▍紫苞雪莲

【学　　名】*Saussurea iodostegia* Hance

【别　　名】紫苞风毛菊

【资源类别】野生种质资源

【分　　布】产于六盘山、南华山、月亮山。分布于我国黑龙江、吉林、辽宁、内蒙古、陕西、甘肃、四川等地。

【形态特征】多年生草本，高 30～70cm，具横生根茎，颈部残存枯萎叶柄。茎直立，单生，不分枝。基生叶线状长圆形或披针形，基部渐窄成长柄，柄基鞘状，边缘疏生细锐齿；茎生叶少数，向上渐小。头状花序 2～6 个于茎顶密集成伞房花序；总苞宽钟状，直径 1～1.5cm，总苞片边缘带暗紫色；管状花紫色。瘦果长圆形；冠毛 2 层，外层短，刚毛状，内层长，羽毛状。

【生物学特性】中生植物。生于山地林缘，是山地草甸、草甸草原的常见伴生种。耐寒，−42℃严寒下可安全越冬。分布区海拔 2000～2900m，可上升至 3200～3900m。常与嵩草、银穗草、高山蓼、珠芽蓼、地榆组成亚高山、高山草甸。本种具根茎，行营养繁殖。耐牧、耐践踏。4 月中旬返青，7～8 月开花，8～9 月结果，10 月下旬枯萎，生育期 180 天左右。

【饲用价值】中等饲用植物。叶量大，羊乐食叶片和花蕾，牛也采食，冬季保存率较高，是山地草甸草地冬春季节的主要饲草，适宜放牧利用。

禾叶风毛菊

【学　　名】*Saussurea graminea*

【别　　名】线叶风毛菊

【资源类别】野生种质资源

【分　　布】产于贺兰山、六盘山。分布于我国内蒙古、甘肃、青海、四川、云南、西藏。

【形态特征】多年生草本。茎密被白色绢状柔毛。基生叶、茎生叶狭线形，长 5～15（17）cm，宽 1～3mm，全缘，常反卷，上面无毛或疏被绢状柔毛，下面密被白绒毛，基部稍鞘状，腋部密生灰白色长棉毛。头状花序单生茎端；总苞钟状，总苞片等长；花紫色。瘦果圆柱状；冠毛 2 层，淡黄褐色，外层刚毛状，内层羽毛状。

【生物学特性】耐寒中生植物。多生长于海拔 2900～4500m 的山地阳坡、半阳坡、山顶，是亚高山、高山草甸的习见伴生种，局地可成为亚优势种或优势种。花果期 8～9 月。

【饲用价值】中等饲用植物。叶片和花蕾羊乐食，牛也采食，叶片冬季保存率高，是亚高山、高山草甸草地冬春季节的主要饲草。

西北风毛菊

【学　　名】*Saussurea petrovii*

【资源类别】野生种质资源

【分　　布】产于贺兰山、南华山。分布于我国内蒙古、甘肃。

【形态特征】多年生小草本，高 10～25cm。茎疏被白色柔毛。基生叶、茎下部叶、茎中部叶线形、线状长圆形或长圆形，长 2～5（10）cm，宽 2～4mm，无柄，全缘或疏生齿牙，上面无毛，下面密被灰白色绒毛；茎上部叶线形，全缘。头状花序于茎顶排成伞房花序；总苞圆柱形，总苞片不等长。管状花粉红色。瘦果圆柱形；冠毛 2 层，白色，外层糙毛状，内层羽毛状。

【生物学特性】强旱生植物；是半荒漠地带干燥山坡小针茅荒漠草原的伴生种；也偶见于草原带山地向阳干燥山坡。7～8 月开花，8～9 月结果。

【饲用价值】中等饲用植物。羊、骆驼乐食，牛也采食，在半荒漠地带实属难得的青嫩饲草。

▌折苞风毛菊

【学　　名】*Saussurea recurvata*

【别　　名】长叶风毛菊

【资源类别】野生种质资源

【分　　布】产于六盘山、南华山。分布于我国黑龙江、吉林、辽宁、内蒙古。

【形态特征】多年生草本，高 40～80cm，具粗短根茎。茎直立，单一，不分枝或上部稍分枝。叶长三角状卵形、长三角状戟形，不分裂，边缘具疏细齿牙；茎上部叶渐小。头状花序 3～6 个排成密集伞房花序；总苞钟状，直径 1～1.5cm，总苞片上部暗紫褐色，先端常反折。花紫色。瘦果圆柱状；冠毛 2 层，淡褐色。

【生物学特性】中生植物。分布于森林、森林草原带，生于山地林缘灌丛、草甸。花果期 7～9 月。

【饲用价值】中等饲用植物。青嫩期家畜乐食，花蕾期羊、牛均采食，乐食花序。冬季保存良好，可放牧利用。

▌盐地风毛菊

【学　　名】*Saussurea salsa*

【资源类别】野生种质资源

【分　　布】产于贺兰山、黄灌区。分布于我国内蒙古、陕西、甘肃、新疆。

【形态特征】多年生草本，高 20～40cm。茎直立，分枝，基部被褐色残存叶柄。叶厚质，基生叶、茎下部叶长圆形，长 5～20cm，大头羽状深裂或浅裂，顶裂片三角形或箭头形；茎中部叶全缘或疏生锯齿；茎上部叶披针形，全缘。头状花序多数，排成伞房花序；总苞窄圆柱形，粉紫色，总苞片不等长。管状花粉红色。瘦果长圆形，冠毛 2 层，外层白色，糙毛状，内层羽毛状。

【生物学特性】耐盐中生植物。生于草原、半荒漠、荒漠带盐化低地、湖滨、河岸盐生草甸及农区的田边、灌溉渠沟边。分布区海拔 1100～1500m。6～7 月开花，7～8 月结果。

【饲用价值】中等饲用植物。青嫩期家畜乐食，花蕾期羊、牛喜食花序。

草地风毛菊

【学　　名】*Saussurea amara*（L.）DC.

【别　　名】驴耳风毛菊、羊耳朵（固原）

【资源类别】野生种质资源

【分　　布】产于六盘山、黄灌区及固原。分布于我国黑龙江、吉林、辽宁、内蒙古、河北、山西、陕西、甘肃、青海、新疆等地。

【形态特征】多年生草本，高 20～60cm，具根茎。茎直立，单生，不分枝或上部分枝，基部被深褐色残存叶柄。基生叶、茎下部叶披针状长椭圆形、椭圆形或宽披针形，长 4～18cm，全缘，稀有钝齿；茎上部叶渐变小，披针形或线状披针形；叶两面绿色，无毛。头状花序在茎枝顶端排成伞房花序；总苞狭钟形；总苞片不等长，中、内层的先端有淡紫红色、边缘有小锯齿的圆形附片；管状花粉红色。瘦果长圆形；冠毛 2 层，白色，外层糙毛状，内层羽毛状。

【生物学特性】旱中生植物，盐化草甸习见伴生种。生于山地沟谷底部及村庄、田边、路旁、沟渠边、芨芨草滩。4 月中旬返青，8～9 月开花，9～10 月结果，10 月下旬枯萎，生长期 190 天左右。

【饲用价值】中等饲用植物。返青早，青嫩期家畜乐食，花蕾期羊、牛均喜食花序。叶片冬季保存良好，供冬春放牧利用。

裂叶风毛菊

【学　　名】*Saussurea laciniata* Ledeb.

【资源类别】野生种质资源

【分　　布】产于贺兰山东麓及石嘴山、银川、中卫、青铜峡等地。分布于我国陕西、甘肃、新疆、内蒙古等地。

【形态特征】多年生草本，高 30～50cm。茎直立，自基部分枝，具有尖齿的窄翼，基部被纤维状残存叶柄。基生叶、茎下部叶长椭圆形，2 回羽状深裂或全裂，1 回侧裂片矩圆形，先端锐尖，边缘半裂或具齿，先端有软骨质小尖头，叶轴有小齿或浅裂片；茎中、上部叶线形或长椭圆形，全缘或具不规则小齿。头状花序单生枝顶；总苞钟形，直径 8～10mm，外、中层总苞片顶端有不规则小齿，内层的顶端具淡紫色膜质附片。管状花紫红色。瘦果圆柱形；外层冠毛乳白色，糙毛状，内层冠毛白色，羽毛状。

【生物学特性】耐盐旱中生植物。半荒漠、荒漠地带盐碱低地常见伴生种，常生于河滩、湖滨及沙区低洼盐化湿沙地。花果期 7～8 月。

【饲用价值】中等饲用植物。羊、骆驼、牛、马均采食；尤其羊、骆驼四季喜食。

风毛菊

【学　　名】*Saussurea japonica*（Thunb.）DC.

【别　　名】日本风毛菊

【资源类别】野生种质资源

【分　　布】产于贺兰山、罗山及固原、盐池等。分布于我国东北、华北、西北、华东、华南等地。

【形态特征】二年生草本，高 30～70（140）cm。茎直立，单生或 2～3 个丛生，上部分枝。基生叶、茎下部叶长椭圆形或披针形，长 7～22cm，1 回羽状深裂，裂片 7～8 对，全缘。头状花序多数，于茎、枝端排成密集的复伞房花序；总苞窄钟形、钟形，直径 5～8mm，中、内层总苞片先端有近圆形、紫红色、边缘具齿的膜质附片。管状花紫色。瘦果圆柱形；冠毛 2 层，外层糙毛状，内层羽毛状。

【生物学特性】旱中生植物。生于草原、半荒漠带山坡、沟谷、干河床灌丛，草甸、草甸草原、草原带的沙地，以及农区的路旁、田埂、沟渠边、撂荒地。分布区海拔 1300～1800m。花果期 8～9 月。

【饲用价值】中等饲用植物。叶片较多，柔嫩，羊乐食，牛、马也采食；其花序牛、羊喜食。叶片冬季保存良好，是较好的冬春季放牧型牧草；也可割制青干草，羊、牛乐食。

花花柴

【学　　名】*Karelinia caspia*（Pall.）Less.

【别　　名】胖姑娘

【资源类别】野生种质资源

【分　　布】产于石嘴山、银川和吴忠。分布于我国内蒙古、甘肃、青海、新疆。

【形态特征】多年生草本，高 0.3～0.5（1.0）m。茎直立，多分枝，圆柱形，中空。叶互生，卵形、矩圆状卵形或矩圆形，近肉质，先端钝或圆形，基部有戟形或圆形小耳，抱茎，全缘，有时具疏而不规则的短齿。头状花序 3～7 个生于枝端，组成伞房状；总苞卵圆形或短圆柱形；管状花黄色或紫红色；边缘雌花结实，冠毛有纤细微糙毛，中央两性花不结实，冠毛顶端稍粗，有细齿。瘦果圆柱形，具纵棱，无毛。

【生物学特性】近肉质的耐盐潜水旱中生植物。生于半荒漠、荒漠地带河谷两岸、山麓洪积扇缘、山前洪扇冲积平原的盐化草甸、覆沙的盐化草甸中。花花柴与芦苇、小獐毛、黑果枸杞混生；常在灌溉农田、渠埂、盐碱化的道路两旁成为群落优势种；在我国西部地区，还与疏叶骆驼刺、大叶白麻、胀果甘草、盐豆木、盐穗木相混生；或者生长在梭梭、柽柳群落内。分布区海拔 1100～1400m，生长地地下 1～3m 有地下水，土壤多为盐化的砂壤质草甸土，地面有盐斑、薄层盐结皮。7～9 月开花，8～10 月结果。

【饲用价值】中等饲用植物。羊一般在春季采食幼嫩枝叶；秋季以后采食落叶和幼嫩枯枝；牛夏季采食；骆驼四季采食；驴少量采食，马几乎不吃。调制成青干草，山羊、牛和骆驼都采食。蛋白质含量中等，含无氮浸出物和灰分较高，能满足家畜对矿物质的需要。含有必需氨基酸 10 种，特别是亮氨酸、缬氨酸含量较高。据牧民反映，青绿时具有怪味，绵羊、山羊往往不爱吃。有报道称，鲜草含 2.51% 单宁和少量硫酸钠，味涩，适口性因而降低；煮熟后浸泡可有效改善适口性。

旋覆花

【学　　名】*Inula japonica* Thunb.

【别　　名】金佛花、金佛草、六月菊

【资源类别】野生种质资源

【分　　布】产全区。分布于我国黑龙江、吉林、辽宁、河北、内蒙古、甘肃、山西、河南、广东、四川、贵州等地。

【形态特征】多年生草本，高 30～50cm，具短粗根茎。茎直立，单生，不分枝或有时上部分枝。叶互生，长圆形、长圆状披针形或披针形，基部常有圆形小耳，半抱茎，边缘有小尖头状疏齿或全缘；上部叶线状披针形。头状花序较大，直径 3～4cm，数个排成疏散的伞房花序；总苞半球形，总苞片近等长。边花舌状，黄色，中央管状花多数，黄色；冠毛白色，1 层。瘦果圆柱形，被疏毛。

【生物学特性】中生植物。生于海拔 1000～2800m 的山地草甸、路旁；习见于黄灌区的低地草甸、灌溉农田地埂、河岸、沟渠畔、固定沙地。6～9 月开花，9～10 月结果。

【饲用价值】中等饲用植物。返青后马、牛、羊均采食。生育后期茎秆变硬变老，适口性下降，仅羊采食，其他家畜不吃。经霜后刈割与其他饲草混合饲喂，可提高适口性。

大蓟

【学　　名】*Cirsium setosum*（Willd.）MB.

【别　　名】大刺儿菜、刺蓟盖、刺盖（宁夏）

【资源类别】野生种质资源

【分　　布】全区产，黄灌区多见。除广东、广西、云南、西藏外，分布于我国各地。

【形态特征】多年生草本，高 40～100cm，具细长根茎。茎直立，上部分枝，无毛或疏被蛛丝状毛。基生叶、茎中部叶椭圆形、长椭圆形或椭圆状倒披针形，边缘具缺刻状粗锯齿或羽状浅裂，裂片先端及边缘具细刺，两面绿色或下面色淡，疏被蛛丝状毛；上部叶渐小，披针形或线状披针形。头状花序多数，于茎端排成疏松的伞房花序；总苞卵圆形，总苞片先端有刺尖。花单性，雌雄异株；花冠紫红色，裂片深至冠檐的基部。瘦果淡黄色，椭圆形或偏斜椭圆形；冠毛羽状，乌白色。

【生物学特性】中生植物。生于海拔 450～2900m 的山坡草地、村庄、庭院、荒地、田间地埂、河边、渠边、路旁；是广布的农田杂草、撂荒地的先锋植物。在过牧退化牧场或耕作粗放的农田可形成占优势的群聚。4 月上旬萌发，5～6 月开花，7～8 月结果。

【饲用价值】中等饲用植物。春季返青较早，其嫩叶羊、牛、驴乐食，猪也采食；生殖枝长出后基生叶边缘刺变得长、硬，家畜多不采食，上部叶片羊、牛采食，花蕾和花序羊、牛、驴均采食。

菊苣

【学　　名】*Cichorium intybus* L.

【别　　名】苦苣、苦菜、卡斯尼、皱叶苦苣、明目菜、咖啡萝

【资源类别】引进种质资源

【分　　布】黄灌区多见。在北京、黑龙江、辽宁、山西、陕西、新疆、四川等地均有栽培。

【形态特征】多年生草本，高 40～100cm。茎直立，单生，分枝开展或极开展，全部茎枝绿色，有条棱，被极稀疏的长而弯曲的糙毛或刚毛或几无毛。基生叶莲座状，花期生存，倒披针状长椭圆形，包括基部渐狭的叶柄，全长 15～34cm，宽 2～4cm，基部渐狭有翼柄，大头状倒向羽状深裂或羽状深裂或不分裂而边缘有稀疏的尖锯齿，侧裂片 3～6 对或更多，顶侧裂片较大，向下侧裂片渐小，全部侧裂片镰刀形或不规则镰刀形或三角形。茎生叶少数，较小，卵状倒披针形至披针形，无柄，基部圆形或戟形扩大半抱茎。全部叶质地薄，两面被稀疏的多细胞长节毛，但叶脉及边缘的毛较多。头状花序多数，单生或数个集生于茎顶或枝端，或 2～8 个为一组沿花枝排列成穗状花序。舌状小花蓝色，长约 14mm，有色斑。瘦果倒卵状、椭圆状或倒楔形。

【生物学特性】根系发达，抗旱性能较好。较耐盐碱，在含盐量 0.17% 的土壤上生长良好。喜水、喜肥，适宜在肥沃的土壤上种植。春播当年，只有少量植株开花。生长第 2 年，开花结种子。

【饲用价值】优等饲用植物。莲座叶丛期，最适合饲喂鸡、鸭、鹅、兔、猪等，可直接饲喂。抽茎开花阶段，适宜饲喂牛羊。

第八章　其他科牧草种质资源

问荆

【学　　名】*Equisetum arvense* L.

【别　　名】接续草、公母草、搂接草、空心草、马蜂草、猪鬃草、黄蚂草

【资源类别】野生种质资源

【分　　布】产全区。分布于我国东北、华北、西北、西南、华中、华南。

【形态特征】多年生草本,高20～50cm。根茎黑褐色,具小球茎。育枝、不育枝二形。生殖枝春季由根状茎上生出,无叶绿素,带紫褐色,具多条纵棱脊。茎顶生孢子囊穗,长椭圆形,钝头,由盾形的孢子叶组成,每孢子叶下着生6～9个孢子囊。孢子成熟后生殖枝枯萎,而后不育枝生出,分枝轮生,棱脊上有波状隆起。叶退化,仅下部连合成有齿的漏斗状鞘,齿黑色,具灰白色膜质边缘,鞘筒淡褐色。

【生物学特性】中生植物。习见于阴湿山坡、河边、沟渠边、田边湿地;草甸的优势种或草甸草原的伴生种。作为农田杂草,在撂荒地形成分散的小片群落。地下根茎深1m,4月中、下旬自根茎生出孢子茎,5月上、中旬孢子散落后枯萎,又自根茎生出营养茎,至10月枯黄。

【饲用价值】中等饲用植物。草质柔嫩,常年可采食,特别是幼苗期,粗蛋白质含量可达17.63%,各类家畜均喜食;煮熟可喂猪、鸡。茎含硅酸,饲喂量不宜多。

木贼

【学　　名】*Equisetum hyemale* L.

【别　　名】笔筒草、笔头草、节骨草、笔管草、锉草

【资源类别】野生种质资源

【分　　布】产于贺兰山、六盘山。分布于我国黑龙江、吉林、辽宁、内蒙古、北京、天津、河北、陕西、甘肃、新疆、河南、湖北、四川、重庆。

【形态特征】生殖枝、营养枝同形,生殖枝不分枝,单一,少数自基部生1～2分枝,不轮生;孢子囊穗尖头。

【生物学特性】中生植物。生于疏林下、阴湿山谷、溪边、近河床草甸及灌溉农田田埂。常生长茂盛,成为林下草本的优势种。

【饲用价值】中等饲用植物,饲用价值与问荆相似。

▍犬问荆

【学　　名】*Equisetum palustre* L.

【资源类别】野生种质资源

【分　　布】产全区。分布于我国黑龙江、吉林、辽宁、内蒙古、河北、山西、陕西、甘肃、青海、新疆、江西、河南、湖北、湖南、四川、贵州、云南、西藏等地。

【形态特征】中小型植物。根茎直立和横走，黑棕色，节和根光滑或具黄棕色长毛。地上枝当年枯萎。枝一型，高 20～50（60）cm，中部直径 1.5～2.0mm，节间长 2～4cm，绿色，但下部 1～2 节节间黑棕色，无光泽，常在基部形丛生状。主枝有脊 4～7 条，脊的背部弧形，光滑或有小横纹；鞘筒狭长，下部灰绿色，上部淡棕色；鞘齿 4～7 枚，黑棕色，披针形，先端渐尖，边缘膜质，鞘背上部有一浅纵沟；宿存。侧枝较粗，长达 20cm，圆柱状至扁平状，有脊 4～6 条，光滑或有浅色小横纹；鞘齿 4～6 枚，披针形，薄革质，灰绿色，宿存。孢子囊穗椭圆形或圆柱状，长 0.6～2.5cm，直径 4～6mm，顶端钝，成熟时柄伸长，柄长 0.8～1.2cm。

【生物学特性】中生植物。生于林下溪水边、湿地。

【饲用价值】中等饲用植物，饲用价值与问荆相似。

▍节节草

【学　　名】*Equisetum ramosissimum* Desf.

【别　　名】土木贼、笔杆、土麻黄、草麻黄、木草

【资源类别】野生种质资源

【分　　布】产全区。分布于我国黑龙江、吉林、辽宁、内蒙古、河北、山西、陕西、甘肃、青海、新疆、江西、河南、湖北、湖南、四川、贵州、云南、西藏等地。

【形态特征】根茎黑褐色，生少数黄色须根。茎直立，单生或丛生，高达 70cm，直径 1～2mm，灰绿色，肋棱 6～20 条，粗糙，有小疣状突起 1 列；沟中气孔线 1～4 列；中部以下多分枝，分枝常具 2～5 小枝。叶轮生，退化连接成筒状鞘，似漏斗状，亦具棱；鞘口随棱纹分裂成长尖三角形的裂齿，齿短，外面中心部分及基部黑褐色，先端及缘渐成膜质，常脱落。孢子囊穗紧密，矩圆形，无柄，长 0.5～2cm，有小尖头，顶生，孢子同型，具 2 条丝状弹丝，十字形着生，绕于孢子上，遇水弹开，以便繁殖。

【生物学特性】中生植物。生于溪水边、砂砾质河滩、农田、沙荒地。

【饲用价值】中等饲用植物，饲用价值与问荆相似。

▍酸模

【学　　名】*Rumex acetosa* L.

【别　　名】山大黄、当药、山羊蹄、酸母、南连、酸溜溜、酸不溜、驴耳朵

【资源类别】野生种质资源

【分　　布】产于罗山、六盘山。分布于我国各地。

【形态特征】多年生草本，高 45～70cm，具须根。茎直立，通常单生，不分枝或基部分枝，紫红色。基生叶有长柄，背面被乳头状突起，叶片矩圆形，基部箭形，全缘或有时略呈波状；茎生叶无柄，向上渐小；托叶鞘膜质，棕褐色。圆锥花序狭窄，顶生，花单性，雌雄异株；花被片 6，淡红色，2 轮，雄花外轮花被片较小，雄蕊 6；雌花外轮花被片反折，内轮花被片果时增大，全缘；子房三棱形，花柱 3，柱头画笔状。小坚果具 3 棱，黑棕色，由增大的内轮花被包被。

【生物学特性】适生于海拔 3500m 以下的平原、山地、沟谷、路边、荒地。土壤适宜 pH5～8。不耐践踏。耐冬季 -30℃ 严寒，夏季酷热时生长受阻。4 月返青，6～7 月抽薹、开花，7～8 月结籽。再生性强，温带一年可刈 3～4 次，亚热带 6～8 次。结籽繁多，穗籽 2000 余粒，发芽率 99%。寿命 10～20 年。

【饲用价值】良等饲用植物。株型高大，叶量丰富，柔嫩多汁，产量高，是制作青绿多汁饲料的主要原料。青绿期或干草，各类家畜均采食，禽类也啄食嫩叶。有文献报道，酸模叶、茎、花中含有大量的维生素 C 和草酸，而草酸以草酸钾盐的形式存在，使得植株呈酸味，茎叶液汁 pH 为 4.5，嫩枝叶打浆喂猪。粗蛋白质、粗脂肪含量高，粗纤维含量低，属于高蛋白质饲料。

▌巴天酸模

【学　　名】*Rumex patientia* L.

【别　　名】山荞麦、驴耳朵逛子

【资源类别】野生种质资源

【分　　布】产于贺兰山、六盘山、南华山及西吉火石寨。分布于我国山东、河南、湖北、四川、西藏等地。

【形态特征】多年生草本，高 50～80cm。根肥厚。茎单生，直立。基生叶、茎下部叶长椭圆形、长圆状披针形，先端渐尖或钝，基部圆形、微心形或宽楔形，边缘具波状皱折；叶柄粗壮。圆锥花序大形，顶生和腋生；花两性，花被片 6，2 轮，内轮花被片果时增大，宽卵形，基部微心形，宽大于 5mm，仅 1 片具小瘤。小坚果三棱形，褐色，由宿存花被包被。

【生物学特性】温带中生植物。分布区海拔 700～3800m，常形成小片纯群落。耐冬季 -20℃ 寒冷，不耐夏季 35℃ 高温；土壤适宜 pH5.6～7.5。一株可结籽 5 万粒以上，发芽率 80%；也可以根生不定芽进行无性繁殖。4 月初返青，6 月开花，7～8 月结实，9 月种子成熟。再生性强，年可刈 3～5 次。

【饲用价值】良等饲用植物，饲用价值与酸模相似。

▌沙木蓼

【学　　名】*Atraphaxis bracteata* A. Los.

【**别　　名**】灌木蓼、野荞麦花

【**资源类别**】野生种质资源

【**分　　布**】产于沙坡头腾格里沙漠南缘，鄂尔多斯、阿拉善特有种。分布于内蒙古西部各大沙漠、沙地、薄层覆沙的山麓、丘陵、砂质河谷冲积地、干河床。

【**形态特征**】灌木，高 0.8～1.5m。老枝灰褐色，外皮条状剥落，嫩枝淡褐色或灰黄色。叶圆形或宽倒卵形、倒卵形，先端圆，基部楔形，边缘波状褶皱，黄绿色；托叶鞘膜质，褐色。总状花序生当年枝条顶端和叶腋中，每 2～3 朵生于 1 褐色膜质的苞腋内；花被片 5，2 轮，粉红色；雄蕊 9，花丝锥形，基部宽扁；花柱 3，柱头头状。小坚果卵状，具 3 棱，暗褐色。

【**生物学特性**】强旱生植物。生于半荒漠地带，习见于流动、半流动沙丘中下部、砂砾质戈壁地带。稀疏散生，偶尔成为建群种。在年降水量 290mm 左右的盐池县沙边子基地曾栽植于明沙丘顶部，与沙拐枣同样成活率高，生长迅速。5 月返青，6～7 月开花，9 月果实成熟。

【**饲用价值**】中等饲用植物。嫩枝叶富含蛋白质，骆驼喜食，羊夏、秋季乐食，马、牛等大家畜一般不采食。冬春季骆驼喜食当年生枝条。

▎东北木蓼

【**学　　名**】*Atraphaxis manshurica* Kitag.

【**别　　名**】东北针枝蓼

【**资源类别**】野生种质资源

【**分　　布**】产于贺兰山东麓及银川、石嘴山、青铜峡、同心。分布于我国辽宁（西部）、内蒙古（东、中部）、河北、陕西。

【**形态特征**】灌木，高 45～90cm。叶长椭圆形、椭圆状披针形或线形，先端渐尖，基部渐狭，全缘，向背面反卷，具短柄或近无柄，基部具关节；托叶鞘膜质。总状花序顶生和腋生；每一膜质苞叶内生 2～4 花，花被片 5，淡红色，2 轮；雄蕊 8；子房 3 棱，花柱 3。小坚果卵状三棱形。

【**生物学特性**】草原地带的旱生、沙生灌木。多见于内蒙古科尔沁、浑善达克、库不齐、毛乌素沙地。生于固定沙丘（地）、河岸和干旱砾石山坡。根系深 1m 以上；耐沙埋，耐 -30℃严寒，可安全越冬，也耐沙面 50℃高温。在内蒙古东部沙地伴生于褐沙蒿、差巴嘎蒿群落中，局地可成为优势种；也生于冷蒿、沙芦草、沙生冰草群落，频度达 90%。5 月开花，6～7 月结果。

【**饲用价值**】中等饲用植物。枝条柔软叶量较多，骆驼尤其喜食嫩枝叶，冬、春季乐食枝条；羊喜食当年生青嫩枝叶。落叶后对驼、羊的适口性降低，马、牛基本不采食。

▎萹蓄

【**学　　名**】*Polygonum aviculare* L.

【别　　名】铁荞荞、扁竹、乌蓼

【资源类别】野生种质资源

【分　　布】产全区。分布于我国各地。

【形态特征】一年生草本，长 15～40cm。茎丛生，平卧或斜升。叶具短柄，叶片狭披针形、狭长圆形至倒卵形，先端钝圆或急尖，基部楔形，全缘，两面无毛；托叶鞘膜质，下部褐色，上部白色透明。花 1～5 朵簇生叶腋，遍布全株；花被 5 深裂，绿色，边缘白色或淡红色，雄蕊 8；花柱 3；甚短。小坚果卵形，具 3 棱，黑色或褐色，生不明显小点，无光泽。

【生物学特性】生于田野、荒地、河边、沟渠边、湿地、灌溉林地、河谷砾石地，以及居民点、村庄、路边、垃圾堆、轻盐化草甸中，也是农田杂草，铺散生长，也可直立，单株分枝 10～80 条，水肥条件良好处，可有 600 余条；枝长 50～100cm，茎叶比 1：1。常在局地形成单优群落片段，覆盖度 85%～95%。早春萌发，6～9 月开花，9～10月结果。

【饲用价值】良等饲用植物。适宜放牧利用，耐践踏，再生性好。分枝多，茎叶柔软，青绿期长，适口性好，各类家畜全年均喜食。青嫩时牛、羊最喜食，马乐食。调制成青干草后家畜也喜食，粉碎可喂猪及鸭、鹅、鸡等家禽。蛋白质含量较高，含粗纤维低，据分析，花、果粗蛋白质含量分别为 15.55% 和 11.90%，可消化粗蛋白质分别为 88.63g/kg 和 123.91g/kg，果熟期粗蛋白质下降为 4.71%，可消化粗蛋白质降为27.63g/kg。

▌酸模叶蓼

【学　　名】*Polygonum lapathifolium* L.

【别　　名】旱苗蓼、柳叶蓉、大马蓼

【资源类别】野生种质资源

【分　　布】产于黄灌区。分布于全国各地。

【形态特征】一年生草本，高 40～70cm。茎直立，节部膨大，具红褐色斑点，上部分枝。叶互生，披针形或宽披针形，大小变化很大，先端尖，基部楔形，全缘，上面绿色，常有黑褐色新月形斑；托叶鞘筒状，膜质，淡褐色。顶生或腋生的数个花穗构成圆锥花序，花穗紧密，常 6cm；苞片膜质内含数花，花被片粉红色或淡绿色，4 深裂，外面的两个裂片各具 3 条显著突起的脉纹；雄蕊 6；花柱 2，向外弯曲。小坚果圆卵形，扁平，两面微凹，黑褐色，有光泽。

【生物学特性】生于河边、湖沼畔、路旁低湿地草甸；也见于灌溉农田、沟渠旁、撂荒地；可上升至 2250m 的山地草甸。本种靠种子繁殖，也可无性繁殖，在水湿处由茎节生不定根，并发芽形成新植株。生态幅度广，适应性强，砂质土、黏质土，pH5～8.5均可，在黄灌区普遍分布。温带 4 月中萌发，6～8 月开花，9 月结果并渐次成熟。生育期 180 天左右。

【饲用价值】中等饲用植物。羊、牛乐食，马、驴不吃，具微酸味，使适口性降低。茎叶柔软，蛋白质含量高，粗纤维少，采集青绿茎叶，剁碎煮熟可喂猪。

水蓼

【学　　名】*Polygonum hydropiper* L.

【别　　名】辣蓼、虞蓼、蔷蓼、蔷虞、泽蓼、辛菜

【资源类别】野生种质资源

【分　　布】产于黄灌区。我国大部分地区有分布。

【形态特征】一年生草本，高20～80cm，直立或下部伏地。茎红紫色，无毛，节常膨大，且具须根。叶互生，披针形成椭圆状披针形，长4～9cm，宽5～15mm，两端渐尖，均有腺状小点，无毛或叶脉及叶缘上有小刺状毛；托鞘膜质，筒状，有短缘毛；叶柄短。穗状花序腋生或顶生，细弱下垂，下部的花间断不连；苞漏斗状，有疏生小脓点和缘毛；花具细花梗而伸出苞外，间有1～2朵花包在膨胀的托鞘内；花被4～5裂，卵形或长圆形，淡绿色或淡红色，有腺状小点；雄蕊5～8；雌蕊1，花柱2～3裂。瘦果卵形，扁平，少有3棱，长2.5mm，表面有小点，黑色无光，包在宿存的花被内。

【生物学特性】湿中生植物。生于海拔1100～1500m的河湖岸边、池沼、渠沟、井边、潮湿路边或山谷低湿地；沼化草甸、草甸沼泽的常见伴生种；也能耐阴，可生于山地林缘灌草丛中。5月出苗，7月中开花，花后30天结实，9月中下旬种子成熟。

【饲用价值】中等饲用植物。羊、牛乐食，马、驴不吃，具微酸味，使适口性降低。茎叶柔软，蛋白质含量高，粗纤维少，采集青绿茎叶，剁碎煮熟可喂猪。

珠芽蓼

【学　　名】*Polygonum viviparum* L.

【别　　名】猴娃七、山高粱、蝎子七、剪刀七、染布子、红三七、草河车

【资源类别】野生种质资源

【分　　布】产于贺兰山、罗山、六盘山、南华山。分布于黑龙江、吉林、辽宁、内蒙古（中东部）、甘肃、陕西、四川、云南、西藏等地。

【形态特征】多年生草本，高30～60cm。根茎粗短，肥厚，紫褐色，断面紫红色，常具残存老叶。茎直立或斜升，不分枝，细弱，紫红色，通常3～5个簇生于根茎上。基生叶及茎下部叶有长柄，叶长圆形或披针形，革质，先端锐尖，基部圆形或楔形，边缘微向下反卷；茎生叶有短柄或近无柄，披针形，向上渐小；托叶鞘筒状，膜质。穗状花序顶生，圆柱形，紧密；苞片膜质，宽卵形，先端急尖，上部苞叶中具1～2朵花，下部的为1枚圆卵形珠芽，暗绿色或褐色，有时几乎达花穗上部或全穗为珠芽，且常未脱落母体即发芽生长；花被5深裂，白色或粉红色；雄蕊8，花药暗紫色；花柱3，线形，基部合生。小坚果卵形，具3棱，深褐色。

【生物学特性】耐寒的中生植物。主要分布在海拔 2300~3500m 的亚高山、高山地带，作为亚优势种或优势种与寒中生的嵩草属、薹草属植物及杂类草组成高山、亚高山草甸；也下降至中、低山带，在山地林缘、河谷草甸中成为伴生种、稀有种。性喜温凉、湿润，不耐干旱、贫瘠。6~7 月开花，7~8 月结实、成熟，9 月地上部枯黄。除种子外也可靠珠芽繁殖。

【饲用价值】良等饲用植物。茎柔软，叶丰富，青嫩期各类家畜均喜食，种子成熟后，淀粉含量增多，营养价值提高，为抓秋膘的好饲草。叶片冬季保存完好，适宜冬春季放牧利用。青嫩期或干枯后羊、马、牛等家畜乐食。牧民称其为"红高粱"，说明其饲用价值重要。

西伯利亚蓼

【学　　名】*Polygonum sibiricum* Laxm.

【别　　名】野茶、驴耳朵、牛鼻子、鸭子嘴、剪刀股、酸溜溜（宁夏）

【资源类别】野生种质资源

【分　　布】产全区。分布于我国黑龙江、吉林、辽宁、内蒙古、河北、山西、山东、河南、陕西、甘肃、四川、云南、西藏等地。

【形态特征】多年生草本，高 18~30cm。根茎细长，节上生根。茎直立或基部伏卧，通常自基部分枝。叶片矩圆状披针形或线形，先端锐尖或钝，基部具一小对小裂片，略呈戟形，并下延成叶柄，全缘，背面具腺点；托叶为膜质短鞘。圆锥花序顶生，由多数花穗集合而成，花簇间断；苞片漏斗状，内含 5~6 花；花被黄绿色，5 深裂；雄蕊 7~8；花柱 3，甚短。小坚果卵形，具 3 棱，黑色，包藏于宿存花被内。

【生物学特性】耐盐中生植物。生于田、路、渠沟、河湖岸边；低湿盐化草甸、内陆沙漠盐湖周边以及北方沿海滩涂的常见植物；在青藏高原的河湖滩地也有生长。分布区海拔 50~4600m。常与星星草、碱茅或獐毛、虎尾草、马蔺等组成盐生草甸。农田杂草。适中度盐化草甸土、含碳酸钠的碱性盐化草甸土或草甸盐土，pH 7.5~8.5（9）；为富集钠、氯、硫的植物。3 月底~4 月初返青，5~6 月开花，8~9 月结籽成熟。

【饲用价值】中等饲用植物。羊、骆驼喜食茎叶和花穗，牛偶尔采食，马、驴不吃。青嫩期采集，剁碎，水煮后可喂猪。

荞麦

【学　　名】*Fagopyrum esculentum* Moench

【别　　名】乌麦、三角麦、花荞、荞子、甜荞、荞绵

【资源类别】野生种质资源

【分　　布】固原、盐池、同心、海原广泛种植。我国北方海拔较高的高原、丘陵、山区以及南方山区多有栽培。

【形态特征】一年生草本，高 30~100cm。茎直立，分枝，红色，在茎节处、小枝上具

乳头状突起。下部茎生叶具长柄，叶片三角形、近箭形或近五角形，先端渐尖，下部裂片圆形或渐尖，基部微凹，近心形，两面沿叶脉和叶缘具乳头状突起，具 7 条基生叶脉；上部茎生叶片稍小，无柄；托叶鞘三角形，膜质。总状花序腋生及顶生；花梗细，中部或中部以上具关节，基部具小形苞片；花被片 5 裂，粉红色或白色；雄蕊 7～8，2 轮，花药淡红色；花柱 3。小坚果卵状三棱形，角棱锐利，表面平滑，棕褐色，有光泽。

【生物学特性】春性、短日照植物。喜凉爽湿润气候，生育期要求≥10℃积温 1000～1200℃；种子生活力可维持 2～3 年；发芽适温 25～30℃；土温 16℃播后 3～4 天出苗，20～25 天现蕾、开花，花期延续 25～35 天。生育期较短，因品种的早、中、晚熟分别为 60 天、60～80 天和 80 多天。对土壤要求不严，贫瘠地、新垦地、新整平的梯田都可种植；不适应重盐化土。除了收籽实，也可青饲，叶量较大，茎、叶、花序比为 1∶1.17∶0.09。青饲应不晚于初花期刈割。

【饲用价值】优等饲用植物。茎叶柔软，营养丰富，适口性好，无论是青嫩期还是干草，各类家畜都喜食。除了收籽实，也可青饲。青饲应不晚于初花期刈割。荞麦秆是冬季家畜的好饲草，叶和粃壳是猪的良好粗饲料。

苦荞麦

【学　　名】*Fagopyrum tataricum*（L.）Gaertn.

【别　　名】野荞麦、鞑靼荞麦

【资源类别】野生种质资源

【分　　布】固原有种植。在我国东北、华北、西北等地都有分布。

【形态特征】一年生草本植物。茎直立，高 30～70cm，分枝，绿色或微呈紫色，有细纵棱，一侧具乳头状突起，叶宽三角形，长 2～7cm，两面沿叶脉具乳头状突起，下部叶具长叶柄，上部叶较小具短柄。

【生物学特性】有逸出而散生于村旁、田边、路旁、山坡撂荒地者。喜光，耐贫瘠，耐旱，不耐盐碱，不耐夏日高温与干热风。6 月中、下旬出苗，7 月中、下旬现蕾，8 月上、中旬开花，8 月中、下旬结果，9 月上旬果熟，9 月下旬枯黄。生育期 70～75 天，生长期 113 天。

【饲用价值】优等饲用植物，饲用价值与荞麦相似。

梭梭

【学　　名】*Haloxylon ammodendron*（C. A. Mey.）Bunge

【别　　名】琐琐

【资源类别】野生种质资源

【分　　布】产于中卫沙坡头。分布于我国内蒙古（西部）、甘肃、青海、新疆。

【形态特征】染色体数：$2n=2x=18$。灌木或小乔木，高 1～5m。树干粗壮，常具粗瘤，树皮灰白色，二年生枝条灰褐色，通常具环状裂隙；当年生枝细长，绿色，具关节。叶对生，鳞片状，宽三角形，稍开展，先端钝，腋具棉毛。花小，两性，单生于叶腋，淡黄色，小苞片宽卵形，边缘膜质；花被片 5，果期自背部先端 1/3 处横生膜质翅，花被片翅以上部分稍内弯。胞果半圆球形，肉质，黄褐色。

【生物学特性】习生于海拔 1200～1500m 的荒漠、半荒漠带轻度盐化、具较浅地下水的固定、半固定沙丘，砂质土的山前洪积扇，洪积冲积平原，剥蚀低山，山丘间低地，干河床，湖盆；经常在砂砾质戈壁滩呈小片分布；在湖盆低地砂壤质土上常发育良好，生成大面积高大、茂盛的丛林。其分布与松散的沙性土壤基质、轻盐渍化和 4～5m 的较浅地下水有关。分布区年均温 2～8℃，年降水量约 150mm，干燥度＞4；≥10℃积温 2500～3000℃。4 月初萌发，4 月中、下旬生叶，5 月中、下旬开花，花期 20 天左右，9 月上旬结实，9 月末至 10 月初胞果成熟，11 月初枯黄。再生性不强。根系发达，深 2～4（5）m，达地下水。耐旱，但大旱时不结实或不成熟；水分良好时，种子于 20℃，5h 可发芽，35℃时发芽受抑制；一般种子发芽率为 50%～90%，需当年采种次年用，不宜久藏。其根部寄生的肉苁蓉，是贵重药材。

【饲用价值】良等饲用植物。骆驼春季喜食嫩枝，夏季很少食，秋季又喜食。荒漠地区的牧民称其为骆驼的"抓膘草"；羊仅采食其当年脱落到地上的嫩枝；牛、马不采食。有报道，花期粗蛋白质含量可达 12.02%。

驼绒藜

【学　　　名】*Ceratoides latens*（J.F.Gmel.）Reveal et Holmgren

【别　　　名】优若藜

【资源类别】野生种质资源

【分　　　布】产于贺兰山及银川、中卫、同心、盐池。分布于我国内蒙古（中西部）、甘肃、青海、新疆、西藏。

【形态特征】染色体数：$2n=4x=36$。灌木，高 30～50cm，由下部分枝，老枝灰黄色，幼枝锈黄色，密被星状毛。叶互生，线形、线状披针形或披针形，先端锐尖或钝，全缘，边缘反卷，具明显 1 脉，两面密被星状毛。花单性，雌雄同株，雄花在枝端紧密簇生成穗状花序，长约 4cm；雌花 1～2 朵生于叶腋，无花被，由 2 苞片合成雌花管，椭圆形，密被星状毛，上部分裂成 2 个小裂片，呈兔耳状，长为管长的 1/3 至近等长，果期外被 4 束长柔毛；花柱短，柱头 2。胞果被毛，果皮膜质。

【生物学特性】温带旱生半灌木。生于草原、半荒漠、荒漠带的石质、碎石质山丘阳坡，山麓，沟谷，砾石滩地，干河床、河岸沙丘。分布区海拔 1400～2000m，年降水量 100～200mm；≥10℃积温 1700～3000℃。除低湿盐碱地、流动沙丘外都可生长。适棕钙土、灰钙土、灰棕荒漠土、棕色荒漠土。常形成单优群落，也与狭叶锦鸡儿、旱生蒿类、小针茅形成地带性半荒漠群落。抗旱、耐寒、耐贫瘠。主根深 60cm 左右。靠种子繁殖，25℃、24h 发芽率为 75%～76%，种子仅能保存发芽力 8～10 个月。4 月下旬播种，3～7 天出苗，当年生长至 60～70cm，可开花、结实。第 2 年株高 80～120cm，丛径约 60cm。再生性较弱，一年仅可刈 1 次。

【饲用价值】优等饲用植物。羊、骆驼、马四季喜食其当年生嫩枝和花序。羊、骆驼还喜食果实，是抓秋膘的好饲料；冬季保存率好，也是羊、骆驼冬春季很好的保膘饲草。牛很少采食。雨水好时，植株较高，可刈割制作青干草；秋季经霜后，当年生枝条稍变软，羊、骆驼乐食。冬季叶片脱落，枝条坚硬而难采食。在荒漠地区，冬、春季，特别是大雪天为家畜可靠的饲草。

▌华北驼绒藜

【学　　名】*Ceratoides arborescens*（Losinsk.）Tsien et C.G.Ma
【别　　名】白柳、骆驼蒿
【资源类别】野生种质资源
【分　　布】产于贺兰山、罗山、南华山。分布于我国辽宁、吉林、河北、山西、陕西、内蒙古（中部、西部）、甘肃、青海、新疆、西藏。我国特有种。
【形态特征】染色体数：$2n=2x=18$。灌木，高 30～50cm。枝条丛生，分枝多集中于上部，全体密被星状毛。叶互生，披针形或矩圆状披针形，先端锐尖或钝，全缘，反卷，羽状叶脉。花单性，雌雄同株，雄花序穗状，长达 8cm；雌花无花被，2 苞片合成的雌花管上部裂片短，为管长的 1/4。果熟时管外两侧中上部具 4 束长毛，下部有短毛。胞果椭圆形或倒卵形，被毛。
【生物学特性】适宜 ≥10℃ 积温 2000～3000℃，年降水量 250～450mm 地区。主要分布于草原地带，也延伸到荒漠草原带的山地，生于丘陵、低山碎石阳坡、山谷、沙荒地、固定沙丘。抗旱、耐寒、耐贫瘠，土壤含水 2% 时能正常生长；喜土表具浅层覆沙，不适应低湿盐碱地、流动沙丘。4 月初萌发，8 月上旬现蕾，8 月中、下旬开花，9 月末至 10 月初种子成熟，生长期 180～200 天。种子 25℃、48h 发芽率 50%～55%，播种 2～3 天出苗，当年可开花、结籽，株高 60～70cm，最高 110cm；2～3 年达成年，丛径 70～200cm；沙地、贫瘠土生长的当年高 10～20cm，不能开花、结实。根系发达，深 1～2m，主要集中于 0～60cm 土层。再生性较弱，一年仅可刈割 1 次。
【饲用价值】优等饲用植物。羊、骆驼、马四季喜食其当年生嫩枝和花序。羊、骆驼还喜食其果实，是抓秋膘的好饲料；冬季保存率好，也是羊、骆驼冬春季很好的保膘饲草。牛很少采食。雨水好时，植株较高，可刈割制作青干草；秋季经霜后，当年生枝条稍变软，羊、骆驼乐食。冬季叶片脱落，枝条坚硬而难采食。荒漠地区，在冬季和春季，特别是大雪天为家畜可靠的饲草。

▌猪毛菜

【学　　名】*Salsola collina* Pall.
【别　　名】扎蓬棵、三叉明棵、钠猪毛菜
【资源类别】野生种质资源
【分　　布】产全区。分布于我国黑龙江、吉林、辽宁、河北、内蒙古、陕西、甘肃、青海、四川、云南、西藏、山东、河南、江苏。

【形态特征】一年生草本，高 30～60（100）cm。茎斜升或直立，自基部具多数分枝，小枝坚硬。叶互生，线状圆柱形，肉质，先端具小刺尖，深绿色或有时带红色。穗状花序生枝顶，花两性，1～2 朵腋生；苞片较叶短，具刺尖，边缘干膜质；小苞片 2，先端具刺尖，边缘膜质，与苞片皆紧贴花序轴；花被片 5，直立，果期背面上部生出不等形的短翅或草质突起。胞果倒卵形，果皮膜质。

【生物学特性】旱生植物。生于轻盐化沙地或碎石质山坡、干河床、芨芨草丛，也多见于村落、畜圈附近、路旁、沟渠边，局地可成群生长；耐轻度盐碱；草原、半荒漠常见伴生种，荒漠区较少，不分布于山地林带；农田、撂荒地常见杂草。5 月萌发，7～8 月开花，8～9 月结果成熟。秋后干枯，自根颈处易折断，成为风滚草。

【饲用价值】中等饲用植物。叶具刺尖，羊、牛、驴仅在幼嫩期采食。骆驼乐食。6～7月可收获，晾干粉碎喂鸡，或铡短喂羊；果实成熟后秸秆变硬，营养价值显著降低。

刺沙蓬

【学　　名】*Salsola tragus* Linnaeus

【别　　名】刺蓬（宁夏）

【资源类别】野生种质资源

【分　　布】产于同心以北。分布于我国黑龙江、吉林、辽宁、河北、内蒙古、山西、甘肃、陕西、山东、江苏等地。

【形态特征】染色体数：$2n=2x=18$。一年生草本，高 35～100cm。茎直立或斜升，多由基部分枝，坚硬，具短糙硬毛。叶互生，圆柱形，肉质，先端有白色硬刺尖。花生苞腋，通常在茎、枝上端排列成穗状花序；苞片与小苞片先端具刺尖；花被片 5，透明膜质，果实于背面中部横生 5 片干膜质翅，淡紫红色或无色，其中 3 翅较大，肾形或倒卵形，另 2 翅较狭，翅以上花被片近革质，聚集成圆锥形；雄蕊 5，顶端无点状附属物；柱头 2 裂，丝状。胞果倒卵形，果皮膜质。

【生物学特性】旱生植物。习生于森林草原，草原，半荒漠、荒漠地带的沙丘（地），砾石质戈壁浅洼地，河滩，村落，田边，撂荒地，路旁，畜圈附近；不分布于山地密林地带、低湿重盐化土及碎石质基质。分布区海拔 1000～1500m。雨水充足，秋季长成丛径 1.5m 的大丛，结籽繁多。5 月出苗，8～9 月开花，9 月中至 10 月初结果。成熟后干枯，根颈处易折断，成为随风滚动的风滚草。

【饲用价值】中等饲用植物。羊在幼嫩时采食，骆驼和驴喜食，马、牛不喜食；枯草季节羊、骆驼采食。种子营养高，可做抓膘饲料。

珍珠猪毛菜

【学　　名】*Salsola passerina* Bunge

【别　　名】珍珠、珍珠柴、雀猪毛菜、蛤蟆头（同心）

【资源类别】野生种质资源

【分　　布】产于吴忠（含盐池、青铜峡、同心）、中卫、灵武、陶乐、平罗。分布于我国内蒙古（中部、西部）、甘肃、新疆。

【形态特征】小半灌木，高20~30cm，植株密生丁字毛。根木质化，根皮灰褐色或暗褐色。茎粗壮，木质，常弯曲并剥裂，多分枝，老枝皮灰褐色，嫩枝草质，黄绿色。叶互生，肉质，锥形或三角形，通常早落，叶腋和短枝上着生球状芽。穗状花序顶生；苞片肉质，具毛，小苞片宽卵形；花被片5，果时背中部横生黄褐色或紫红色干膜质翅，翅3大2小，翅以上花被片被丁字毛；雄蕊5，花药顶端具附属物；柱头锥形。胞果扁球形。

【生物学特性】强旱生小半灌木，内蒙古阿拉善和宁夏中部、北部半荒漠带重要建群种之一；常与红砂组成共建种，或混生短叶假木贼、绵刺等。抗旱、耐寒、耐风沙；习生于海拔1500~2400m的砂砾质山前丘陵、洪积扇、洪积冲积坡地、盐化湖盆低地。适≥10℃积温2250~3000℃，年降水量100~200mm；适生于淡灰钙土、灰棕漠土、表面覆沙的黏壤质土，不适砂壤土或砂土，不宜多碎石生境，在重盐渍土上则被红砂代替。4月上旬返青，6月上旬开花，9月中旬结果，10月中旬果实成熟，11月下旬枯黄。种子发芽率不高；水分良好时，靠珠芽可繁殖，也可以根繁殖。地上部生长缓慢。冬季保留良好。

【饲用价值】良等饲用植物。羊乐食当年生嫩枝，干枯后基本不吃。马、牛很少采食。骆驼四季喜食。本种为荒漠草原地区的主要饲用植物。干物质含量高，营养价值良好，幼苗期、分枝期、开花期、结实期和干枯后粗蛋白质消化率分别为74.62%、66.75%、86.68%、90.17%和79.19%。

▌木地肤

【学　　名】*Kochia prostrata*（L.）Schrad.

【别　　名】伏地肤

【资源类别】野生种质资源

【分　　布】产于中卫、青铜峡、同心、陶乐。分布于我国东北、华北、西北等地。

【形态特征】染色体数：$2n=2x=18$。小半灌木，高15~60cm。根木质。茎短，多分枝而斜升，丛生状，被白色柔毛或长棉毛。叶于短柄上簇生，狭线形或丝状线形，无柄，先端锐尖，两面被柔毛。花两性和雌性，单生或2~3朵集生叶腋，或于枝端组成复穗状花序，花无梗，不具苞；花被片5，密被柔毛，果期革质，自背部横生5个干膜质薄翅，具暗褐色扇状脉纹，边缘具不规则钝齿；雄蕊5；花柱短，柱头2，具羽毛状突起。胞果扁球形，果皮近膜质，紫褐色。

【生物学特性】广旱生植物。喜砂质、砂壤质、多碎石、微盐碱土壤；生于草原、半荒漠、荒漠带山坡、沟谷、砾石沙地、轻盐碱地；散生或群聚，在半荒漠为群落伴生种。−35℃可安全越冬，夏季土表65℃仅有灼伤；表土层含水2%~5%时出现休眠现象；

表层土壤含盐 0.5%～1%，可出苗、生长。主根深 2～2.5m，茎叶比 1∶（1.25～2.8）。再生性强，年可放牧 2～3 次或刈割 2 次。春播当年可开花结实，生长较慢，次年加快，达生长高峰。3 月末、4 月初返青，6～7 月现蕾，7 月开花，9～10 月结果，生长期 240 天左右。

【饲用价值】优等饲用植物。春季返青较早，生长快，粗蛋白质含量高，是草原上较早能供家畜抓春膘的好牧草。在鲜嫩期，枝叶和花序马、牛、羊、驼均喜食，秋季是羊抓膘的好饲草。花期可以刈割调制青干草，各类家畜均喜食，叶量丰富，茎秆柔软，生长时间长，产量高，冬季保存好，在干旱地区具有重要的饲用价值。在新疆，春播的木地肤在生长良好的状态下，当年秋季就可刈割利用，也可放牧。旱作栽培，鲜草产量可达 2250～5250kg/hm²，单株产量最高为 1.1kg。

地肤

【学　　　名】*Kochia scoparia*（L.）Schrad.

【别　　　名】地麦、落帚、扫帚苗、扫帚菜、孔雀松、毛落连

【资源类别】野生种质资源

【分　　　布】产全区。分布于全国。

【形态特征】一年生草本，高 40～60（100）cm。茎直立，绿色或带淡红色，秋季常变红色，被柔毛。叶互生，披针形、线状披针形，先端渐尖，基部渐狭成柄，无毛或被短柔毛，边缘常疏生白色长缘毛，具 3 纵脉。花两性或雌性，花单生或 2 朵生于叶腋，于枝端排成疏密不等的穗状花序，叶腋无束状毛丛；花被片 5，基部合生，黄绿色，背面近先端处有绿色隆脊及横生龙骨状突起，果时龙骨状突起发育成横生短翅；雄蕊 5，伸于花被外。胞果扁球形，果皮膜质，包于花被内。

【生物学特性】旱生、中旱生，耐盐碱植物。生态幅度广泛，习生于草原、半荒漠，也生于森林地带及荒漠地带的绿洲。常见于低湿盐碱化的村落、路旁、宅旁园地、畜圈、田边、撂荒地；与藜、苦苣菜、萹蓄等混生；局部可形成单优群落。3 月末至 4 月初萌发，6 月中至 8 月上、中旬开花，7 月中至 9 月上旬结果，10 月上旬种子成熟，11 月初枯黄，生育期 180 天，生长期 200 天。初花期刈割留茬 10cm，可再生。肥沃生境分枝有 1000～2000 枝；结籽 5 万余粒。根系深 30～55cm，根幅 30～60cm。

【饲用价值】优等饲用植物。生长期长，叶、花序量丰富，茎、叶（含花序）比为 1∶1.23～1∶1.6；茎柔嫩，适口性好，各类家畜均喜食。株型高大，产量高，花期可刈割做青干草，马、牛、羊、骆驼都喜食，粉碎加工后可做猪、鸡、鸭、鹅的粗饲料。刈割后可放牧利用。果实成熟后茎木质化程度增加，叶片花序脱落，适口性降低。干物质中粗蛋白质含量为 16.22%，可消化粗蛋白质为 108.50g/kg。驯化栽培前景看好，有望成为良好的高产饲用植物。种子含油可供食用，含皂素，可作染料、制肥皂。

▌碱地肤

【学　　名】*Kochia scoparia*（L.）Schrad. var. *sieversiana*（Pall.）Ulbr. ex Aschers. et Graebn.

【别　　名】毛落连（盐池）、离竟（固原）

【资源类别】野生种质资源

【分　　布】产全区，同心以北最多见。分布于黑龙江、吉林、辽宁、内蒙古、河北、山西、陕西、甘肃等地。

【形态特征】一年生草本，高 50～100cm。根略呈纺锤形。茎直立，圆柱状，淡绿色或带紫红色，有多数支条枝；分枝稀疏，斜生。叶披针形或条状披针形；茎上部叶较小无柄，1 脉。花两性或雌性，通常 1～3 个生于上部叶腋，疏穗状圆锥花序，花基部具密的束生锈色柔毛或白色柔毛。胞果扁球形，果皮膜质，与种子离生。

【生物学特性】旱生、中旱生，耐盐碱植物。习生于草原半荒漠、荒漠地带河谷平原、阶地、湖滨、盐湿低地、芨芨草丛及村庄、畜圈、饮水点、路旁、沟渠边、灌溉农田、林地附近；也分布于海滨盐碱滩地。常形成单优群落。4 月初出苗，6～7 月开花，7～8 月结果，9～10 月成熟。

【饲用价值】优等饲用植物。饲用价值与地肤基本相同。

▌合头藜草

【学　　名】*Sympegma regelii* Bunge

【别　　名】合头草、列氏合头草、黑柴、呵柴、呵老鸹柴

【资源类别】野生种质资源

【分　　布】产于贺兰山、香山及吴忠、中卫、中宁、陶乐、海原、盐池。分布于内蒙古（西部）、甘肃、青海、新疆。

【形态特征】小半灌木，高 15～40cm。茎直立，多分枝，老枝灰褐色，条状剥裂；当年生枝灰绿色。叶互生，肉质，圆柱形，灰绿色，稍弯曲，先端急尖，基部缢缩。花两性，常 13（14）朵聚集成顶生或腋生的小头状花序；花簇下具 1 对苞状叶，基部合生；花被片 5，草质，具膜质边缘，果时变坚硬且自顶端横生 5 片干膜质翅，翅大小不等，黄褐色，具纵脉纹；雄蕊 5，花药顶端具点状附属物；柱头 2。胞果扁圆形，果皮淡黄色。

【生物学特性】超旱生、喜石植物。习生于荒漠、半荒漠地带砾质、石质丘陵、低山坡地、山前洪积扇、沟谷，也生于壤质碱化土，不喜砂土和盐土。荒漠或草原化荒漠群落的亚优势种，局部可成为优势种。分布区海拔 1000～1900m，在内蒙古西部、河西走廊可上升到 2000m。4 月初萌发，7 月开花，8 月结实，10 月上旬成熟，11 月初枯黄；遇夏旱则延至 9 月开花；并能以休眠状态渡过短期干旱。冬季保留良好。

【饲用价值】良等饲用植物，是荒漠地区重要的饲用植物之一。枝叶繁茂，叶多汁有咸味，骆驼喜食。春节返青较早，骆驼采食后增膘很快。秋季也是抓秋膘的牧草。骆驼喜食当年生嫩枝条，秋季结实或冬季干枯后也采食其枝条。羊春季喜食，夏季很少采食，冬季不采

食；牛、马不吃。据分析，营养期含粗蛋白质 16.93%、可消化粗蛋白质 103.14g/kg。

▌榆钱菠菜

【学　　名】*Atriplex hortensis* L.

【别　　名】洋菠菜、法国菠菜

【资源类别】引进种质资源

【分　　布】黄灌区有栽培。原产欧洲，我国内蒙古、河北、山西、甘肃、青海、新疆都曾引入栽培。

【形态特征】一年生草本，高 0.6～1.5m。幼嫩部分稍被白粉。茎直立，粗壮，四棱形，多分枝。叶片稍肉质，卵状矩圆形至卵状三角形，先端钝，基部戟形至宽楔形，全缘或具不整齐锯齿，具长柄。花单性，雌雄同株；总状花序圆锥形，顶生或腋生；雄花花被片 5，雄蕊 5；雌花二型，一种无苞片，具 5 花被片；另一种无花被，苞片 2，苞片近圆形，离生，全缘，包被果实，呈榆钱状，直径 1～1.5cm，表面具网状脉纹。胞果肾形，绿褐色，果皮薄。

【生物学特性】喜湿润的肥沃土壤，耐盐碱，土壤 pH 为 9 可生长。4 月中旬至 5 月上旬播种，7～10 天出苗，6 月下旬现蕾，7 月中旬开花，9 月中、下旬果熟。苗期生长慢，开花前生长迅速，花果期又减慢，秋季轻霜后停止生长，但仍保持绿色，生育期 123～140 天。土温 1～2℃萌发，苗期耐 -6℃低温；再生性良好，株高 50～70cm 时刈割，留茬 10cm 左右，温带每年可刈割 3 次。

【饲用价值】优质饲用植物。原作蔬菜食用，因株型高大，产量高，营养价值高，粗纤维含量低，耐盐碱，常栽培做青饲料，饲喂奶牛、猪；牛羊也喜食，切碎后能饲喂鸡、鸭、鹅。据测定，茎占地上总重量的 47%～51%，叶占 49%～53%，一般情况下，产青饲料 4500t/hm^2。

▌西伯利亚滨藜

【学　　名】*Atriplex sibirica* L.

【别　　名】刺果粉藜、马灰条（宁夏）

【资源类别】野生种质资源

【分　　布】产全区。分布于我国东北、华北、西北。

【形态特征】一年生草本，高 25～50cm。茎直立，四棱形，由基部分枝，全株被白粉粒。叶互生，具短柄；叶片菱状卵形或卵状三角形、宽三角形，先端钝圆，基部楔形或圆形，边缘具不整齐的波状钝齿，近基部 1 对齿较大，呈裂片状；小型叶片边缘具不明显波状齿或近全缘；叶上面绿色，下面灰白色，密被银白色粉粒。花单性，雌雄同株；花簇生于叶腋，茎下部呈团伞状，茎上部集成穗状花序。雄花花被片 5，雄蕊 3～5；雌花无花被，由 2 个合生苞片包围，果时苞片膨大，宽卵球至近圆球形，具柄，中部两面凸，具多数刺齿状突起，顶端具牙齿，内包卵圆或近圆形胞果。

【生物学特性】旱中生、盐生植物。生于草原、荒漠地带的盐碱荒地、湿润的固定沙地、河岸、湖沼旁、沟渠边、撂荒地、村宅、畜圈附近。本种为农田杂草；作为常见伴生种，经常出现于我国西部半干旱区的芨芨草、星星草盐生草甸或盐爪爪、小果白刺、白刺盐生荒漠，或珍珠柴草原化荒漠；也见于森林草原带和温带、暖温带海滨盐湿地区；习见一年生植物层片的主要成分；可在局部形成小片单优群落。分布区海拔1050～1700m。5月萌发，7～8月开花，8～9月种子成熟。

【饲用价值】中等饲用植物。新鲜时羊、牛采食，猪喜食，夏秋季常采集茎叶喂猪；秋冬季牛、羊、骆驼喜食。夏秋季长成高大株丛，可刈割做青干草；也可粉碎做猪的粗饲料。内蒙古曾报道骆驼采食青嫩茎叶时引起肚胀，严重时可致死亡。

▌沙蓬

【学　　名】*Agriophyllum squarrosum*（L.）Moq.

【别　　名】蒺藜梗、沙米、灯索（宁夏）

【资源类别】野生种质资源

【分　　布】同心以北普遍分布。分布于我国黑龙江、吉林、辽宁、河北、内蒙古、陕西、甘肃、青海、新疆、山东、河南、西藏。

【形态特征】染色体数：$2n=2x=18$。一年生草本，高25～60cm。茎自基部分枝，斜升，开展，呈"之"字状弯曲，淡绿色。叶互生，无柄，披针形或线状披针形，全缘，先端具刺尖，下弯，具3～9条脉。短穗状花序，紧密，花两性，3～7朵腋生；苞片卵形，先端具短刺尖，后期反折；花被片1～3，膜质；雄蕊3，花丝扁平，锥形；柱头2。胞果圆形或椭圆形，扁平，除基部外周围有膜质翅，上部延长成喙，果喙深裂为2个扁平线状小喙，小喙先端外侧各具1小齿突。种子近圆形，光滑，扁平。

【生物学特性】旱生、沙生植物，亚洲沙区的广布种。生草原，半荒漠、荒漠带流动、半固定沙丘、沙地，沙丘间低地，湖盆，河间地，为流沙丘先锋植物。可在沙丘间低地或流沙丘下部形成大面积连片的单优群落；或与沙拐枣、黑沙蒿、花棒、沙鞭等混生于半固定、固定沙丘、沙地；也生于梭梭林中。沙区风滚草植物。不耐强盐化土，不适黏土、碎石质生境。根系位于0～40cm沙层，侧根长达8～10m。雨水充分，可长成高1m以上，丛径1.3～1.8m的大棵，单株结籽0.8万～1.5万粒，种子发芽率90%以上，可保存5年。4月中、下旬至5月上旬萌发，雨季生长迅速，8月开花，花期15～20天，9月种子乳熟，10月初完熟，后枯死，生长期130天左右。冬季不能保留。

【饲用价值】中等饲用植物。春季嫩枝羊采食，骆驼和驴喜食，马、牛不吃。冬春枯草期羊、骆驼乐食，种子营养丰富，结实期供抓膘。

▌碟果虫实

【学　　名】*Corispermum patelliforme* Iljin

【别　　名】棉蓬（宁夏）

【资源类别】野生种质资源

【分　　布】产于中卫沙坡头、灵武。分布于我国内蒙古（西部）、甘肃（东北部）、青海（柴达木盆地）。

【形态特征】一年生草本，高 10～40cm。茎直立，中、上部分枝多，被散生星状毛，叶较大，倒披针形至长椭圆形，先端钝圆，具小尖头，3 脉。花两性；穗状花序顶、腋生，圆柱状，紧密；苞片卵形，先端急尖，边缘膜质，3 脉；花被片 3，白色膜质；雄蕊 5；花丝扁平钻形。果实近圆形，背面平，腹面凹入，果翅极狭，边缘向腹面反折呈碟状。

【生物学特性】常零星散生于流动、半流动沙丘，偶尔也生于半固定沙地、干燥的沙丘间低地。8～9 月开花，为流沙丘先锋植物。

【饲用价值】中等饲用植物。青嫩时骆驼乐食，羊稍吃；制成干草后，骆驼喜食，羊乐食；结实后种子营养高，可作精饲料。

软毛虫实

【学　　名】*Corispermum puberulum* Iljin

【别　　名】棉蓬（宁夏）

【资源类别】野生种质资源

【分　　布】产于盐池。分布于我国黑龙江、辽宁、山东、河北、内蒙古、陕西、山东等地。

【形态特征】一年生草本，高 15～50cm，茎直立，粗壮，基部多分枝，淡绿色或紫红色，具条棱，疏被星状毛。叶线形或披针形，先端渐尖具小尖头，1 脉，无毛或疏具星状毛。穗状花序粗壮紧密，直径约 8mm，呈棍棒状；苞片自下而上由披针形到宽卵形，先端尖，1～3 脉，具较宽白膜质边缘，疏被星状毛；花被片 1～3，膜质，1 大 2 小；雄蕊 1～5。果实宽椭圆形或椭圆状倒卵形，长 3～6mm，背面微凸起，腹面凹入或略平，被星状毛，果翅较宽，为果核宽的 1/5～1/2，边缘具不规则细齿，果喙直立，喙尖为喙长的 1/4～1/3。

【生物学特性】分布于森林草原、草原带南部海拔 1200～1600m 的沙地、黄土丘陵。常见与冷蒿、沙芦草、阿尔泰狗娃花等伴生于长芒草草原或中亚白草荒漠草原，或与老瓜头、苦豆子、牛枝子等组成沙地荒漠草原群落；有时也伴生于北沙柳、黑沙蒿、中间锦鸡儿沙生灌丛中。多零散分布，局地可集中成连片的群聚。单株丛径 70～80cm，根幅 20cm；茎叶比 3.2：1，干鲜比 1：3.32。4 月下旬至 5 月上旬萌发，5 月中、下旬现蕾，6 月下旬至 7 月初开花，8 月中、下旬结实，9 月下旬至 10 月上旬枯萎。

【饲用价值】良等饲用植物。骆驼四季采食，干枯后也乐食；绵羊、山羊秋季采食，是抓膘催肥的牧草。青嫩期收获调制成干草，是冬春季饲喂家畜的好饲料。种子可做精料。

绳虫实

【学　　名】*Corispermum declinatum* Steph. ex Stev.

【别　　名】棉蓬（宁夏）

【资源类别】野生种质资源

【分　　布】产于中卫、同心、平罗、陶乐。分布于我国辽宁、内蒙古、河北、山西、河南、陕西、甘肃、新疆。

【形态特征】染色体数：$2n=2x=18$。一年生草本，高 20～50cm。茎直立，由基部多分枝，斜升，绿色或带红色，具条棱。叶线形，扁平，先端渐尖，具 1 脉。穗状花序顶、侧生，细长，花疏，长 5～15cm；苞片狭，线状披针形至狭卵形，先端渐尖，具白色膜质边缘；花被片 1；雄蕊 1，稀 3；柱头 2。胞果矩圆形或倒卵形，长 3～4mm，无毛，背面隆起，中央扁平，腹面稍凹；果翅狭窄或近无翅。

【生物学特性】旱生、中旱生，沙生植物。生于海拔 1100～900m 的草原、半荒漠地带的固定沙丘、沙地、砂质撂荒地、河滩地、干河床、山前洪积扇；也伸入黄土丘陵与半湿润地区的砂壤质土地。本种多为伴生种或农田杂草，在撂荒地可形成单优群落。4月中下旬出苗，6～7月开花，8～9月结实成熟，9～10月上旬枯萎。

【饲用价值】中等饲用植物。青嫩时骆驼喜食，干枯后乐食；青嫩时马稍食，牛不吃；秋后或干草羊乐食。雨水好时可形成优势群聚，刈割可调制青干草，尤其是带种子的，冬季饲喂羔羊、体弱病羊营养好。

饲用甜菜

【学　　名】*Beta vulgaris* L. var. *lutea* DC.

【别　　名】饲料甜菜

【资源类别】引进种质资源

【分　　布】宁夏黄灌区有种植。我国黑龙江、吉林、内蒙古、河北、山西、陕西、甘肃、湖北、湖南、广东、江苏、四川等地有种植。

【形态特征】甜菜的饲用品种，由多年生野生甜菜 *B. perennis*（L.）Freyn 人工培育而成。二年生草本，具粗大圆锥状至纺锤状块根，多含水分和糖分，浅橙黄色。生长第 2 年抽花茎，直立，少有分枝，高达 1m 左右。基生叶大，具长柄，叶片长圆形或卵圆形，全缘或呈波状，上面皱缩，下面叶脉隆起；茎生叶较小，卵形至披针形，先端渐尖，具短柄。花两性，2 至数朵簇生叶腋，再集成顶生穗状花序；花被片 5，基部合生，果期变硬；雄蕊 5，花柱短，柱头 3。胞果下部陷在硬化的花被内，上部稍肉质；每 3～4 个果实集成 1 个"种球"，每果 1 粒种子，双凸镜状，红褐色，具光泽。

【生物学特性】大面积下产量可达 180～300t/hm^2，含糖量 6.4%～12%，相当于糖用品种的 50%，适宜饲喂家畜。春季 6～8℃萌发，耐 -6～-4℃短暂低温，生长适温 15～25℃；要求充足水肥，耐轻盐碱土，适宜宁夏栽培。

【饲用价值】优等多汁饲料。叶丰富，为家畜的青饲料；块根含糖量较低，适宜切碎或煮熟饲喂家畜，也可打浆生喂。但因含硝酸钾，在产热发酵或腐烂后硝酸钾发生还原作用，变成亚硝酸盐，导致家畜中毒。可适当控制饲喂量，避免煮后放置，防止中毒。

干物质中含粗蛋白质 28.03%、粗纤维 15.52%，产奶净能为 5.1MJ/kg。

藜

【学　　名】*Chenopodium album* L.

【别　　名】白藜、灰条（宁夏）

【资源类别】野生种质资源

【分　　布】产全区。分布于全国。广布全球温带、热带地区。

【形态特征】一年生草本，高 30～60（70）cm。茎直立，具纵条棱、沟槽及紫红色纵条纹，多分枝，枝条斜升或开展叶互生，卵形、菱状卵形、卵状披针形至披针形，先端钝圆或尖，基部楔形，边缘具不整齐波状齿，上面无粉，深绿色，下面灰白色或淡紫色，密被灰白色粉粒，叶柄长；上部叶呈狭卵形或披针形，全缘。花两性，数朵簇生，排列成腋生或顶生的穗状花序；花被片 5，被粉粒，基部联合，边缘膜质；雄蕊 5；花柱短，柱头 2。胞果包于花被内，外形似包子。种子亮黑色，表面具浅沟纹。

【生物学特性】中生植物，农田杂草。习生于村落、畜圈或家畜卧息地附近、田间、地埂、沟渠边、路旁、河岸湿草地。散生，局地可形成繁茂的小群落。耐轻盐碱土，适 pH7.5～8.0（8.5）。喜光也耐阴；喜氮肥土也耐贫瘠。气温 10～25℃ 时发芽，幼苗耐 -3℃ 低温。4 月中旬萌发，6 月下旬至 7 月下旬开花，7 月下旬至 8 月中旬种子成熟。大株结籽达数万至十数万粒。北方生育期 180 天左右，南方为 250 天左右。

【饲用价值】良等饲用植物。青嫩时牛羊乐食，骆驼喜食。猪也爱吃，青嫩期汉族群众常采集生喂或煮熟后喂猪。茎粗，但柔软，叶量大，可收获调制青干草备冬春饲喂。干物质含粗蛋白质 12.73%～22.40%、粗纤维 15.80%～23.05%、可消化粗蛋白质 57～94g/kg。

灰绿藜

【学　　名】*Chenopodium glaucum* L.

【别　　名】盐灰菜、猪灰条（宁夏）

【资源类别】野生种质资源

【分　　布】产全区。我国北方各地有分布。

【形态特征】一年生草本，高 10～40cm。茎平卧或斜升，具纵棱与沟槽及绿色或紫红色纵条纹，基部多分枝，无毛。叶矩圆状卵形至披针形，具短柄，先端钝，基部楔形，边缘具缺刻状牙齿，上面绿色，下面密被粉粒而成灰绿色，中脉明显，黄绿色。花两性兼有雌性，数朵集成团伞花序，再排列成间断的穗状或圆锥状花序，顶生或腋生；花被裂片 3～4，花序先端的花被片 5，边缘膜质，内曲；雄蕊 1～2；柱头 2，极短。胞果圆形，顶端露出花被外，果皮膜质，黄白色。

【生物学特性】耐盐中生植物。生于农田、荒地、园林地、村落、庭院。轻盐化低湿草甸的伴生种，农田杂草。常生于芨芨草丛，有时可形成小面积占优势的群聚。喜温暖、

湿润；耐盐碱，适 pH8～9（9.5）。枝叶再生性强，耐牧。20～30℃发芽，种子可多年
保持生活力。4 月上旬出苗，6～9 月开花结果，边结果边成熟，10 月初秋霜后枯萎，
生育期 180 天。

【饲用价值】中等饲用植物。青嫩期和干枯时牛、羊、骆驼都喜食。猪乐食，群众采集
嫩枝叶直接或剁碎喂猪、鸡。

尖头叶藜

【学　　名】*Chenopodium acuminatum* Willd.

【别　　名】绿珠藜

【资源类别】野生种质资源

【分　　布】产于贺兰山及灵武、盐池。分布于我国黑龙江、吉林、辽宁、内蒙古、河
北、山西、陕西、甘肃、青海、新疆、河南、山东、浙江。

【形态特征】一年生草本，高 20～40(60)cm。茎直立，具纵条棱及绿色条纹，多分枝，
被粉。叶片宽卵形、卵形或狭卵形，先端圆钝或尖，具短尖头，全缘，具半透明的狭
环边，上面绿色，无粉，下面灰白色，密被粉。花两性，数朵簇生成团伞花序，再于
枝上部集成紧密或间断的穗状圆锥花序，花序轴被透明粗毛；花被片 5，边缘膜质，被
粉粒，果时背部增厚呈五角星状包被胞果；雄蕊 5。胞果扁球形。

【生物学特性】生于草原，河岸沙地，半荒漠地带干燥石质、碎石山坡，轻盐碱地，芨
芨草丛；也习见于村落、宅旁、田间、路边、井旁、牲畜休憩地，可成小片的单优群
落；还也分布于我国东部海滨。花果期 6～9 月。

【饲用价值】中等饲用植物。青嫩期羊、马、牛、骆驼均采食，猪也吃。干枯后羊、骆
驼采食。刈割调制成干草，各类家畜均喜食，粉碎可做猪粗饲料。

小白藜

【学　　名】*Chenopodium iljinii* Golosk.

【资源类别】野生种质资源

【分　　布】产于南华山、麻黄山及银川、石嘴山、同心。分布于我国甘肃、青海、新
疆、内蒙古、四川。

【形态特征】一年生草本，高 15～45cm，全株被粉。茎平卧或斜升，多分枝。叶片三
角状卵形或卵状戟形，先端尖，3 浅裂，侧裂片在基部，或全缘，背面密被白粉。花簇
于枝顶、叶腋小枝上集成短穗状花序；花被片 5；雄蕊 5；柱头 2。胞果扁，包于花被
内。以叶片甚小（长 3～11mm，宽 2～8mm）与本属其他种易于区别。

【生物学特性】习见生于荒漠草原带海拔 1300～4000m 的丘陵、山坡草地、河谷阶地、
砾石滩地、村落附近。花果期 7～8 月。

【饲用价值】中等饲用植物。羊、马、牛、骆驼采食，青嫩时猪也吃；也可割制干草冬
春补饲。

▍千穗谷

【学　　名】 *Amaranthus hypochondriacus* L.

【别　　名】 籽粒苋

【资源类别】 引进种质资源

【分　　布】 黄灌区有栽培。我国 1982 年引入，各地栽培均生长良好，但高纬度、高海拔地区种子不能成熟。

【形态特征】 一年生草本，高 60～100cm。茎直立，绿色或紫红色，具纵条棱，分枝。叶互生，菱状卵形、长卵形至卵披针形，先端渐尖，基部楔形，全缘或波状，背面沿脉被颗粒状腺体，具长柄。多数圆柱状穗状花序组成圆锥花序，顶生，直立；苞片及小苞片卵状钻形，绿色或紫红色；花被片 5，干膜质，矩圆形，先端尖，绿色或紫红色；雄蕊 5；柱头 2～4。胞果近菱状卵形，绿色或紫红色，环状盖裂。种子扁球形，白色。

【生物学特性】 耐旱，耐贫瘠，耐砂土、黏土、酸性土，也能适应含盐 0.1%～0.23%，pH8.5～9.3 的盐碱地。株高叶大，分枝多，籽粒繁茂，生长迅速，生育期 90～100 天。‘千穗谷 2 号’ *A. hypochondriacus* L. cv. No2，为引进驯化审定登记的栽培品种。该品种高产、优质、抗旱，适宜凉爽的高原气候，在多雨南方地区易染病倒伏。叶片丰富、幼嫩，产鲜草 6 万～10 万 kg/hm^2，是很好的叶蛋白饲料源。适宜在北方山区、内蒙古高原、四川凉山地区、黄土高原、武夷山区等地种植。

【饲用价值】 良等饲用植物。茎秆柔软，叶量丰富，具良好营养价值，其籽实营养价值更高。作为青绿饲料，羊、牛、马等家畜喜食；打浆可喂猪、鸡、鸭、鹅；调制成干草可冬季饲喂牛羊。

▍凹头苋

【学　　名】 *Amaranthus lividus*

【别　　名】 光苋菜、野苋

【资源类别】 野生种质资源

【分　　布】 产于黄灌区。除青海、西藏外，几乎遍及全国。

【形态特征】 一年生草本，高 30～50cm。茎直立或斜升，淡绿色或紫红色，由基部分枝。叶片卵形、菱状卵形，顶端凹缺，具小刺尖，基部楔形，全缘，具长柄。花簇生叶腋，或于茎、枝端集成穗状或圆锥花序；苞片及小苞片短；花被片 3，宿存；雄蕊 3；花柱 3。胞果扁卵形，不裂，具皱纹。种子黑色至黑褐色。

【生物学特性】 中生植物。习见于低湿盐碱地、田间、路旁、农舍附近；在河滩形成大片单优群落；在林边、路边、渠沟边则呈小片或零散分布。伴生有萹蓄、狗尾草、灰绿藜等。4 月中旬出苗，5 月中旬分枝，7 月现蕾，8 月中旬开花，9 月中旬结果，10 月上、中旬成熟，生育期 195 天。初花期刈割，再生草高 52cm，为第 1 次产草量。

【饲用价值】 良等饲用植物，饲用价值与千穗谷基本相同。

反枝苋

【学　　名】*Amaranthus retroflexus*

【别　　名】野苋菜

【资源类别】野生种质资源

【分　　布】产全区，为农区杂草。除华南外，分布于全国各地。

【形态特征】一年生草本，高 20～80cm，有时达 1m 多。茎直立，粗壮，单一或分枝，淡绿色，有时具带紫色条纹，稍具钝棱，密生短柔毛。叶片菱状卵形或椭圆状卵形，长 5～12cm，宽 2～5cm，顶端锐尖或尖凹，有小凸尖，基部楔形，全缘或波状缘，两面及边缘有柔毛，下面毛较密；叶柄长 1.5～5.5cm，淡绿色，有时淡紫色，有柔毛。圆锥花序顶生及腋生，由多数穗状花序形成；胞果环状盖裂。

【生物学特性】中生植物。生于村庄、荒地、农田、园地、路边。喜水肥；分枝多、叶量大，再生性强；单株鲜重 150～400g。7 月上旬至 8 月开花，8～9 月结实，9 月末种子成熟。种子千粒重 0.3g。

【饲用价值】良等饲用植物，饲用价值与千穗谷基本相同。

马齿苋

【学　　名】*Portulaca oleracea* L.

【别　　名】马苋菜、胖胖菜、胖娃娃菜（宁夏）

【资源类别】野生种质资源

【分　　布】全区产。除高寒地区以外，全国分布。

【形态特征】一年生肉质小草本。茎平卧或斜升，多分枝，淡绿色或带暗红色。单叶互生或近对生，叶片肥厚，倒卵形，顶端圆钝或微凹，全缘，上面暗绿色，下面淡绿色或带暗红色。花小，3～5 簇生枝端；苞片 4，叶状；萼片 2，绿色，盔形，压扁，背部具龙脊，基部合生；花瓣 5（4），黄色，先端微凹，基部合生；雄蕊 8 或更多；柱头 4～6 裂，线形。蒴果卵球形，盖裂；种子多数，黑褐色。

【生物学特性】生于山川区的田间、果园、菜园、路旁。喜光也耐阴，耐旱，耐贫瘠，耐轻度酸、碱性土壤。在水肥充足而管理不善的农田、园林地、撂荒地繁生旺盛，几乎布满。花期 6～8 月，果期 7～9 月。

【饲用价值】中等饲用植物。叶片肥厚多汁，粗纤维含量低，营养较好，嫩时带酸味，适口性良好，煮熟、发酵、青贮都可喂猪；鸡也啄食其叶片；羊在幼苗期和霜后采食，其他家畜一般不吃。制成青干草后，各类家畜采食。

叉歧繁缕

【学　　名】*Stellaria dichotoma* L.

【别　　名】银柴胡、银柴胡、披针叶叉繁缕、狭叶叉繁缕

【资源类别】野生种质资源

【分　　布】产于贺兰山及银川、中卫、平罗、陶乐、盐池、同心。分布于我国黑龙江、辽宁、内蒙古、河北、甘肃、青海、新疆等地。

【形态特征】染色体数：$2n=4x=28$。多年生草本，高 30～50cm。茎丛生，从基部起多次二歧分枝，节膨大；植株呈圆球状。叶线状披针形或长卵状披针形，长 0.2～2.5cm，宽 1.5～5mm，先端渐尖，全缘，两面密被腺状毛。二歧聚伞花序顶生；苞片小；萼片 5，披针形，灰绿色，边缘狭膜质；花瓣 5，白色，顶端 2 深裂达中部；雄蕊 10，长短不等；花柱 3。蒴果宽椭圆形，含 1 粒种子。

【生物学特性】旱生植物。生于向阳山坡，岩石缝隙，固定、半固定沙丘，砾石质干河床边缘。以偶见种散生于荒漠草原，局地可成为群落伴生种。7～8 月开花，8～9 月结实。成株略呈圆球形，为风滚草的一种。

【饲用价值】中等饲用植物。青嫩期山羊、绵羊采食。

沙芥

【学　　名】*Pugionium cornutum*（L.）Gaertn.

【别　　名】沙萝卜、沙白菜、沙芥菜、山萝沙卜、山羊沙芥、沙盖（宁夏）

【资源类别】野生种质资源

【分　　布】产于灵武、中卫沙坡头、陶乐、盐池。分布于我国内蒙古（东西部沙地、沙漠）、陕西（北部）、甘肃（沙区）。

【形态特征】一年生、二年生草本，根肉质。茎直立，高 30～100cm 以上，淡绿色，圆柱形，多分枝。基部叶具长柄，叶片羽状全裂，1 回裂片又不规则 2～3 裂或顶端具 1～3 齿；茎生叶羽状全裂，裂片全缘；茎上部叶片线状披针形或线形。总状花序顶生或腋生；外侧 2 萼片椭圆形，基部外鼓成囊状，内侧 2 萼片倒卵状椭圆形；花瓣白色或淡紫色；雄蕊 4 长 2 短，离生；花柱短，柱头具多数乳头状突起。短角果两侧具长翅，先端尖，上举；果核扁椭圆形，表面具长短不等的刺状或齿状突起。

【生物学特性】流动沙丘先锋植物，生于草原，半荒漠带半流动、流动沙丘、沙丘间低地，落沙坡脚，平坦沙地；也生于田边、渠沟旁。根深 1.3m，侧根长达 2～3m。一般株高 150～160cm，丛径 160cm；雨水充分可高 1.5～2m，主茎粗 2～3cm，干旱年份仅高 10cm。花果期单株结角果 1.3 万余枚，种子 14 000 余粒。种子遇雨易萌发，当年幼苗高 30cm；多稀疏单生，局地可形成小片单优群落，常伴生沙蓬、沙鞭等。6～8 月开花，8～9 月结果。

【饲用价值】中等饲用植物。羊乐食，特别是春季青嫩期适口性良好；花后茎秆变硬，适口性降低，但叶片可食，牛、马也采食。嫩茎叶富含维生素、核黄素和胡萝卜素。

独行菜

【学　　名】*Lepidium apetalum*

【别　　名】茎独行菜、北葶苈子（中药名）、辣辣秧（宁夏）

【资源类别】野生种质资源

【分　　布】产全区。分布于我国黑龙江、吉林、辽宁、河北、内蒙古、山西、陕西、甘肃、浙江、安徽、山东、河南、江苏。

【形态特征】一年生、二年生草本，高 10～20cm。茎直立或铺散，被棒状腺毛，多分枝。基生叶羽状浅或深裂，基部下延成柄；茎生叶狭披针形至线形，无柄，全缘或疏具缺刻状锯齿，边缘疏被棒状腺毛。总状花序顶生，花后伸长；花梗被腺毛；萼片背面疏生柔毛；花瓣小，白色；雄蕊 2，位于子房两侧。短角果扁平，近圆形，先端凹缺，具狭翅；果梗被棒状腺毛。

【生物学特性】旱中生植物。生于海拔 400～2000m 的山坡、沟谷、路旁、村庄、庭院、田间、摺荒地、干河床，为农田杂草。耐轻盐化土壤，pH7.5～8.5，不耐过湿生境。耐牧，再生性强，在过牧的畜圈、水井附近常形成低矮的单优群聚。4 月初萌生，4～5 月开花，5～6 月结果，生育期 120 天。

【饲用价值】中等饲用植物。青绿期至结实前羊、牛、马均采食，羊乐食。本种具辣味，影响其适口性。种子成熟后秸秆变硬，叶片变黄脱落，适口性降低，仅山羊、绵羊少量采食果实。

荠

【学　　名】*Capsella bursa-pastoris*（Linn.）Medic.

【别　　名】荠菜

【资源类别】野生种质资源

【分　　布】产于固原、海原。我国全国分布。

【形态特征】一年生、二年生草本。茎直立，高 15～30（40）cm，不分枝或下部分枝；茎叶皆被单毛、叉状毛和星状毛。基生叶莲座状，大头羽状深裂或不整齐羽状裂，叶柄具窄翅；茎生叶披针形，先端尖，基部箭形，抱茎，全缘或疏具齿牙。总状花序顶生，花后伸长；萼片边缘白膜质；花瓣十字形，白色，雄蕊 6，4 长 2 短。短角果倒三角形，无毛，先端微凹或平截，具宿存花柱，开裂。

【生物学特性】中生植物；世界广布种。生于山坡、村落、田边、荒地、园林、庭院、沟渠边。适温 12～15℃，年降水量 350～800mm，适 pH7.5～7.8 的中性、微碱性土。种子可保存生活力 5 年以上，落地经半月左右休眠，12～15℃萌发。喜光；能忍受 0℃以下的低温，不耐夏季酷热。4 月萌发，6～7 月开花结果，生育期 100～120 天。

【饲用价值】中等饲用植物。幼嫩期适口性良好，羊、马、牛均乐食；果后适口性降低，羊乐食果实。花前采集青苗可喂猪、鸡、鸭、鹅，早春返青早，生长快，为春季羊抢青牧草；盛花期粗蛋白质含量可达 23.53%。幼嫩时为野生蔬菜。

▌芝麻菜

【学　　名】*Eruca sativa* Mill.

【别　　名】芸盖、圆圆（宁夏）

【资源类别】野生种质资源

【分　　布】全区有种植，宁南半干旱地区旱作栽培较多。分布于我国河北、山西、陕西、甘肃、新疆等地。

【形态特征】一年生草本，茎直立，高 25～40cm，具分枝。基生叶具长柄，大头羽状深裂，顶裂片近卵形，边缘波状或具不规则锯齿，侧裂片椭圆形，全缘、波状或具不规则锯齿；茎生叶羽状深裂，向上渐小，近无柄。总状花序顶生，花后伸长；萼片直立；花瓣十字形，黄色，具褐色脉纹，先端微凹，基部具长爪；雄蕊 4 长 2 短，离生。长角果直立，圆柱形，先端具剑形扁平长喙；种子近球形，淡黄褐色。

【生物学特性】作为油料作物，常与亚麻混种；比亚麻耐旱，故较干旱地区又常单播。常见有逸出成半野生者。习生于海拔 1400～3100m 的山（丘）荒地、沙地、轻盐碱地、田边、路旁、山坡。花果期 5～7 月。

【饲用价值】良等饲用植物，猪、兔喜食。种子含油量 30% 左右供食用；油饼、油渣作饲料。

▌蚓果芥

【学　　名】*Torularia humilis*（G. A. Mey.）O.E.Schulz

【别　　名】串珠芥、念珠芥、扭果芥、雀儿脑脑（固原、海原）

【资源类别】野生种质资源

【分　　布】产于贺兰山、罗山、南华山及中卫、固原、盐池、同心、西吉、原州区。分布于我国内蒙古、河北、河南、陕西、甘肃、青海、新疆、西藏。

【形态特征】多年生草本。茎自基部多分枝，铺散或斜升，高 10～15cm，下部常紫色，密被叉状毛。基生叶倒披针形，先端圆钝，具短柄，全缘或具疏齿，两面被分叉毛，花时枯萎；茎生叶倒披针形或线形，先端圆钝，具疏齿或全缘，两面被分叉毛。总状花序顶生，花后伸长；萼片直立，边缘膜质，背部被叉状毛；花瓣 4，十字形，白色或淡紫色，先端截形或微凹，基部渐狭成爪；雄蕊 4 长 2 短。长角果线形，念珠状，直立、弯曲或扭曲，形似蚯蚓。

【生物学特性】中生植物。分布于森林草原、草原地带，生于海拔 1000～4200m 的山坡林下、沟谷、河滩草甸、草甸草原。适黄绵土、黑垆土、具覆沙的淡灰钙土。在黄土高原低山、丘陵阴坡，常伴生在茭蒿、长芒草草原中；在北部向荒漠草原过渡地带，与细弱隐子草、阿尔泰狗娃花等伴生于短花针茅、菴状亚菊、珍珠柴荒漠草原，也少量生于中亚白草、沙芦草沙地植被；在藏北高原，也生于紫花针茅高寒草原。在宁夏，本种 4 月上旬萌发，4 月下旬现蕾，5 月开花，6 月下旬花谢，7 月中、下旬果熟，9 月中下旬枯黄，生育期 165 天左右。

【饲用价值】中等饲用植物。早春萌发，羊喜食，是较好的抢青饲草；牛、马也采食。因植株矮小，冬春季保存不好，影响其饲用价值。

▌涩荠

【学　　名】_Malcolmia africana_（L.）R.Br.

【别　　名】涩芥、田萝卜（海原）

【资源类别】野生种质资源

【分　　布】产于固原、海原、西吉、陶乐、原州区。分布于我国内蒙古、河北、山西、河南、江苏、安徽、四川、青海、新疆、西藏。

【形态特征】一年生草本。茎直立或铺散，高 10～25cm，多自基部分枝，密被分枝毛。叶椭圆形、长椭圆形或卵状披针形，先端钝，边缘疏具波状齿，两面被分枝毛；总状花序顶生，花后伸长；萼片直立，边缘膜质，背面被分枝毛；花瓣 4，十字形，粉红色或淡紫色；雄蕊离生，4 长 2 短；子房圆柱形，花柱短，柱头头状，2 裂。长角果线形，具 4 棱，果啄短圆锥形。

【生物学特性】中生植物。在本区多为农田杂草；在新疆、阿拉善、柴达木等地的梭梭、喀什蒿荒漠中为一年生草本层片组成成分。4 月初萌发，5～6 月开花，7 月种子成熟，8 月枯萎，生育期 120 天。

【饲用价值】中等饲用植物。花期前羊、牛、马喜食，猪也采食。结果后茎秆变粗糙，具涩辣味，适口性降低，羊乐食，牛、马不采食。

▌牻牛儿苗

【学　　名】_Erodium stephanianum_ Willd.

【别　　名】太阳花、红根子（海原）、路趴草（固原）

【资源类别】野生种质资源

【分　　布】产全区。分布于全国。

【形态特征】染色体数：$2n=2x=16$。一年生或二年生草本，高 10～50cm。直根圆柱状，棕褐色。茎多分枝。叶对生，叶片卵形或椭圆状三角形，2 回羽状深裂；叶柄长 3～5cm，被疏柔毛；托叶线状披针形，长约 3mm。伞形花序叶腋生，具 2～5 朵花；花梗长 1～3cm，被柔毛；萼片长椭圆形；花瓣倒卵形，淡紫色或紫蓝色；子房密被银白色长硬毛。蒴果长 0.8～1.0cm，成熟时 5 果瓣与中轴分离。

【生物学特性】旱中生植物，广布种。生于海拔 1300～3000m 的石质、碎石山坡，河滩，固定沙丘，沙地，田间，路旁。5～6 月开花，7～9 月结果。

【饲用价值】中等饲用植物。叶量较多，茎干柔软，青嫩期羊、牛、马采食，尤其是花序羊喜食。结实后，特别是入秋适口性降低，冬季保存差，几乎无饲用价值。青嫩期刈割调制的青干草，羊、马、牛均采食。

▌鼠掌老鹳草

【学　　名】*Geranium sibiricum* L.

【别　　名】鼠掌草

【资源类别】野生种质资源

【分　　布】产全区。分布于我国黑龙江、吉林、辽宁、内蒙古、河北、山西、陕西、甘肃、新疆、湖北、四川、云南、西藏等地。

【形态特征】多年生草本，高 20～40（70）cm。根圆锥状。茎俯卧或上部斜升，具节。叶对生，基生叶，与下部茎生叶具长柄，掌状 5 深裂，裂片上部又羽状深裂或具齿状深缺刻；上部叶 3 深裂；托叶披针形。花径约 10mm，单生，稀 2 朵，腋生或顶生；花梗中部具 2 披针形苞片；萼片 5，顶端具芒尖；花瓣 5，白色或淡紫红色；雄蕊 10，花丝基部扩展；花柱 5，基部合生。蒴果具喙，果瓣 5，成熟时由下而上背卷，内面无毛。

【生物学特性】中生植物。生于海拔 1000～5500m 的山坡、林缘、湿地、人工林下、农田、村舍附近；也见于山谷低地、溪水边。常以伴生种出现于山地草甸草原、草甸。适宜冷凉、潮湿的壤质黑钙土、暗栗钙土、山地棕壤土、山地灰褐土。4 月中下旬返青，6～7 月开花，7～9 月结果。

【饲用价值】中等饲用植物。春季羊喜食，牛、马也采食，尤其喜食花序。青嫩期茎秆质地柔软，适宜春夏季利用；结实后，适口性降低，叶片干枯后易碎，冬季保存差。割制青干草，羊、马、牛均采食。

▌粗根老鹳草

【学　　名】*Geranium dahuricum* DC.

【别　　名】块根老鹳草

【资源类别】野生种质资源

【分　　布】产于六盘山、南华山。分布于我国黑龙江、吉林、内蒙古、河北、山西、陕西、甘肃、青海、四川（西部）和西藏（东部）。

【形态特征】地下生一簇纺锤形肉质块根。花较大，直径＞2cm；叶掌状 7 深裂几达基部，裂片中部以上有规则羽裂；花梗、花萼、蒴果被单毛。

【生物学特性】中生植物。生于海拔 2500m 的山地林下、林缘灌丛、草甸。

【饲用价值】中等饲用植物。饲用价值与鼠掌老鹳草基本相同。

▌毛蕊老鹳草

【学　　名】*Geranium platyanthum* Duthie

【资源类别】野生种质资源

【分　　布】产于罗山、六盘山和南华山。分布于我国黑龙江、吉林、辽宁、内蒙古、河北、山西、陕西、甘肃、青海、四川（西北部）。

【形态特征】叶掌状 5 中裂，裂片具粗牙齿；每叶腋生 2～3 总花梗，每花梗生 2～4 朵花，花大，直径＞2cm；果期花梗直立；花梗、花萼，蒴果被单毛或腺毛。

【生物学特性】中生植物。生于海拔 1200～2100m 的山坡林缘灌丛、草甸。

【饲用价值】中等饲用植物。饲用价值与鼠掌老鹳草基本相同。

▌野亚麻

【学　　名】*Linum stelleroides* Planch.

【别　　名】野胡麻（宁夏）

【资源类别】野生种质资源

【分　　布】产于六盘山及固原。分布于我国东北、华北、西北、华东。俄罗斯、朝鲜、日本有分布。

【形态特征】一年生草本，高 40～60cm。茎直立，无毛。叶互生，线形或线状披针形，无毛。聚伞花序，多分枝；花梗细长，长 0.5～1.5cm；萼片狭卵形，先端具短尖，边缘膜质，具黑色腺体；花瓣倒卵形，淡紫色或紫蓝色；雄蕊 5，花丝下部稍宽，基部连合；花柱 5，基部合生，上部分离。蒴果球形或扁球形。

【生物学特性】中生植物。生于海拔 1400～2500m 的山坡、林缘、沟壁、路边、固定沙丘、平坦沙地。6～7 月开花，7～9 月结果。

【饲用价值】中等饲用植物。饲用价值近似于亚麻，幼嫩期羊、牛、马喜食。结实后茎秆变硬，适口性下降，羊、牛、马仅采食花序和果实。

▌宿根亚麻

【学　　名】*Linum perenne* L.

【别　　名】黑水亚麻、贝加尔亚麻、野胡麻

【资源类别】野生种质资源

【分　　布】产于贺兰山、罗山及中卫、固原、盐池、海原。分布于我国河北、山西、陕西、甘肃、青海、新疆、内蒙古等地。

【形态特征】多年生草本，高 20～50cm。根圆柱形，粗壮，木质化。茎直立，自基部分枝。叶互生，生殖枝上的叶线形或线状披针形，叶缘稍反卷，无毛，下部叶较小；不育枝上的叶稍密。聚伞花序具多数花；花梗细长，长 0.5～3.0cm，无毛，萼片卵形；花瓣宽倒卵形，蓝紫色；雄蕊 5，基部合生，外具 5 个腺体与花瓣对生；花柱 5，基部合生。蒴果近球形，黄色，光滑，深裂。

【生物学特性】旱生植物，广布草原带的群落伴生种。生于海拔 1300～2200m 的砂砾质干燥山坡、黄土丘陵、河边、路旁。6～9 月开花，8～9 月结果。

【饲用价值】中等饲用植物。幼嫩期羊、牛、马喜食，结实后羊、牛、马仅采食花序和果实。

白刺

【学　　名】*Nitraria tangutorum* Bobr.

【别　　名】唐古特白刺

【资源类别】野生种质资源

【分　　布】产于同心以北，以石嘴山、银川、吴忠、青铜峡、中卫、灵武、平罗、陶乐、盐池为多见。分布于我国内蒙古（西部）、陕西（北部）、甘肃、青海、新疆、西藏（东北部）。

【形态特征】灌木，高50～150cm。茎直立、斜生或平卧，灰白色；枝稍"之"字形弯曲，具纵棱，疏被短伏毛，先端常成刺状。叶肉质，在嫩枝上常2～3片簇生，倒卵状披针形或长椭圆形匙形，长1.5～3.0cm，宽3～10mm；托叶三角状披针形，膜质，棕色。花小，排列为多枝的顶生蝎尾状聚伞花序；花序轴密被伏毛；萼片5；花瓣黄白色，椭圆形；雄蕊10～15个；子房密被白色伏毛，柱头3，无花柱。核果卵形或椭圆形，长8～12mm，深红色。

【生物学特性】潜水旱生植物，半荒漠、荒漠地带盐化沙地群落的建群种。习见于湖盆边缘、河流阶地、风积沙地、有风积沙的龟裂土上，常沿湖盆外围呈环形分布；与芨芨草、黑蒿、细枝盐爪爪、苦豆子、甘草混生。枝叶茂密，根深13～14m，侧根长6～7m，根幅为冠幅的14倍。耐旱，但需有潜水补给；耐土壤含盐0.1%～0.23%。4月中、下旬萌发，5～6月开花，7月结果，7月中、下旬果实成熟，进入果后营养期，10月枯黄。单株结核果约5kg，果核1kg。

【饲用价值】中等饲用植物。骆驼常年喜食，羊乐食，尤其在夏秋季乐食其当年生枝叶；羊也采食嫩枝叶，马、牛一般不吃。早春萌发后和秋季经霜后适口性增加，特别是果实为骆驼喜食。冬春缺草时当年生枝条是骆驼和羊主要采食的饲草。

小果白刺

【学　　名】*Nitraria sibirica* Pall.

【别　　名】西伯利亚白刺

【资源类别】野生种质资源

【分　　布】产全区，同心以北为多。分布于我国各沙漠地区。

【形态特征】灌木，高0.5～1.5m，弯，多分枝，枝铺散，少直立。小枝灰白色，不孕枝先端刺针状。叶近无柄，在嫩枝上4～6片簇生，倒披针形，长6～15mm，宽2～5mm，先端锐尖或钝，基部渐窄成楔形，无毛或幼时被柔毛。聚伞花序长1～3cm，被疏柔毛；萼片5，绿色，花瓣黄绿色或近白色，矩圆形，长2～3mm。果椭圆形或近球形，两端钝圆，长6～8mm，熟时暗红色，果汁暗蓝色，带紫色，味甜而微咸；果核卵形，先端尖，长4～5mm。花期5～6月，果期7～8月。

【生物学特性】耐盐旱生植物。广布于草原，半荒漠、荒漠地带。生于轻盐化沙地、湖盆、干河床边缘浅沟，是戈壁滩低地的景观植物；也生于东北、华北滨海盐化沙地。可堆集成高 1.5～3m、直径 3～5m 的坟状小沙丘；适具盐结皮的草甸盐土，耐土壤全盐含量 0.55%。常为群落优势种，有时也与芨芨草生长在一起。5～6 月开花，7～8 月结果。

【饲用价值】中等饲用植物。营养价值与白刺基本相同。

多裂骆驼蓬

【学　　名】*Peganum multisectum*（Maxim.）Bobr.

【别　　名】骆驼蓬、大骆驼蒿（中卫）、大臭蒿（盐池）

【资源类别】野生种质资源

【分　　布】产于贺兰山、罗山、南华山及盐池、同心、海原、原州区、西吉。分布于我国内蒙古（西部）、陕西（北部）、甘肃。

【形态特征】多年生草本，高 30～50cm，全株无毛。根粗壮，直生，褐色。茎直立或斜升，多由基部分枝，具纵棱。叶稍肉质，2 回羽状全裂，裂片线形；托叶线形，黄褐色。花单生，与叶对生；花梗长约 1cm；萼片常 5 全裂，裂片线形，稀 3 全裂；花瓣白色或浅黄色，倒卵状矩圆形；雄蕊 15 个；子房 3 室，柱头三棱形。蒴果近球形，褐色，3 瓣裂。种子黑褐色，略呈三棱形，具蜂窝状网纹。

【生物学特性】耐盐旱生植物。生于草原、半荒漠地带，常见与沙冬青、藏青锦鸡儿、大白刺、驴驴蒿、芨芨草等混生于干燥山坡、黄土丘陵、河岸沙地、家畜栖息地、过牧草地、饮水点、村落、路边。4 月下旬返青，6 月上旬现蕾，6 月中旬至 8 月上旬开花，7～8 月结果，8 月下旬成熟，11 月上旬枯黄。本种可长成铺散的大丛，丛径 60～85cm，每株有分枝 60 余枝，结种子 2700 余粒，茎、叶、花序比 1∶1.7∶0.4，干鲜比 1∶4.2。

【饲用价值】中等饲用植物。骆驼常年采食，青绿时乐食；羊春季青嫩时采食，夏季生长旺盛期因含有生物碱，有特殊异味，家畜一般不吃；经霜后适口性增加，骆驼喜食，羊、牛、马采食。花、果期粗蛋白质含量可达 24.73%，此时农牧民多割制成青干草冬春饲喂。茎秆比较柔软，适口性好，在其产区是主要的饲草。

北芸香

【学　　名】*Haplophyllum dauricum*（L.）G. Don

【别　　名】拟芸香、假芸香、草芸香

【资源类别】野生种质资源

【分　　布】产于贺兰山、罗山、香山、南华山及石嘴山、中卫、盐池。分布于我国黑龙江、内蒙古、河北、新疆、甘肃、陕西等地。

【形态特征】多年生草本，高 10～20cm。根灰褐色，主根直伸，粗壮且木质化。茎由基部丛生，直立或稍斜升。单叶互生，无柄，全缘，线状披针形至狭矩圆形，灰绿色。伞房状聚伞花序顶生；花黄色，直径约 1.8cm；萼片 5；花瓣 5；雄蕊 10，离生；子房

3室，稀4或2室，花柱长约3mm，柱头稍膨大，蒴果顶端开裂，每室具2粒种子，种子肾形，黄褐色，表面具皱纹。

【生物学特性】旱生植物。生于草原、半荒漠地带，常见与沙冬青、藏青锦鸡儿、大白刺、芨芨草等混生于干燥山坡、黄土丘陵、河岸沙地、家畜栖息地、过牧草地、饮水点、村落、路边。4月中、下旬萌发，5月下旬现蕾，6月至8月中旬开花，8月下旬结实成熟，9月下旬枯黄。根幅40cm左右；耐旱，耐寒。

【饲用价值】中等饲用植物。返青较早，采食时间长，羊乐食茎叶和花序，骆驼全年喜食；牛、马很少采食。本种为骆驼和羊的抓膘饲草，对绵羊的可食系数四季分别为：春66.66%、夏84.87%、秋82.66%、冬69.70%。花期粗蛋白质含量为9.00%，消化率为93.02%。

▌酸枣

【学　　名】*Zizyphus jujube* Mill. var. *spinosa*（Bunge）Hu ex H.F. Chow

【别　　名】酸枣子

【资源类别】野生种质资源

【分　　布】产于贺兰山东麓及石嘴山、青铜峡、中卫、平罗、贺兰。分布于我国黑龙江、吉林、辽宁、河北、内蒙古、山东、河南、江苏、安徽、甘肃、陕西、新疆。

【形态特征】灌木或小乔木，高1～3m。小枝"之"字形弯曲，紫褐色；具2种托叶刺，一种直伸，长达3cm，另一种弯曲。单叶互生，椭圆形至卵状披针形，边缘有细锯齿，基3出脉，上面绿色，下面灰绿色。聚伞花序叶腋生，花黄绿色，2～4朵簇生于叶腋。萼片5，卵形或卵状三角形；花瓣5，膜质，勺形；雄蕊5，柱头2裂。核果小，近球形，熟时红褐色，味酸，核两端钝。

【生物学特性】喜阳、喜温的旱中生植物。生于海拔1400m以下的向阳低山、丘陵坡地、沟谷、山前平原、石质干河床、固定沙地。适生于温度17～26℃，≥10℃积温4600～5000℃，无霜期180～200天，年降水量（300）400～600mm的生境；耐夏日40℃高温。喜山、丘石质、碎石生境或半石质、砂质土，pH6.5～7.5，耐轻盐碱土。在贺兰山东麓浅山沟谷、洪积扇与山前洪积坡地常沿浅沟、洪水流经处形成低矮的酸枣灌丛。在暖温带常与荆条、白刺花、山桃、河朔荛花、白羊草、黄背草、白莲蒿、小尖隐子草等组成不同类型的暖性灌草丛。4月萌发，6～7月开花，8～9月结果。人工播种后5年进入旺盛结果期，可维持30年。

【饲用价值】中等饲用植物。叶和当年嫩枝，羊、牛、马、骆驼均喜食，营养价值高，适口性好。其营养枝及开花、结实枝条粗蛋白质含量均在13%以上。叶片经采集、蒸煮、发酵可喂猪。果实羊喜食，猪也采食。

▌野西瓜苗

【学　　名】*Hibiscus trionum* Linn.

【别　　名】和尚头

【资源类别】野生种质资源

【分　　布】产于全区。我国各地有分布，广布种。

【形态特征】一年生草本，高 25～40（60）cm，全体被细软毛。茎直立、斜生或平卧。基部叶近圆形，边缘具齿裂，中、下部叶 3～5 掌状深裂，裂片倒卵状长圆形，边缘具羽状缺刻或大锯齿。花单生于上部叶腋；具副萼片 12 枚，线形，基部合生；花萼钟形，具紫色纵条纹，5 齿裂；花瓣 5，淡黄色，基部紫色；雄蕊 5，花丝合生成筒，紫色，包裹花柱；花柱顶端 5 裂，柱头头状。蒴果近球形，5 瓣裂。

【生物学特性】中生植物。农田杂草，生于农田、渠边、荒地、山坡、路旁、居民点附近。5 月初出苗，7～8 月开花，8～9 月结果，8 月中旬以后成熟，10 月枯萎。

【饲用价值】中等饲用植物。叶量大，茎柔软，适口性良好，青绿期羊喜食，马、牛也采食；花期割制干草适口性不降低，羊、马、牛均乐食。果实蛋白质含量较高，可作精饲料。

▌冬葵

【学　　名】*Malva crispa* Linn.

【别　　名】野葵、轮花锦葵

【资源类别】野生种质资源

【分　　布】产全区。全国分布。

【形态特征】一年生草本，高 20～30（60）cm。茎直立，单一，被星状柔毛。叶肾形或近圆形，掌状 5～7 裂，裂片三角状圆形，边缘具浅圆钝细齿。花单生或数个簇生于叶腋，副萼片 3，线状披针形，先端尖，疏被糙伏毛；萼浅杯状，5 裂；花瓣 5，淡红色；雄蕊管被毛；花柱分枝 10～11。分果圆盘状。

【生物学特性】田间杂草。生于海拔 1100～3000m 的田边，沟、渠畔。喜温湿、肥沃土壤，在果园、菜园中生长旺盛。5～6 月开花、结果，7 月成熟，随果实成熟植株枯萎。

【饲用价值】良等饲用植物，适口性好。叶量多，茎秆嫩，营养期粗蛋白质含量接近30%，羊、牛、马均喜食；猪、鸡、鸭、鹅采食叶片和种子；干枯后家畜也采食，特别爱吃其略带甜味的果实。

▌红砂

【学　　名】*Reaumuria songaricra*（Pall.）Maxim.

【别　　名】琵琶柴、批把柴、红虱、红（宁夏）、红须木柴（中卫）

【资源类别】野生种质资源

【分　　布】产于贺兰东麓、同心以北、海原北部。分布于我国新疆、青海、甘肃、内蒙古。

【形态特征】小灌木，高 15～25cm。茎多分枝，老枝灰黄色，幼枝色淡。叶 3～5 枚簇生，肉质，短圆锥状或鳞片状，长 0.8～4.0mm，宽约 0.7mm，先端钝，浅灰绿色，秋季变紫红色。花单生叶腋或在小枝上集成疏松的穗状；苞片 3，绿色，具白膜质边缘；花小型，花萼钟形，中、下部连合，上部 5 齿裂；花瓣 5，粉红色或白色，先端钝，弯曲成兜形，里面下部具 2 矩圆形鳞片状附属物，雄蕊 6（8），离生；花柱 3。蒴果长圆状卵形，3 瓣裂；种子全体被灰白色柔毛。

【生物学特性】泌盐的盐生、超旱生植物，半荒漠、荒漠地带重要建群种。广布宁夏中部、北部，阿拉善东部半荒漠地带；生砾质戈壁、山前平原、河流阶地、盐化低地、干河床、干湖盆；也常沿盐化地段伸入草原地带。常与珍珠柴、球果白刺组成群落；在盐化低地可形成单优群落；在新疆盆地外围、柴达木盆地也形成群落优势种；在荒漠草原带的碎石质山、丘坡地，伴生于小针茅群落内。分布区≥10℃积温 2000～5000℃，年降水量 50～200mm，在年降水量＜50mm 的荒漠区植株矮生于盐化低地。4 月上、中旬返青，5 月上旬大量生叶，6 月下旬至 7 月份开花，8 月上旬结果，9 月末至 10 月份成熟，霜后变为橘红色、朱红色，10 月末至 11 月中旬枯萎。再生性弱，6 月初刈割后其当年枝至秋末仅再生 3～4cm。结籽繁殖，也可自基部劈裂繁殖。

【饲用价值】中等饲用植物。适口性良好，骆驼春、夏、秋季喜食，当年生枝条羊采食；冬季骆驼、羊乐食，马很少采食，牛基本不吃。耐旱，耐盐碱，干旱缺草年份饲用价值增强，是骆驼和羊的主要饲草。以红砂为优势种的草场属于较好的冬春放牧草场。本种灰分含量较高，家畜牧食可补充钙质和盐分，并有利于提高食欲。

黄花红砂

【学　　名】*Reaumuria trigyna* Maxim.

【别　　名】长叶红砂、黄花琵琶柴

【资源类别】野生种质资源

【分　　布】产贺兰山（北部）、牛首山及石嘴山、陶乐、盐池。分布于内蒙古（西部）、甘肃（景泰）。

【形态特征】小灌木，高 10～30cm；多分枝，老枝灰白色或灰黄色，条状剥裂，当年生枝从老枝顶部生出，幼枝淡绿色。叶肉质，圆柱形，2～5 个簇生，长 5～15mm，直径 0.5～1.0mm，先端圆，微弯曲。花单生叶腋，苞片基部扩展，先端短突尖；萼片 5，离生，与苞片同形；花瓣 5，黄色，里面下部具 2 瓣片状附属物；雄蕊 15；花柱 3，蒴果矩圆形，3 瓣裂。

【生物学特性】超旱生植物。阿拉善地区特有种。生于海拔 1200～1600m 的石质低山坡、山麓洪积扇、砾石质山前平原。7～8 月开花，8～9 月结果。

【饲用价值】中等饲用植物。羊、骆驼乐食其嫩枝叶，适口性近似于红砂；分布区域相对小，其在荒漠草场的地位次于红砂，但抗旱性却强于红砂。

宽叶水柏枝

【学　　名】*Myricaria platyphylla* Maxim.

【别　　名】沙红柳、喇嘛杆

【资源类别】野生种质资源

【分　　布】产于中卫、灵武、平罗、陶乐、盐池。分布于我国内蒙古、陕西（北部）、新疆。

【形态特征】直立灌木，高 1.5～2.0m，老枝红褐色、灰褐色，幼枝灰白色、灰黄色，光滑。叶较大，在枝上疏生，宽卵形或椭圆形，长 7～12mm，宽 3～8mm，先端锐尖或短渐尖，基部圆形或楔形、无柄，不抱茎。总状花序侧生于去年生枝上，长 9～14cm，基部被宿存鳞片；苞片边缘膜质，宿存；花 5 基数，萼片披针形，绿色，具狭膜质边；花瓣粉红色，果时凋存；雄蕊 10，花丝合生达 2/3 以上；柱头 3。蒴果四棱状圆锥形；种子顶端的芒柱下半部裸露，上半部具柔毛。

【生物学特性】生于河漫滩、河岸、山谷、山间低地、湖盆边缘、沙丘间低湿地。4 月开花，5～6 月结果。耐沙埋，沙埋后在背风坡或丘顶可形成更大株丛。

【饲用价值】良等饲用植物。骆驼四季喜食，特别是春夏和冬季。羊、马、牛也采食。

沙枣

【学　　名】*Elaeagnus angustifolia* Linn.

【别　　名】沙枣子

【资源类别】野生种质资源

【分　　布】产全区。分布于我国辽宁、河北、山西、河南、陕西、甘肃、内蒙古、新疆、青海等地。

【形态特征】落叶乔木，高达 15m。全株被银白色或灰褐色星状毛或盾形鳞片。树皮褐色，具纵条裂；枝紫褐色，具粗壮枝刺。单叶互生，椭圆形、卵状椭圆形至披针形，全缘；叶柄长 0.5～1.0cm。花 1～3 朵生当年生枝，花梗长 5～8mm；花萼钟形，裂片 4，三角状卵形；雄蕊 4，着生于萼筒上部。果实椭圆形或近球形，长 1～2cm，橙黄色。

【生物学特性】耐盐碱的潜水旱生植物，具有抗旱，抗风沙，耐盐碱，耐贫瘠等特点。分布在降水量＜150m 的荒漠、半荒漠地区。在≥10℃积温 3000℃以上地区生长发育良好。活动积温 75℃开始萌动，10℃以上，生长进入旺季，16℃以上进入花期。对硫酸盐土适应性较强，在全盐量 1.5% 左右可以生长，生长于山地、平原、沙滩、荒漠。

【饲用价值】优等饲用植物。当年生枝条柔软，叶大而多，其当年生枝叶羊、牛均采食；在荒漠地区，骆驼也采食其枝条，秋季落叶也是家畜的好饲料，可以储存到冬季饲喂，适口性好。果实营养丰富，各类家畜都喜食。

狐尾藻

【学　　名】*Myriophyllum verticillatum* L.

【别　　名】轮叶狐尾藻

【资源类别】野生种质资源

【分　　布】产黄灌区。全国分布；全球广布种。

【形态特征】多年生水生草本。根状茎细长，横走，节上生多数纤细须根。茎细长，柔软，具分枝。叶4～5片轮生，丝状全裂，裂片近对生，7～9对。花单性，雌雄同株或杂性，单生于水上叶的叶腋内；雌花花萼与子房合生，顶端4裂，裂片卵状三角形，花瓣极小，早落；雄花萼片4，雄蕊8，花丝丝状；子房下位，卵形，柱头4裂，羽毛状。果实卵状球形，长约3mm，具4浅沟。

【生物学特性】挺水水生植物。生于池沼、河川浅水处、排水沟及常年积水的沼泽地。花果期7～9月。

【饲用价值】中等饲用植物。水禽、草鱼的饲草。捞出沥干水分，羊、牛可采食；也可喂猪、鸭、鹅、鸡。晾晒干后可以饲喂羊。

杉叶藻

【学　　名】*Hippuris vulgaris* L.

【资源类别】野生种质资源

【分　　布】产于黄灌区。分布于我国华北、东北、西北、西南。

【形态特征】多年生水生草本，具根茎，横走，节上生须根。茎直立，圆柱形，具节，不分枝。叶6～12片轮生，线形，全缘，生于水中的叶较长。花单生叶腋，无柄，花萼大部分子房合生，长约1mm，全缘；无花瓣；雄蕊1，花药卵形；子房下位，花柱1，线形，较雄蕊稍长。核果长椭圆形，棕褐色，无毛。

【生物学特性】挺水生植物。生于浅水池塘、河边湿草地、低洼积水沼泽地、沙区湖盆边缘。6月开花，7月结果。

【饲用价值】中等饲用植物。茎秆柔软，粗纤维含量低，为水禽、草鱼的饲草；鸭、鹅也采食。打捞出水，沥干晾晒后可饲喂羊、牛、猪、鸡。

锁阳

【学　　名】*Cynomorium songaricum* Rupr.

【别　　名】乌兰高腰、地毛球、羊锁不拉

【资源类别】野生种质资源

【分　　布】产于平罗、陶乐、银川、灵武、盐池、同心、中卫。分布于我国新疆、青海、甘肃、内蒙古、陕西等地。

【形态特征】多年生肉质寄生草本，高20～100cm，不含叶绿素。叶鳞片状，螺旋状排列，卵状宽三角形，先端尖。肉穗花序生茎顶，伸出地面，圆柱状或棒状；花小，多数，密集，雄花、雌花和两性花混生；雄蕊 1，着生于花被片基部；雌花长约 3mm，花被片 5～6 个；两性花长 4～5mm。

【生物学特性】旱生、寄生植物。分布于半荒漠区及荒漠区的边缘地带，在盐化的固定、半固定沙丘（地）寄生于小果白刺、沙蒿、驼绒藜等植物根上。5～7 月开花，6～8 月结籽。

【饲用价值】中等饲用植物。茎肉质，适口性好，牛、羊、马、骆驼均采食，冬春季羊可用蹄子刨出地面采食。内蒙古牧民将肉质茎晒干，饲喂骆驼，为行远路增加体能。

▌黑柴胡

【学　　名】*Bupleurum smithii* Wolff

【别　　名】五台柴胡

【资源类别】野生种质资源

【分　　布】产于六盘山及原州区、泾源、隆德。分布于我国河北、山西、内蒙古、陕西、甘肃、青海、河南、四川、云南。

【形态特征】多年生草本，高 40～80cm。根圆柱形，多分枝。茎丛生，直立，上部稍分枝，基部具褐色鳞片状残存叶鞘。基生叶多数，长椭圆状倒披针形、披针形，基部渐狭成长柄，柄基鞘状抱茎，常带紫红色；茎中部叶同形而无柄；茎上部叶卵状披针形或狭卵形。复伞形花序顶生；总苞片 1～3，伞辐 6～12，不等长；小总苞片 7～10，椭圆形或倒卵形，宽 2～3mm；小伞形花序具花 20～30 朵；花瓣黄色，顶端具内卷的小舌片。果实卵形或长圆状卵形；分果棱具狭翅。

【生物学特性】中生植物。生于海拔 1900～3600m 的山地林缘草甸、沟谷、河滩。7 月开花，8～9 月结果。

【饲用价值】中等饲用植物。茎秆柔软，叶量较多，适口性中等，羊、牛、马在春季返青时采食。花期虽因有异味适口性降低，羊仍采食花序和果实。果后适口性良好，羊乐食，牛、马也采食。花期割制干草和其他牧草混合饲喂，羊乐食。

▌红柴胡

【学　　名】*Bupleurum scorzonerifolium* Willd.

【别　　名】香柴胡、软柴胡、南柴胡、软苗柴胡

【资源类别】野生种质资源

【分　　布】产于贺兰山、罗山、麻黄山及海原、西吉、隆德。分布于我国黑龙江、吉林、辽宁、河北、山东、山西、陕西、江苏、安徽、广西、内蒙古、甘肃、四川。

【形态特征】多年生草本，高 25～50cm。根深红棕色。茎直立，单生或少数丛生，上部分枝，稍呈"之"字形弯曲，基部具纤维状残留叶鞘。基生叶多数，线性或线状披针形，宽 2～7mm，先端长渐尖，具长柄；茎生叶小，无柄。复伞形花序腋生和顶

生；总苞片 1～5，狭卵形或披针形，不等大，伞辐 3～7，不等长；小总苞片 4～6，线状披针形，宽 0.2～0.3mm；小伞形花序具花 5～15 朵；花瓣 5，黄色，顶端具内卷小舌片。果实椭圆形，果棱钝。

【生物学特性】中旱生、旱生植物。生于山（丘）坡地、固定沙丘（地），是典型草原、草甸草原、草原区沙地植被的习见半生植物；也生于山地疏林下、灌丛中。宁南山区多见于长芒草、大针茅草原；在内蒙古东部生长于羊草、线叶菊草甸草原。主根深 30cm。4 月中旬返青，8～9 月结果，10 月中旬枯黄。

【饲用价值】中等饲养植物。返青较早，青嫩期羊喜食，牛、马也采食。花期羊乐食其花序，牛、马基本不吃。秋后经霜适口性增加，羊喜食，牛、马也采食。

▌葛缕子

【学　　名】*Carum carvi* L.

【别　　名】野胡萝卜

【资源类别】野生种质资源

【分　　布】产于贺兰山、罗山、六盘山、南华山。分布于我国东北、华北、西北等地。

【形态特征】二年生或多年生草本，高 30～60cm。根圆锥形，粗壮，表面棕黄色。茎丛生，直立或斜伸，多分枝，具纵条棱，无毛。基生叶与茎下部叶卵状长椭圆形，长 8～15cm；茎上部叶短缩，叶柄短，全部扩展成鞘；叶鞘基部具 1 对有羽状全裂的小裂片，复伞形花序顶生或侧生，花瓣白色或粉红色，倒卵形，长约 1mm。果实椭圆形，长约 3mm，褐色，无毛；分果棱凸起。

【生物学特性】中生植物。生于山地海拔 2500～3600m 的林下、林缘草地，水沟边，轻盐化草甸，田边，路旁。6～7 月开花，7～8 月结果。

【饲用价值】中等饲用植物。青嫩期叶量丰富，质地柔软，营养价值较高，适口性良好，各类家畜采食，羊喜食，猪也吃。开花以后适口性降低，但可割制青干草和其他饲草混合饲喂家畜。

▌硬阿魏

【学　　名】*Ferula bungeana* Kitag.

【别　　名】沙吊吊、面吊吊、沙茴香、野茴香

【资源类别】野生种质资源

【分　　布】产于盐池、同心、海原、原州区、西吉。分布于我国黑龙江、吉林、辽宁、内蒙古、河北、河南、山西、陕西、甘肃等地。

【形态特征】多年生草本，高 30～50cm。根粗长，圆柱形，淡棕黄色。茎直立，多分枝，具纵条棱，灰绿色，无毛，基部具纤维状残余叶鞘。基上叶与茎下部叶三角状宽卵形或宽卵形，2～3 回羽状深裂；茎中部叶小而简化；顶部叶极简化。复伞形花序顶

生和侧生，总苞片缺或 1～2，披针形，花瓣黄色。果实椭圆形，长 10～13mm，背腹压扁，无毛；分果棱凸起，每棱槽中具 1 条油管，合生面具 2 条油管。

【生物学特性】喜沙的旱生植物。生于草原半荒漠及荒漠带砾石山坡，沙荒地，固定、半固定沙丘，戈壁滩，冲沟，偶见于农田、撂荒地、路边。分布区海拔 1500～2100m。5～6 月开花，6～7 月结果。

【饲用价值】中等饲用植物。叶量较丰富，质地柔软，青嫩期各类家畜均采食，羊喜食。生长旺盛期因具芳香影响适口性。本种可割制青干草混合其他饲草饲喂家畜。

胡萝卜

【学　　名】*Daucus carota* L. var. *sativa* Hoffm.

【别　　名】丁香萝卜、葫芦菔金、葫芦菔、红菜头、黄萝卜、红萝卜

【资源类别】引进种质资源

【分　　布】宁夏普遍栽培。我国各地有栽培，以陕西、甘肃、新疆、四川，包括宁夏栽培最为普遍。

【形态特征】二年生草本，高 50～80cm。根肥厚肉质，圆锥形，黄色、橘红色或橘黄色。茎直立，具纵棱，棱上具倒生刺毛，上部具分枝，节间中空。基生叶三角状披针形或椭圆状披针形，最终裂片线形至披针形，上面无毛，下面及边缘具长硬毛；茎生叶简化；叶柄基部扩展成鞘状。复伞形花序顶生；花瓣白色或淡黄色，倒卵形，先端具内折的小舌片。果实椭圆形，长 3～4mm。

【生物学特性】长日照、中生植物。种子在 2～4℃时发芽，2～6℃经 40～140 天通过春化阶段。生长适温 18～25℃，主根发育适温 13～18℃。喜 pH5.5～7 的中性、微酸性肥沃疏松、土层较深的砂壤土，不适黏重土。栽培中喜适度氮肥、充足钾肥，对磷肥要求一般。栽培第 2 年 6～7 月开花，7～8 月结果。

【饲用价值】优等饲用植物。块根多汁、脆甜，口感好，各类家畜、家禽常年喜食。块根常作为畜、禽胡萝卜素的补充饲料。干物质中粗蛋白质含量 9.2%～12.68%、可消化粗蛋白质 67～91g/kg、粗纤维 10.0%～13.78%，产奶净能 8.23～9.36MJ/kg，消化率高。叶片营养高，适口性好，家畜喜食，除青饲外，还可制作青贮料，或阴干制作青干草。经试验，饲喂胡萝卜能提高公畜繁殖能力，促进幼畜生长发育，提高母鸡产蛋率和蛋的孵化率，提高奶牛产奶量和乳脂率。

海乳草

【学　　名】*Glaux maritima* L.

【资源类别】野生种质资源

【分　　布】产于石嘴山、平罗、银川、灵武、盐池、青铜峡、中卫，黄灌区多见。分布于我国黑龙江、辽宁、内蒙古、河北、陕西、甘肃、新疆、青海、四川、山东、西藏等地。

【形态特征】多年生小草本，高 4～10cm。根须状，肉质；根茎直伸，节上生膜质鳞片及少数细根。茎直立，常带紫红色，具纵棱，无毛，下部多分枝。叶交互对生，较密集，叶片椭圆形、卵状椭圆形、矩圆形或线状矩圆形，无柄。花小，单生叶腋；花萼钟形，粉红色，花萼筒长 2.0～2.2mm；雄蕊 5，着生于萼筒基部。蒴果近球形，长约 3mm，顶端 5 瓣裂。

【生物学特性】耐盐中生、湿中生植物。常以优势种生于湖滨、河滩、低地轻盐化草甸、沼泽草甸、盐化沙地、田边、路旁、泉水附近；也见于海滨盐化草甸。耐地表含盐 3.2%、下层含盐 2.5% 的盐湿生境。4 月中旬返青，5～6 月开花，7 月结果。生育期各地不一，为 90～150 天。

【饲用价值】中等饲用植物。植株小而质地柔软，适口性好，羊、牛、马乐食，因植株矮而影响了大家畜的采食率和饲用价值。

罗布麻

【学　　名】*Apocynum venetum* L.

【别　　名】野麻、红麻

【资源类别】野生种质资源

【分　　布】产于黄灌区、盐池。分布于我国陕西、甘肃、新疆、辽宁、吉林、内蒙古、河北、山西、山东、河南、江苏等地。

【形态特征】直立半灌木，高 60～80（150）cm，具乳汁。茎直立，无毛，枝条紫红色或淡红色。叶对生或互生，椭圆形或长圆状披针形，先端钝，具短尖头，边缘具骨质细齿；叶柄腋间具腺体。聚伞花序枝顶生，萼 5 深裂；花冠筒状钟形，紫红色，先端 5 裂；雄蕊 5，花药箭头状；花柱短，柱头基部盘状，先端 2 裂。蓇葖果 2，叉生，长角状，紫红色。种子黄褐色，顶端簇生白色细毛。

【生物学特性】耐盐中生或潜水旱生植物。生于半荒漠、荒漠地带的沙漠边缘、河漫滩、沟谷底部、湖盆周围、沟渠边、盐化低地草甸；也生于海滨盐碱地。多散生，局地可形成小片优势群落。适年降水量 600mm 地区，在年降水量 50～100mm，而年蒸发量 3000mm 的荒漠地带，只要有 1～4m 的浅地下水也能存活；土壤含盐 0.5%～1%，地表有 10～20cm 盐层，地下水深 3～4m 处可正常生长。耐冬季 -47℃低温和夏季沙面 47.8℃高温。抗风沙，横行根茎可生出不定芽，产生新株；寿命长达 30 余年。4 月下旬至 5 月上旬返青，6～7 月开花，花期 40 天，8 月种子成熟。再生性强，年可刈割 2 次。每株平均产种子 300～800 粒，也可无性繁殖。

【饲用价值】中等饲用植物。嫩枝叶山羊喜食，绵羊、牛、驴也采食。经霜后叶片保存较好，冬季羊、牛乐食；可调制青干草。

地梢瓜

【学　　名】*Cynanchum thesioides*（Freyn）K. Schum.

【别　　名】蒿瓜子、细叶白前

【资源类别】野生种质资源

【分　　布】产于贺兰山以及同心以北各地。分布于我国黑龙江、吉林、辽宁、内蒙古、河北、河南、山东、山西、陕西、甘肃、新疆、江苏等地。

【形态特征】多年生草本，高 15～20（30）cm，具横生根茎。茎铺散或斜升，多分枝，密被柔毛，有白色乳汁。单叶对生；叶片线形，先端尖，全缘。伞形聚伞花序腋生；花小，萼 5 深裂；花冠黄白色，5 深裂；副花冠杯状，5 深裂，裂片狭三角形，与花冠裂片互生；雄蕊 5，每药室 1 个花粉块，下垂；柱头扁平。蓇葖果单生，纺锤形，两端短尖，中部宽大；种子扁平，顶端被白色种毛。

【生物学特性】旱生植物。生于半荒漠、草原地带海拔 1200～1600m 的砂质、砂壤质生境；具根蘖，10～20（50）cm 土层中横行侧根达 3m 以上，兼行无性、有性繁殖。在宁夏及相邻的陕西北部、内蒙古沙地，伴生于黑沙蒿、沙芦草、中间锦鸡儿沙生植被，或霸王、柠条锦鸡儿荒漠中；在内蒙古东部生长于具榆灌丛的褐沙蒿、黄柳、木岩黄芪沙地植被中；也生于农田地埂、撂荒地、路边。6～7 月开花，7～8 月结果，花果期各 2.5～3 个月。

【饲用价值】中等饲用植物。春夏季羊、骆驼采食，霜后也吃。

▌田旋花

【学　　名】*Convolvulus arvensis* L.

【别　　名】箭叶旋花、股子蔓

【资源类别】野生种质资源

【分　　布】产于全区。全国有分布。

【形态特征】多年生草本，具横走根茎。茎基部分枝，平卧或缠绕。叶互生，三角状卵形、卵状长圆形或披针形，先端近圆或微尖，基部戟形或箭形，全缘或 3 裂；中裂片卵状椭圆形、狭三角、披针状椭圆形或线性，侧裂片耳形。花 1～3 朵腋生；苞片 2，线形，与萼远离；萼片 5，不等大；花冠漏斗状，白色或粉红色，或白色具红色瓣中带，檐部 5 浅裂；雄蕊 5，4 长 1 短，花丝基部扩大，具小鳞片；柱头 2，狭长。蒴果卵状球形或圆锥状；种子椭圆形。

【生物学特性】农田杂草，生于村庄、田间、撂荒地、河岸、渠沟边、路边、轻盐化低地草甸。喜肥沃微酸性土；常与赖草、草地风毛菊、天蓝苜蓿、地肤、草木犀、萹蓄生于一起。4 月中旬返青，5 月下旬至 9 月开花，6 月下旬至 10 月结果，花期长达 180 天左右。再生性强。

【饲用价值】中等饲用植物。草质柔软，叶量较多，青嫩期牛乐食。宁南山区群众有"苦子蔓，驴不吃，马不看，老牛过来扯长面"之说。山羊、绵羊采食；猪也采食，汉族群众常采来喂猪。

细叶砂引草

【学　　名】*Tournefortia sibirica* var. *angustior*

【别　　名】紫丹草

【资源类别】野生种质资源

【分　　布】产于贺兰山以及同心以北。分布于我国内蒙古、河北、山西、山东、河南、陕西、辽宁、黑龙江等地。

【形态特征】多年生草本，高 15～25cm，具根茎，黑褐色。茎直立，基部多分枝，全株被白色长柔毛。叶近无柄，狭矩圆形至线形，先端尖，全缘。顶生聚伞花序伞房状，近二叉状分枝。花萼 5 深裂，裂片不等长；花冠白色，漏斗状，檐部 5 裂；雄蕊 5，生花冠筒中部以下，花药箭形；子房不裂，花柱顶生，柱头 2 浅裂，下部环状膨大。果实椭圆状球形，4 棱，先端平截，被白色柔毛。

【生物学特性】中旱生植物。生于固定、半固定沙丘（地），沙漠边缘，干河床，沟渠边，盐化草甸。在荒漠区只生长在覆沙的、地下水较浅的轻盐化草甸。常伴生于黑沙蒿、北沙柳、杨柴沙生灌木群落或与芦苇、假苇拂子茅、角果碱蓬组成低地盐化草甸；有时也生长在白刺、梭梭或芨芨草群落内；在内蒙古东部沙地，生长在褐沙蒿、木岩黄芪、黄柳沙地植被中。在村镇、墙根、路旁、空隙地常呈小面积单优群落。4 月上、中旬返青，5～6 月开花，6～7 月结果，8 月下旬成熟，进入果后营养期，10 月枯萎。

【饲用价值】中等饲用植物。返青早，可作春季抢青牧草。茎秆柔软软，青嫩期绵羊、山羊采食；骆驼在茎秆干枯后喜食，牛也采食。据分析，青嫩期含粗蛋白质 18.14%～19.17%、粗脂肪 11.71%～12.29%，粗纤维含量较低，无氮浸出物含量较高。花期可以采集调制青干草。

聚合草

【学　　名】*Symphytum officinale* L.

【别　　名】友谊草、爱国草

【资源类别】引进种质资源

【分　　布】宁夏黄灌区农村、农场曾有栽培。原产北美洲，欧洲、亚洲、非洲、大洋洲有栽培。20 世纪六七十年代自日本引入我国，在东北及北京种植，后普及到长江以北的广大地区。以山西、山东、江苏、四川种植较多。宁夏也引进，在银川、盐池等地栽培。

【形态特征】多年生草本，高 30～90（100）cm，全株被稍弧曲硬毛和短伏毛。根粗壮，淡紫褐色。茎数条丛生，直立或斜升，多分枝。基生叶多数，具长柄，叶片带状披针形、卵状披针形至卵形，稍肉质，先端渐尖，全缘或波状；茎中、上部叶较小，基部下延。聚伞花序顶生，花多数，无苞片；花萼 5 裂至近基部，裂片被短硬毛；花冠筒钟形，淡紫色或紫红色，檐部 5 浅裂，先端外卷，喉部具 5 个披针形附属物；雄蕊 5；

子房 4 裂，花柱由中间底部生出，伸出花冠，柱头头状。小坚果卵圆形，光滑。

【生物学特性】适应温暖、湿润的生境；喜排水良好的肥沃砂质、砂壤质土；适宜土壤水分为田间持水量的 80%，低于 30% 则生长不良。气温 20～25℃时生长快，41℃则停止生长；根耐 -30℃低温。生长快，再生性强，温带年可刈割 2～3 茬，北亚热带年可刈割 5～6 茬。寿命 10～11 年，除衰老期容易罹病外，壮龄期抗病虫害。一般用分株、分根及扦插茎，甚至叶、花进行无性繁殖。4 月上旬返青，6～9 月开花，11 月中、下旬枯萎。结籽较少，种子千粒重 9.2g，发芽力保持 4～5 年。

【饲用价值】优等饲用植物。产量高，可做家畜和家禽饲料。枝叶青嫩多汁，气味芳香，质地细软。青草经切碎或打浆后散发出清淡的黄瓜香味，猪、牛、羊、兔、鸡、鸭、鹅、鸵鸟、草食性鱼均喜食，可显著促进畜、禽的生长发育。据分析，本种在开花期含粗蛋白质 24.3%、粗脂肪 5.9%、粗纤维 10.1%，消化率也高。另外，聚合草还含有大量维生素 B_{12}。根部含生物碱聚合草素，茎叶含量较少。喂量超过日粮 25% 以上时有毒害作用。猪、鸡对毒性的忍耐力强一些；草食家畜相对弱。要适当地控制喂量，并与其他青饲料混合饲喂效果较好。

▋大果琉璃草

【学　　名】*Cynoglossum divaricatum* Steph.ex Lehm.

【别　　名】展枝倒提壶

【资源类别】野生种质资源

【分　　布】产于六盘山及灵武、盐池、同心、泾源、海原等。分布于我国陕西、甘肃、新疆、四川、云南、贵州、西藏等地。

【形态特征】二年生草本，高 30～60cm。根长圆锥形，暗褐色。茎直立，上部多分枝，被短刚毛。基生叶和茎下部叶长圆状披针形或披针形，宽 1～3cm，上面密生短柔毛，茎上部叶狭披针形。单歧聚伞花序顶生；苞片线状披针形或线形；花萼片 5，卵形，密生短硬毛；花冠初开时紫红色，后变为蓝紫色；裂片 5，卵圆形；喉部具 5 个附属物；雄蕊 5，生花冠筒中部；子房 4 深裂，花柱圆锥状。小坚果 4，卵形，密生锚状刺，着生面位于顶部。

【生物学特性】旱中生植物。生于海拔 740～2300m 的砂砾质干河床底部，也是农田杂草，生于田埂、路边、村庄附近。7～8 月开花，9～10 月结果。

【饲用价值】中等饲用植物。青嫩期适口性良好，羊和大家畜采食，猪也吃。随生长茎秆变硬，适口性下降；果实具锚状刺，成熟后，易粘在羊毛、羊绒上，影响毛纺工业工艺流程，成为有害植物。

▋附地菜

【学　　名】*Trigonotis peduncularis*（Trev.）Benth.ex Baker.et Moore

【资源类别】野生种质资源

【分　　布】产于六盘山、南华山及西吉、固原。分布于我国黑龙江、吉林、河北、山西、内蒙古、陕西、甘肃、青海、新疆等地。

【形态特征】一年生草本，高5～15cm。茎基部分枝，纤细，丛生，具平伏短硬毛。叶互生，匙形、椭圆形或披针形，先端圆钝或尖锐，两面均具平伏短硬毛。单歧聚伞花序顶生，细长，不具苞片；花通常生于花序的一侧；花萼5裂；花冠蓝色，花冠筒黄色，檐部5裂，裂片卵圆形，喉部具5个附属物；雄蕊5；子房深4裂，花柱线形，柱头头状。小坚果4，四面体形，着生面位于腹面基部之上。

【生物学特性】旱中生植物。生于海拔1200～3800m的山地、林缘草地、路旁、田边、沙荒地。6～7月开花，8～9月结果。

【饲用价值】中等饲用植物。春季返青较早，茎叶柔软，适口性良好，羊、牛、马喜食；随生育期而适口性降低。青嫩期也可割制青干草。

夏至草

【学　　名】*Lagopsis supina*（Steph.）Ik. -Gal.ex Knorr.

【别　　名】夏枯草、白花夏枯草、白花益母、灯笼棵、风轮草、小益母草、假茺蔚、假益母草

【资源类别】野生种质资源

【分　　布】产于贺兰山、六盘山及盐池、同心、泾源、西吉、海原、原州区等。分布于我国黑龙江、吉林、辽宁、河北、山西、山东、浙江、江苏、安徽、湖北、陕西、甘肃、新疆、青海、内蒙古、四川、云南、贵州等地。

【形态特征】多年生草本，高30～50cm。茎直立，斜生或铺散，四棱形，多从基部分枝，被白色短柔毛。叶掌状3浅或深裂，中裂片先端具3个圆钝齿，侧裂片先端具2齿，上面绿色，背面浅绿色。轮伞花序疏散；小苞片针形；花萼管状钟形，外面被短柔毛，萼齿5；花冠白色，冠檐2唇形，外面被白色长柔毛；雄蕊4，内藏，花药2室，叉开；花柱先端2浅裂。小坚果长卵形，褐色。

【生物学特性】旱中生植物。生于海拔1300～2600m的低、中山坡，河谷，撂荒地，固定沙地，田野，路边，村庄附近，为常见农田杂草。4月返青，6～7月开花，7～8月结果。

【饲用价值】中等饲用植物。茎秆柔嫩，适口性较好，羊乐食，牛、马也采食。调制成青干草适口性提高，羊、牛、马乐食。

白花枝子花

【学　　名】*Dracocephalum heterophyllum* Benth.

【别　　名】异叶青兰、蜜罐罐（固原）

【资源类别】野生种质资源

【分　　布】产于贺兰山、罗山、六盘山、南华山及中卫、固原、海原、盐池。分布于

内蒙古、山西、甘肃、青海、新疆、四川、西藏。

【形态特征】多年生草本，高 10～25cm。根黑褐色。茎自基部分枝，铺散或倾斜，四棱形。叶三角状长卵形或狭长三角形，大小不一，边缘具圆锯齿，具缘毛。轮伞花序密集成顶生穗状花序，苞片狭倒卵形或披针形，每侧边缘具 5～7 小齿，齿尖具小刺，具缘毛；花萼黄绿色，下部带紫色，2 唇形，上唇 3 浅裂，上下唇裂片先端具刺；花冠白色，冠缘 2 唇形；雄蕊 4，花丝无毛；花柱先端 2 浅裂。花期 5～7 月。

【生物学特性】旱中生、中旱生植物。在宁南海拔 1900～2130m 的黄土丘陵半阴坡与甘肃蒿、阿尔泰狗娃花伴生于长芒草草原中；在西藏高原生长在矮风毛菊、羊茅、驼绒藜高寒半荒漠或变色锦鸡儿山地灌丛中。耐寒，耐旱，适应性广。适砂砾质、砾石质山地栗钙土、黑钙土、山地草甸草原土、侵蚀黑垆土、黄绵土。4 月中、下旬返青，6 月中至 7 月下旬开花，8 月下旬至 9 月结果成熟，10 月中旬枯萎。

【饲用价值】中等饲用植物。青绿时山羊、绵羊采食，但不在草群中挑食，马、牛也采食，兔子喜食其花序。调制成青干草，羊、马、牛均采食。冬季干枯后叶片脱落，适口性降低。

▌沙地青兰

【学　　名】*Dracocephalum psammophilum* C. Y. Wu et W. T. Wang

【别　　名】灌木青兰

【资源类别】野生种质资源

【分　　布】产于贺兰山、罗山及海原等地。分布于我国内蒙古鄂尔多斯市、阿拉善盟。

【形态特征】矮小亚灌木，高约 20cm。根黑褐色。茎外皮灰褐色，多分枝，带紫色。叶小，椭圆形或卵状椭圆形，全缘或每侧边缘具 1～3 小齿，沿茎节簇生，近无柄；轮伞花序于枝顶密集成穗状花序；苞片两侧各具 1～3 小齿，齿端具细长刺；花萼筒下绿上紫，檐部 5 裂；花冠紫红色，冠檐 2 唇形；雄蕊 4；花柱与雄蕊等长，先端 2 浅裂。

【生物学特性】旱生植物。分布于草原、半荒漠地带，生于海拔 1500～1800m 的干旱石质山地、碎石山坡、山崖、干河床边缘砾石生境。6～8 月开花，8～9 月结果。

【饲用价值】中等饲用植物。青绿时羊乐食。马、牛也采食。调制成青干草，羊、马、牛均喜食。

▌串铃草

【学　　名】*Phlomis mongolica* Turcz.

【别　　名】毛尖茶、蒙古糙苏、野洋芋（宁夏）

【资源类别】野生种质资源

【分　　布】产于贺兰山、罗山、六盘山及盐池、同心、西吉、中卫、海原、原州区。分布于我国河北、山西、山东、内蒙古、陕西、甘肃、云南等地。

【形态特征】多年生草本，高 20～50cm。根木质，具膨大的块茎。茎直立，不分枝或基部分枝，四棱形，紫红色。基生叶三角状卵形、狭长三角形或三角状披针形，先端钝，基部深心形，具不规则圆钝齿缘，表面绿色，背面密被星状毛，灰绿色；苞叶与茎生叶同形，较小。轮伞花序具多花，疏离；苞片线形；花萼管状，均被刚毛和星状毛；花冠淡紫红色；里面有毛环，冠缘2唇；雄蕊4，花丝基部在毛环稍上处具附属器；花柱顶端不等2浅裂。

【生物学特性】旱中生植物。生于草原或荒漠区山坡、沟谷，是山地草甸或草甸草原的伴生种，也生于路边、田埂、撂荒地。分布区海拔700～2300m。6～8月开花，8～9月结果。

【饲用价值】中等饲用植物。适口性良好，青嫩期和干枯后家畜均采食，但不在草群中挑食。茎秆粗壮，中空柔软，家畜也能采食。本种可以青饲或调制干草；调制干草时勿被雨淋，防止叶片变黑，降低适口性。经霜后适口性会增加，羊喜食，马、牛乐食。

甘露子

【学　　名】Stachys sieboldii Miq.

【别　　名】宝塔菜、草石蚕、土人参、地牯牛草、地蚕、地环、地溜子（宁夏）

【资源类别】野生种质资源

【分　　布】产于六盘山、南华山及中宁、海原。分布于我国辽宁、河北、山东、河南、江苏、浙江、安徽、江西、福建、湖南、广东、广西、四川、云南等地。

【形态特征】多年生草本，高30～60cm。茎基部数节生多数须根及横走根茎，顶端膨大成螺蛳状块茎；茎直立，由基部分枝或不分枝，四棱形。叶狭卵形、卵状披针形或三角状披针形，边缘具圆钝锯齿，上面深绿色，背面灰绿色；轮伞花序具6～8朵花，疏离，组成顶生穗状花序；苞片向下反折，边缘具刚毛和腺毛；花萼钟形，带紫红色，萼齿5，先端具小刺尖；花冠紫红色，里面近基部具毛环，冠缘2唇形；雄蕊4，花丝扁平，花药2室，平叉开；花柱先端等2浅裂。

【生物学特性】中生植物。生于海拔230～2900m的山地林缘灌丛、草甸、山谷河岸、溪水边、路旁、田边。7～8月开花，8～9月结果。

【饲用价值】中等饲用植物。茎秆柔软，适口性良好，四季为家畜喜食；青饲、调制干草均可。经霜后适口性增加，羊喜食，马、牛乐食，冬季叶片脱落后茎秆也能被家畜采食。

冬青叶兔唇花

【学　　名】Lagochilus ilicifolius Bunge

【别　　名】叶兔唇花、兔唇花

【资源类别】野生种质资源

【分　　布】产于同心、海原以北各地。我国内蒙古（中部、西部）、陕西（北部）、甘肃有分布。

【形态特征】多年生草本，高15～20cm。根木质。茎多由基部分枝，灰白色，密被白色短硬毛。叶楔状菱形，先端具3～5齿裂，齿端具短芒状刺尖，硬革质；下部的叶倒卵状披针形，全缘或具3个短齿。轮伞花序具2～4朵花，生于茎中、上部叶腋内；苞片针刺状；花萼钟形，硬革质，萼齿5，不等长，先端具小刺尖；花冠淡黄色，上唇具紫褐色网纹，外面被白色棉毛，里面被短伏毛，下唇3裂，中裂片先端深凹；雄蕊4，花丝扁平，药室叉开，具缘毛；花柱先端等2浅裂。

【生物学特性】强旱生植物。分布于半荒漠带，少量进入草原、荒漠带的边缘地带；习见于石质低山、丘陵坡地、间山盆地、黄土丘陵，伴生于冷蒿、短花针茅、沙生针茅、细弱隐子草、青藏锦鸡儿、黑沙蒿群落。适砾石、砂砾质粗骨土、砂质土。分布区海拔830～2000m。6～8月开花，9～10月结果。

【饲用价值】中等饲用植物。羊、骆驼四季采食，牛在青嫩期采食，马不吃。冬季保存良好，是冬季放牧的主要饲草。开花期粗蛋白质含量13.81%，属于营养价值较好的杂草。

▍百里香

【学　　名】*Thymus mongolicus* Ronn.

【别　　名】地椒、地花椒、山椒、山胡椒、麝香草地椒子（宁夏）

【资源类别】野生种质资源

【分　　布】产于贺兰山、罗山、六盘山、南华山、麻黄山及海原、固原。分布于我国甘肃、陕西、青海、山西、河北、内蒙古等地。

【形态特征】矮小半灌木，高3～10cm。茎多数，匍匐或上升；不育枝由茎的末端或基部发出，密被倒向短柔毛。叶狭卵形、卵状椭圆形或椭圆形，两面无毛，具腺点，全缘，基部具长缘毛；叶柄短，具狭翅，密生缘毛。轮伞花序密集成头状；花萼钟形，檐2唇形，上唇与下唇几等长，上唇齿三角形，长小于全唇的1/3；花冠紫红色或淡紫红色，冠檐2唇形；雄蕊4，前对较长，稍伸，花丝扁平，无毛；花柱细长，先端等2浅裂。

【生物学特性】旱生、中旱生植物。主要分布于森林草原、草原带，零星分布于荒漠草原带的边缘。生于土石山坡、沟谷、黄土丘陵坡地、梁顶；也生于固定沙地、具薄层覆沙的草原。常形成群落优势种，伴生糙隐子草、冷蒿、达乌里胡枝子、阿尔泰狗娃花、草木樨状黄芪等，是长芒草草原在侵蚀、重牧下的退行性演替类型。分布区海拔700～1650m，山地可上升至3600m，年降水量250～500mm。4月中旬返青，6～7月开花，8～9月结果，10月下旬至11月上旬枯萎，生长期160～170天。根系深至70cm，地下、地上部生物量比为12∶1。在黄土丘陵或固定沙地，贴地匍生形成直径60～100cm的团块状紧密植株，因而有良好的水土保持和固沙作用。

【饲用价值】良等饲用植物。羊四季采食，马、牛不吃或偶尔采食，骆驼不吃。枝条柔软，叶片多，夏季采食率较低，秋后有所提高；耐践踏，耐采食，冬季保存好。羊采食后，肉味鲜美，肥而不腻，不膻。营养价值较好，其粗蛋白质含量与一般豆科牧草相当，优于禾草，粗脂肪含量高于豆科和禾草。干物质中可消化粗蛋白质达 107.48g/kg。

宁夏枸杞

【学　　名】*Lycium barbarum* L.

【别　　名】枸杞、枸杞红实、甜菜子、西枸杞、狗奶子、红青椒、中宁枸杞、红果子、茨果子、枸杞子（宁夏）

【资源类别】野生种质资源

【分　　布】主产中宁，区内各地有栽培。分布于我国辽宁、内蒙古、河北（北部）、山西（北部）、陕西（北部）、甘肃、青海、新疆、吉林、辽宁、天津、山东、河南、安徽、浙江、湖北有栽培。

【形态特征】灌木，高 0.8～2.0m。分枝灰白色或灰黄色，有棘刺。单叶互生或于短枝上簇生，长椭圆状披针形或披针形，先端尖，基部楔形，全缘。花在长枝上 1～2 朵簇生叶腋，在短枝上 2～6 朵与叶簇生；花萼钟状，2 中裂；花冠漏斗状，蓝紫色，檐部 5 裂，花冠筒长于裂片，边缘无缘毛；雄蕊 5，花丝基部稍上处及花冠筒内壁生一圈密绒毛。浆果椭圆形，红色或橘红色，多汁液；种子常 20 余粒，扁肾形。

【生物学特性】生于干旱山坡、河岸、村庄、沟渠边盐碱地。分布区海拔 1090～1700m，年均温 5.4～12.5℃，绝对最低气温 -12.5℃，≥10℃ 积温 2500～3000℃，无霜期 140～159 天；年降水量 200～400mm；强阳性植物，适年日照时数 2600～3000h、日照率 60%～70%，荫蔽下会不开花。耐土壤 pH9.8、含盐 0.3%～1%，但以肥沃、疏松、排水良好的轻壤土，pH8～8.5，含盐 0.15% 以下为最好。人工育苗，生长 1 年苗高 60～110cm，冠幅 50～60cm，定植 2～5 年，株高 130～160cm，冠幅 160～200cm。主根深 2～3m，根幅 4～5m；第 2 年开始结果，第 5 年达到丰产，高产持续至 15 年，20～30 年后产量降低，但管理良好可逾百年而不衰。4 月上旬返青，5 月上旬至 9 月中旬开花，6 月中旬至 11 月上旬结果、成熟，10 月下旬落叶，11 月下旬至次年 3 月为休眠期。

【饲用价值】良等饲用植物。嫩枝叶为各种家畜喜食，适口性好。秋季落叶和冬季当年生枝条，羊也采食，骆驼喜食。粗蛋白质含量较高，维生素含量少，但种类多。

红纹马先蒿

【学　　名】*Pedicularis striata* Pall.

【别　　名】细叶马先蒿

【资源类别】野生种质资源

【分　　布】产于贺兰山、罗山、六盘山、南华山。分布于我国北方诸地。

【形态特征】多年生草本，高 30～50cm。茎直立，单出或 3～4 枝丛生，密被短卷毛。基部叶丛生，花时枯萎；茎生叶互生，披针形，羽状全裂或深裂，边缘具不规则浅锯齿，上面绿色，背面淡绿色。穗状花序顶生，紧密；下部的苞片叶状，上部的 3 裂，中裂片有时具齿；花萼钟状，萼齿 5，两两结合而 1 枚分离，不等大；花冠黄色，具绛红色脉纹，盔向前端镰状弯曲，端 2 浅裂，下唇 3 浅裂；雄蕊 4，花丝 1 对被毛。蒴果卵圆形。

【生物学特性】中生植物。生于海拔 2700～3500m 的山地林缘灌丛、草甸、草甸草原，也生于草原带沙地。7～8 月开花，8～9 月结果。

【饲用价值】中等饲用植物。鲜草羊、牛稍吃，干草乐食。

▌穗花马先蒿

【学　　名】*Pedicularis spicata* Pall.

【资源类别】野生种质资源

【分　　布】产于六盘山、南华山、月亮山及原州区。分布于我国东北、华北、西北等地。

【形态特征】一年生草本，高 20～50cm。根木质化。茎基部分枝，丛生，直立或斜升，4 棱；基生叶花时枯萎，茎生叶 4 枚轮生。叶片长圆状披针形或线状披针形，羽状浅裂至中裂，边缘具尖锯齿。穗状花序顶生，上部紧密，下部稀疏而间断，苞片叶状或菱状卵形；花萼钟形，萼齿 3 枚，后方 1 枚较小；花冠紫红色，花冠筒自萼口处向前方近直角膝曲，盔指向上方，长为下唇的 1/2；下唇 3 裂；雄蕊 4，花丝 1 对，被毛；柱头从盔端稍伸出。蒴果狭卵形，先端有宿存花萼伸出。

【生物学特性】中生植物。生于海拔 1700～2800m 的山地阴坡林缘灌丛、山谷溪边、河滩草甸。7～8 月开花，8～9 月结果。

【饲用价值】中等饲用价值。青嫩期茎秆柔软，叶量较多，羊、牛、马采食，羊也乐食其花序。经霜后叶片易脱落，存留部分羊也采食。

▌藓生马先蒿

【学　　名】*Pedicularis muscicola* Maxim.

【别　　名】土人参

【资源类别】野生种质资源

【分　　布】产于贺兰山、罗山、六盘山、南华山及隆德等。分布于我国内蒙古、山西、陕西、甘肃、青海、四川、湖北（西部）。

【形态特征】多年生草本，株高 15～25cm。茎丛生，斜升或基部伏卧、上部斜生。叶片椭圆形至披针形，羽状全裂，裂片互生，每边 4～9 枚，卵形至披针形，有锐重锯齿。花单生叶腋；萼管状，前方不裂，萼齿 5，基部三角形，向上渐细，全缘，近端处膨大卵形，具锯齿；花冠玫瑰色，盔直立部分很短，几在基部即向左方扭折使其顶部向下，前方渐细成为卷曲或"S"形长喙，喙指向上方，下唇 3 裂，中裂片小，侧裂片大；雄蕊 4，花丝均无毛，花柱稍伸出喙端。蒴果卵圆形，被宿存花萼所包藏。以花玫瑰红色、茎铺散为特征。

【生物学特性】中生植物。生于海拔 2000～2800m 的山地林下、林缘灌丛、草甸。6～7 月开花，7～8 月结果。

【饲用价值】中等饲用植物。青嫩期茎秆柔软，羊、牛、马采食，但不在草群中优先采食；羊乐食其花序。经霜后适口性良好，脱落叶片和存留茎秆羊也采食，马和牛偶尔采食。

粗野马先蒿

【学　　名】*Pedicularis rudis* Maxim.

【别　　名】太白参

【资源类别】野生种质资源

【分　　布】产于贺兰山、六盘山及西吉、隆德。分布于我国内蒙古（西部）、甘肃、青海、新疆、四川（北部）。

【形态特征】多年生草本，高 40～60cm，具肉质根茎。茎直立，上部分枝，被柔毛。无基生叶；茎生叶互生，线状披针形，羽状深裂，裂片紧密，达 24 对，披针形，缘有重锯齿，两面被毛。长穗状花序顶生，被腺毛；下部苞片叶状，具浅裂，上部的全缘，卵形；萼狭钟形，萼齿 5，密被腺毛；花冠白色，冠檐 2 唇形，上唇盔状，紫红色，弓曲，向前面成舟状，额部黄色，先端具小凸喙，下唇裂片 3，有长缘毛；花丝无毛；花柱不在喙端伸出。蒴果扁宽卵形，先端有刺尖；种子肾状椭圆形。

【生物学特性】中生植物。生于海拔 2100～2800m 的山地林下、林缘灌丛，沟谷砂砾质底部。

【饲用价值】中等饲用植物。羊、牛稍吃鲜草，干草乐食。

蒙古芯芭

【学　　名】*Cymbaria mongolica* Maxim.

【别　　名】芯芭、光药大黄花

【资源类别】野生种质资源

【分　　布】产于贺兰山、香山、南华山及盐池、同心、中卫、海原、原州区等地。分布于我国内蒙古、河北、山西、陕西、甘肃、青海等地。

【形态特征】多年生草本，高 5～20cm，具根茎。茎丛生，斜升或伏卧。叶对生，矩圆状披针形至线状披针形，全缘，无柄。花单生于茎上部叶腋；小苞片 2，披针形，全缘或有 1～2 小齿；花萼管状，萼齿 5，线形，萼齿间常具 2 小齿；花冠黄色，喉部扩大，檐部 2 唇形，上唇略盔状，顶端 2 浅裂，下唇 3 裂；雄蕊 4，2 强，花丝基部被毛，花药下端具小尖头，无毛。蒴果长卵状。

【生物学特性】旱生植物。生于草原、荒漠草原地带，习见于海拔 1300～2000m 的干旱低山坡、山前洪积扇、砾石滩地、黄土丘陵，也生于旱作农田、田边。5～8 月开花，6～9 月结果。

【饲用价值】中等饲用植物。春、夏两季骆驼喜食，秋季羊乐食。干枯后羊、骆驼采食，马偶尔采食，牛不吃。

▌沙苁蓉

【学　　名】*Cistanche sinensis* G. Beck

【资源类别】野生种质资源

【分　　布】产于陶乐、盐池、海原。分布于我国内蒙古（中、西部）、甘肃。

【形态特征】多年生寄生草本，高 15～70cm。茎直立，肉质，圆柱形，鲜黄色，直径 1.5～2.2cm。基部分枝。叶鳞片状，卵状披针形至狭披针形。穗状花序顶生，圆柱形；苞片卵状披针形或披针形；小苞片线形被蛛丝状毛；花萼钟状，顶端 4 深裂，裂片几等大；花冠筒状钟形，淡黄色，稀裂片带淡红色，冠筒内花丝着生处密生一圈长柔毛，顶端 5 裂，裂片近圆形或半圆形，全缘；雄蕊 4，花药密被皱曲长柔毛，顶端具小尖头；柱头近球形。蒴果 2 深裂，长卵状球形或长圆形。种子多数，褐色。

【生物学特性】生于半荒漠、荒漠区的缓丘、波状平原砂质缓坡地、砾石质梁地；也生于黄土高原北部丘陵梁坡地。本种寄生于红砂、珍珠柴、沙冬青、青藏锦鸡儿、霸王、四合木等植物根上。5～6 月开花，7 月结果。

【饲用价值】中等饲用植物。味甘苦，其肉质茎羊采食，驴、马、牛也吃。因在草地中的参与度很小，饲用价值受到影响。带鳞片肉质茎入中药，有增强生物体特异、非特异免疫功能，延缓衰老，增强雄性激素等作用。

▌盐生肉苁蓉

【学　　名】*Cistanche salsa*（C. A. Mey.）G. Beck

【别　　名】苁蓉（海原）

【资源类别】野生种质资源

【分　　布】产于平罗、陶乐、海原。分布于我国甘肃、新疆、内蒙古。

【形态特征】多年生寄生草本，高 10～45cm。茎直立，肉质，黄色，单一，不分枝。叶卵形或卵状披针形，螺旋状排列；下部较紧密。穗状花序顶生，圆柱状，长 5～20cm，直径 5～7cm；苞片 1，小苞片 2，短于花冠；花萼钟形，长为花冠的 1/3，檐部 5 浅裂，裂片近卵形；花冠筒状钟形，筒部白色，筒内具 2 条突起的黄色纵纹，檐部 5 裂，裂片浅紫色；雄蕊 4，2 强，花丝基部着生处无一圈髯毛，花药被长毛，基部具小尖头。蒴果椭圆形，2 瓣开裂。

【生物学特性】生于半荒漠、荒漠地带的盐化低地，湖盆周围。寄生于盐爪爪属植物、假木贼属植物、滨藜属植物、红砂、珍珠柴、小果白刺、芨芨草、合头藜等的根上。5～6 月开花，6～7 月结果。

【饲用价值】中等饲用植物。肉质茎柔软，适口性好，营养高，羊四季乐食，驴、马、牛也采食。

平车前

【学　　名】*Plantago depressa* Willd.

【别　　名】车前草、车茶草、小车前、车串子（宁夏）

【资源类别】野生种质资源

【分　　布】产全区。分布于我国黑龙江、吉林、辽宁、内蒙古、河北、山西、陕西、甘肃、青海、新疆、山东、江苏、河南、安徽等地。

【形态特征】染色体数：$2n=2x=10$。一年生、二年生草本，高 10～30cm。直根圆柱形。叶基生或平铺，椭圆状披针形或卵状披针形，具稀疏锯齿缘。花葶 2 至数条，直立或斜升，被柔毛；穗状花序长 1.5～20cm，花上部密，下部疏；苞片背面、萼片基部具龙骨状凸起，边缘膜质；花冠干膜质，裂片 4，淡绿色，先端锐尖；雄蕊 4，外露；花柱细长，被短毛。蒴果狭卵形，盖裂；种子 4～6，黑色。

【生物学特性】中生、旱中生植物。常伴生于湖滨、河滩低地盐化草甸或海拔 1800～2200m 的黄土丘陵、山地的长芒草草原；在青藏高原海拔 3200～4200m 的森林上区，生于垂穗披碱草、嵩草亚高山草甸；习见农田杂草，生于村庄、庭院、田埂、路边。3 月末至 4 月上旬返青，6～10 月开花、结果，11 月上、中旬枯萎；条件好时可越年生长。

【饲用价值】良等饲用植物。叶片较大，质地柔嫩，营养高，羊、牛、马乐食，青嫩期猪、鸡、鸭、鹅也采食；蒸煮后饲喂猪、鸡适口性提高。其花序和果实牛、羊也喜食。干枯叶片冬季保存良好，家畜采食。

车前

【学　　名】*Plantago asiatica* L.

【别　　名】车轴辘菜、车轴辘草（盐池）、车串子（同心）、猪耳朵片子（固原）

【资源类别】野生种质资源

【分　　布】产全区。分布于全国各地。

【形态特征】多年生草本，花葶高 20～50cm；具须根。叶基生，卵形或椭圆形，先端尖，基部狭窄成长柄，边缘具不规则波状浅齿，具 5～7 条弧形脉。花葶 2 至数条，直立；穗状花序长 5～30cm，花多数，淡绿色，排列紧密；苞片先端尖，背面具龙骨状凸起，边缘膜质；花萼膜质，4 裂；花冠小，干膜质，先端 4 裂，裂片三角形，向外反卷；雄蕊 4，外露。蒴果卵状椭圆形或宽卵形；种子 4～6 个，黑褐色。

【生物学特性】中生植物。生于海拔 800～2800m 的山谷、河滩低地草甸。伴生种，局地可形成小片单优群落。农田杂草，生于村庄、路旁、田间地埂、沟渠边。返青早。

【饲用价值】良等饲用植物。质地柔嫩，羊、牛、马乐食，青嫩期猪、鸡、鸭、鹅也采食；蒸煮后饲喂猪、鸡，适口性提高。牛、羊喜食其花序和果实。冬季保存良好，家畜乐食干枯叶片。

▎茜草

【学　　名】*Rubia cordifolia* L.

【别　　名】血茜草、血见愁、拉拉秧、拉拉藤、茜娃子（泾源）、青茜茜（盐池）

【资源类别】野生种质资源

【分　　布】产于贺兰山、罗山、香山、六盘山、南华山及中卫、灵武、盐池、海原、西吉。分布于我国东北、华北、西北、华中、华南、西南。

【形态特征】多年生缠绕草本，茎长达 80cm，具 4 棱，沿棱具倒刺。4 叶轮生，卵形或卵状披针形，基出脉 3～5，全缘，边缘具倒生小刺。聚伞花序顶生或腋生，组成疏松的圆锥花序；小苞片卵状披针形；花萼筒近球形；花冠幅状，黄白色或白色，5 裂；雄蕊 5，生花冠筒上；花柱 2 裂达中部，柱头头状。浆果近球形，肉质，橙红色。

【生物学特性】中生植物。喜暖湿生境，伴生于海拔 1600～3000m 的山地林下、林缘灌丛，河谷草甸，路旁，田边，局地可形成小面积群落优势种。适合年降水量 400～1700mm，pH4～8.5 环境；耐冬季 −30℃低温和夏季 35℃高温；抗干旱，耐荫蔽。4 月中旬返青，6～7 月开花，9～10 月结果，生育期 160 天左右。再生性强，年可刈割 2～3 次，亚热带可刈 3～4 次。

【饲用价值】中等饲用植物。茎秆柔软，适口性良好，羊乐食，牛和马也采食。开花后至种子成熟期茎秆变粗糙，有倒刺，影响适口性，家畜多不采食。

▎北方拉拉藤

【学　　名】*Galium boreale* Linn.

【别　　名】砧草、茜茜草（隆德、西吉、固原）

【资源类别】野生种质资源

【分　　布】产于贺兰山、罗山、六盘山、南华山、月亮山。分布于我国黑龙江、吉林、辽宁、河北、山西、内蒙古、陕西、甘肃、青海、新疆、山东、四川等地。

【形态特征】多年生草本，高 20～40cm。茎直立，具 4 棱，多分枝。4 叶轮生，披针形或狭披针形，先端钝，全缘，基脉 3 出，无叶柄。聚伞花序组成顶生的圆锥花序；萼筒近球形；花冠黄白色或白色，4 深裂，裂片长卵形；雄蕊 4，伸出；花柱 2 裂达中部，柱头头状。果实干燥，不开裂，分果双生或单生，近球形，密被钩状毛。

【生物学特性】中生植物。生于海拔 2700～3100m 的山坡林下、林缘灌丛、草甸，草甸草原，山谷河滩，农田地埂。6～7 月开花，7～9 月结果。

【饲用价值】中等饲用植物。茎秆柔嫩，叶量丰富，适口性良好。羊乐食，牛、马也采食。本种可刈割调制干草饲喂家畜。经霜后叶片保存良好，适口性也有所提高，羊、马、牛乐食。

蓬子菜

【学　　名】*Galium verum* Linn.

【别　　名】松叶草（日本）、蛇望草、铁尺草、老鼠针（四川）、柳绒蒿、疗毒蒿、鸡肠草、黄米花（东北）、重台草（陕西蓝田）、蓬子草（陕西洋县）、干饭花、黄米干饭（固原、海原）

【资源类别】野生种质资源

【分　　布】产于贺兰山、罗山、香山、南华山、月亮山及盐池、海原、隆德、原州区。分布于我国黑龙江、吉林、辽宁、内蒙古、河北、山西、陕西、甘肃、青海、新疆、山东、江苏、安徽、浙江、河南等地。

【形态特征】多年生草本，高15～40（50）cm。茎直立，四棱形，密被短柔毛。叶6～10片，轮生，线形，无柄，1脉，边缘反卷。聚伞花序组成顶生圆锥花序；萼筒短；花小，花冠黄色，4深裂，裂片卵形。果双生，近球状，无毛。

【生物学特性】中旱生、旱中生植物。广布于森林草原、草原带；习见于山坡、河谷、林缘灌丛、草地、农田地埂，是草甸草原的优势成分和草甸群落的伴生种；较少生于半荒漠地带的山地。本种需水，也耐旱。根深、茎高比为6:1，根幅、丛径比为2:1。4月下旬至5月上旬萌发，6月下旬至7月上旬开花，花期25～30天，8月初至9月上旬结果，9月中、下旬枯萎。

【饲用价值】良等饲用植物。适口性好。羊四季乐食，牛、马也采食。幼嫩期猪也采食茎叶。开花后，羊尤其喜食其花序。经霜后适口性有所提高，牛也乐食。本种可以刈割调制干草饲喂，适口性并不降低，家畜均可食。

党参

【学　　名】*Codonopsis pilosula*（Franch.）Nannf.

【别　　名】防风党参、黄参、防党参、上党参、狮头参、中灵草、黄党

【资源类别】野生种质资源

【分　　布】产于六盘山及固原、海原。分布于我国黑龙江、吉林、辽宁、内蒙古、河北、山西、河南、安徽、江苏、陕西、甘肃、青海、四川、云南等地。

【形态特征】多年生草本，具缠绕茎。全株有臭味。根肉质，长圆柱形，顶端根头膨大，具多数瘤状的茎痕，外皮淡灰棕色，有纵横皱纹。茎细长，多分枝。叶对生、互生或假轮生，卵形或狭卵形，先端钝或尖，基部圆形或浅心形，全缘或具浅波状钝齿，上面绿色，下面粉绿色。花1～3朵生枝端；花萼片5，全缘；花冠阔钟形，淡黄绿色，有淡紫色斑点，先端5浅裂，裂片三角形至宽三角形；雄蕊5，花丝中部以下加宽；花柱短，柱头3，卵形。蒴果圆锥形，3瓣裂，萼宿存。种子小，褐色。

【生物学特性】中生植物，有浓烈气味。野生者生于海拔1500～3000m的山地林缘灌

丛、草甸。7～8 月开花，9～10 月结果。

【饲用价值】中等饲用植物。茎叶柔软，叶量较多，适口性良好。羊、牛、马都采食。

长柱沙参

【学　　名】*Adenophora stenanthina*（Ledeb.）Kitagawa

【资源类别】野生种质资源

【分　　布】产于罗山及中卫、盐池、海原。分布于我国内蒙古、河北、山西、陕西、甘肃、青海等地。

【形态特征】多年生草本，高 40～120cm。根肉质，近圆柱形，长达 15cm。茎直立，基部多分枝，密生短柔毛。基生叶早落；茎生叶互生，集中于中下部，无柄，线形或线状披针形，全缘或具不规则细锯齿，两面被短毛。总状或圆锥花序顶生，花下垂；花萼无毛，裂片 5，钻形；花冠蓝紫色，钟状，5 浅裂；雄蕊 5，与花冠近等长或稍伸出；花盘圆筒状，长 5～5.5mm；花柱伸出花冠外。

【生物学特性】旱中生植物。生于海拔 2100～3150m 的石质山、丘坡地，沟谷林缘灌丛，草甸或草甸草原；也生于草原带沙地。7～9 月开花，9～10 月结果。

【饲用价值】中等饲用植物。嫩茎叶羊、牛采食，可喂猪。

北沙柳

【学　　名】*Salix psammophila* C.Wang et Ch.Y.Yang

【别　　名】西北沙柳、沙柳

【资源类别】野生种质资源

【分　　布】产于中卫、盐池、灵武。分布于我国内蒙古、甘肃、新疆、山西等地。

【形态特征】落叶灌木，高达 2～4m。幼枝灰褐色，幼枝黄绿色；芽卵形，先端钝，无毛。叶线状披针形，全缘。花先于叶开放；雄花具 2 雄蕊，完全合生，花丝基部具短柔毛，花药黄色或紫色；雌花序长 1.5～2.0cm，着生于很短的具叶侧枝顶端，花序轴密生柔毛苞片黑色，两面被长柔毛；子房圆锥形，密被绒毛，花柱短，柱头 2。果序长 2～3cm，蒴果被绒毛，2 瓣开裂。

【生物学特性】我国特有种，常与乌柳或小红柳、黑沙蒿混生。耐冬季 –30℃低温和夏季 60℃地面高温；耐风沙和轻度盐碱。侧根多，长达 20 余米，根系盘结呈网状，集中于 0～50cm 沙层。萌芽能力强，生长快速。地下水位过深，或有季节积水会生长不良。4 月上旬萌发，4 月中、下旬开花，花期 20 余天，5 月下旬种子成熟，11 月中旬落叶。6 月生长快速，7 月减慢，8 月停止生长。现多人工栽种，适宜在沙丘背风坡、丘间低地或河岸栽植，插条、带根植苗、种子直播均可。植后 2～3 年生长迅速，以后减慢。冬季平茬可促进旺盛生长和复壮。

【饲用价值】良等饲用植物。嫩枝羊、牛、马、骆驼都喜食。枝条柔软，分枝多，叶量丰富，粗纤维含量低，营养较高。风干枝条和叶片是冬春季羊的饲料，在荒漠草原沙区不失为良好的饲草。

地榆

【学　　名】*Sanguisorba officinalis* L.

【别　　名】地儿根（西吉）、野桑果（泾源）

【资源类别】本地种质资源

【分　　布】产于六盘山及海原、固原。分布于我国东北、华北、西北、华中、华南。

【形态特征】多年生草本，株高 30～120cm。茎直立，分枝少，具纵细棱和浅沟，奇数羽状复叶，7～13 小叶，小叶片边缘具尖圆牙齿，上面绿色，下面淡绿色；托叶下部与叶柄合生。穗状花序顶生，椭圆形或近球形，长 1～3cm；花由顶端向下渐次开放；每花 2 苞片；萼片 4，花瓣状，紫红色；雄蕊 4，花药暗紫色；花柱紫色，柱头膨大，具乳头状突起。瘦果具 4 纵棱脊，包藏于宿存的萼筒内。

【生物学特性】中生植物。生于海拔 1600～2300m 的林下、林缘灌丛，河滩草甸，草甸草原，常为优势种；也见于固定沙丘、沙地低洼处；为森林草原、草原带山地杂类草。喜湿润，可在浅水中生长。4 月下旬返青，6 月下旬现蕾，7 月开花，8 月种子成熟。开花期生长快，再生性强，年可刈 2～3 次。冬季保留良好。

【饲用价值】中等饲用植物。叶量较多，且柔软，幼嫩期叶片、花序，羊、驴乐食，牛稍吃；可以刈割制作青干草冬季饲喂羊。

东方草莓

【学　　名】*Fragaria orientalis* Lozinsk.

【别　　名】野草莓（宁夏）、野地果、野地枣

【资源类别】野生种质资源

【分　　布】产于罗山、六盘山及固原、海原。分布于我国黑龙江、吉林、辽宁、河北、山西、内蒙古、陕西、甘肃、青海等地。

【形态特征】染色体数：$2n=4x=28$。多年生草本，高 10～20cm，具匍匐茎。基生叶掌状三出复叶，叶柄长 4～10cm，小叶片长 1.5～3.5cm，粗锯齿缘，上面绿色，下面灰绿色，被长绢毛；托叶膜质，棕褐色。伞房花序顶生，有花 3～5 朵；每花萼片 5，副萼片 5；花瓣 5，白色；雄蕊、雌蕊皆多数。花托肉质化形成的聚合果近球形，直径约 1cm，红色。

【生物学特性】中生植物。生于海拔 1250～2800m 的山地林下、林缘灌丛，草甸，河滩，田边，路旁，常在山地草甸底层形成层片。5～6 月开花，7～8 月结果。

【饲用价值】中等饲用植物。羊喜食，牛、驴也采食，猪喜食浆果。

蛇莓

【学　　名】*Duchesnea indica*（Andr.）Focke

【别　　名】玫子蔓（泾源、隆德）、玫子（固原）、三不风

【资源类别】野生种质资源

【分　　布】产于罗山、六盘山。分布于我国辽宁、内蒙古、河北、陕西、甘肃等地。

【形态特征】多年生草本。茎细弱，匍匐，节上生不定根。掌状三出复叶，互生，具长柄，小叶菱状卵形或倒卵形，边缘具粗钝锯齿，近基部全缘，侧生小叶常2浅裂；有托叶。花两性，单生叶腋；萼2轮，副萼片先端3～5齿裂；花瓣，黄色；雄蕊、心皮多数。瘦果小，多数，聚生在球形、肉质膨大的花托上成聚合果。

【生物学特性】中生植物。生于1700～3500m的山坡林下、山谷溪水旁。温带3月底至4月初返青，4月下旬至5月下旬开花、结果、成熟，进入果后营养期，秋季降霜后枯萎。在亚热带几乎四季常青，全年开花、结果。喜阴湿，不耐旱；能忍耐冬季−23℃和夏季短期35℃高温。适微酸性、中性，pH5～8.5生境。除种子外，以匍匐茎行营养繁殖。甚耐践踏，常形成山地草甸群落的优势层片、优势种。

【饲用价值】中等饲用植物。羊喜食，牛乐食，驴也采食。冬季叶片保存良好，羊喜食。

伏毛山莓草

【学　　名】*Sibbaldia adpressa* Bge.

【资源类别】本地种质资源

【分　　布】产于固原、海原。分布于我国黑龙江、内蒙古、河北、甘肃、青海、新疆、西藏等地。

【形态特征】多年生小草本，高3～4cm。根黑褐色；从根的顶端生出数条短根茎，深褐色，具鳞片。奇数羽状复叶，基生叶具柄，被长伏毛，具5小叶，顶生小叶大，先端具3齿，两面被伏毛；茎生叶与基生叶相似；托叶草质，被伏毛。花单生叶腋，或为具少数花的聚伞花序；具5萼片、5副萼片，背面皆被伏毛；花瓣5，白色；雄蕊8，雌蕊数个。瘦果卵形，无毛。

【生物学特性】旱生植物。生于轻壤质、砂质、砾石质草原、山地草原；进入森林草原、荒漠草原带边缘地带；少量生长在戈壁砾石干山坡、山前平原和轻盐化土。适侵蚀黑垆土、灰钙土、棕钙土。在黄土丘陵与皱黄芪、阿尔泰狗娃花、西山委陵菜等伴生于长芒草、冷蒿、茭蒿草原；进入宁夏中部伴生在短花针刺茅、猫头刺荒漠草原中。4月上旬返青，5月上旬至下旬开花，6月上旬至7月上旬结果、成熟，10月下旬枯萎。

【饲用价值】中等饲用植物。早春萌发，可作为抢青牧草，羊乐食，马也采食。因株型小，牛采食困难。秋后适口性良好，羊乐食。

二裂委陵菜

【学　　名】*Potentilla bifurca* L.

【别　　名】鸡冠草（固原）、黑根子（海原）

【资源类别】野生种质资源

【分　　布】产于贺兰山、罗山、六盘山及中卫、固原、吴忠、灵武、盐池、同心、海原。分布于我国黑龙江、内蒙古、河北、山西、陕西、甘肃、青海、四川、新疆、西藏等地。

【形态特征】多年生矮小草本，具黑褐色根茎。茎平铺或斜升，稀直立，自基部多分枝，长5～15cm，被长柔毛。奇数羽状复叶，基生叶具小叶9～13，小叶对生，椭圆形或倒卵状矩圆形，全缘或先端2裂，下面密生柔毛；茎生叶具小叶3～7；托叶膜质或草质，全缘。聚伞花序顶生，有花3～5朵；萼片较副萼片稍长，均外被柔毛；花瓣5，黄色；雄蕊常20枚；花柱侧生。瘦果光滑无毛。

【生物学特性】旱生植物。森林草原、草原带的习见伴生种，过牧草地的增加种；也进入荒漠草原、荒漠及高寒草原。生于海拔1300～2700m的黄土丘陵、山坡、河床、田埂、路边、摞荒地及沙区固定沙丘（地）、沙丘间低地。5～6月开花，7～8月结果。冬季保留较好。

【饲用价值】中等饲用植物。春季返青早，茎柔软，叶量丰富，适口性良好。羊乐食，牛、马、驴均采食其茎叶。因植株矮小，影响了饲用价值。

蕨麻

【学　　名】*Potentilla anserina* L.

【别　　名】曲尖委陵菜、翻白草、鹅绒委陵菜

【资源类别】野生种质资源

【分　　布】产全区。分布于我国东北、华北、西北、西南。

【形态特征】多年生草本，具根茎，被残留枯叶柄。匍匐茎细长，节上生根。奇数羽状复叶，基生叶具小叶9～19，边缘具缺刻状深锯齿，上面绿色，背面密生白色绒毛，灰白色；成对小叶间夹生分裂或不分裂的小羽片；托叶膜质，褐色；匍匐茎上的叶小叶片较少。花单生于基生叶丛中或匍匐茎的叶腋；花梗长4～12cm，被长柔毛；萼片5，副萼片5，全缘；花瓣5，黄色；雄蕊20；花柱侧生；花托密被长柔毛。瘦果卵圆形，具洼点，背部有槽。

【生物学特性】中生植物。生于低山坡麓、河滩、湖盆边缘低地草甸、轻盐化或沼泽草甸，也多见于农田田埂、沟渠边、湿润沙地，可上升至3500m以上的高寒草甸。分布区海拔600～3600m。适pH6～8.5、轻盐化土。本种为伴生种，在河漫滩、低湿草甸、路旁可形成优势种或单优群落。喜光，耐水淹，不耐炎热与干旱。低、中海拔地区4月初萌发，5月上中旬开花，花期60～75天，花后7～12天结果，10月霜后枯黄，生育期150～155天。

【饲用价值】中等饲用植物。叶多，草质柔软，适口性好，羊全年喜食，牛、马、驴均采食。青嫩期叶片猪乐食，饲用价值较好。

菊叶委陵菜

【学　　名】*Potentilla tanacetifolia* Willd. ex Schlecht.

【别　　名】蒿叶委陵菜、沙地委陵菜

【资源类别】野生种质资源

【分　　布】产于六盘山、南华山。分布于我国黑龙江、吉林、辽宁、内蒙古、河北、山西、陕西、甘肃、山东等地。

【形态特征】多年生草本，高 10～20cm。根紫红色。茎直立或开展，被灰白色长柔毛。奇数羽状复叶，基生叶多数，丛生，小叶 7～13，倒卵状矩圆形，先端钝，边缘具锐锯齿，顶生小叶较大，下部小叶渐小；茎生叶具小叶 5～7，近无柄；托叶膜质，褐色，或革质，2 深裂。伞房状聚伞花序较松散；萼片与副萼片近等长；花瓣 5，黄色，先端微凹；雄蕊 20，不等长；花柱近顶生，淡褐色。瘦果矩圆状卵形，黄绿色。

【生物学特性】中旱生植物。生于向阳山坡，是山地草原、草甸草原的常见伴生种，也生于湿润沙地、河漫滩草甸。6～8 月开花，8～9 月结果。花期 40 天。

【饲用价值】中等饲用植物。羊全年乐食，牛、马、驴均采食。

西山委陵菜

【学　　名】*Potentilla sischanensis* Bge. ex Lehm.

【资源类别】野生种质资源

【分　　布】产于贺兰山及中卫、固原、盐池、海原。分布于我国内蒙古、河北、山西、陕西、甘肃、青海等地。

【形态特征】多年生草本，高 10～15cm。根紫褐色。茎多数丛生，倾斜伸展。全株除叶上面、花瓣外，密被灰白色毡毛。奇数羽状复叶，基生叶具长柄，小叶 7～13，长椭圆形、椭圆形或宽卵形，具 3～13 个羽状深裂片，裂片椭圆形或三角状卵形，先端钝，全缘，边缘反卷；茎生叶具小叶 3～5，叶柄短或无；托叶小，椭圆形。聚伞花序，花排列稀疏；副萼片 5，萼片 5；花瓣 5，黄色，先端微凹；雄蕊约 20；花柱近顶生。瘦果红褐色，无毛。

【生物学特性】旱生、中旱生植物。生于海拔 1600～2800m 的土石质山丘、坡地、灌丛、草原；伴生于长芒草草原、草甸草原，也出现在冷蒿、短花针茅、沙生针茅荒漠草原。分布区年降水量 150～550mm，≥10℃积温 2000～3000℃。4 月下旬至 5 月上旬萌发，5 月下旬至 6 月下旬开花，7 月下旬至 8 月下旬结果、成熟，10 月中、下旬枯黄，生长期 170 天左右。再生性弱。

【饲用价值】中等饲用植物。羊喜食、牛、马、驴均采食，因植株低矮影响了采食程度。

多裂委陵菜

【学　　名】*Potentilla multifida* L.

【别　　名】白马肉、细叶委陵菜

【资源类别】野生种质资源

【分　　布】产于贺兰山、大罗山及石嘴山。分布于我国东北、华北、西北、西南。

【形态特征】多年生草本，高 15～30（40）cm。茎斜升，被短柔毛或绢状柔毛。基生叶、茎下部叶为奇数羽状复叶，小叶 7，小叶片羽状深裂几达中脉，裂片线形或线状披针形，边缘向下反卷，背面被白色柔毛；茎生叶较小，小叶 5～3；托叶 2 裂或全缘。伞房状聚伞花序茎顶生；花径 10～12mm；萼片比副萼片稍长或等长；花瓣 5，黄色，顶端微凹；花柱近顶生。瘦果椭圆形，褐色。

【生物学特性】生于海拔 1700～2500m 的山坡林下、草甸、沟谷、溪水边，在青藏草原可升至 3300～4200m。耐冬季 -36.5～-30℃低温及早春 -3℃寒冻；针茅草原、紫花针茅高寒草原的伴生种，也散生于山地杂类草草甸及线叶蒿高寒草甸。4 月初萌发，6 月现蕾，7 月开花，8 月底至 9 月初种子成熟。

【饲用价值】中等饲用植物。羊乐食，马、驴均采食。

多茎委陵菜

【学　　名】*Potentilla multicaulis* Bge.

【资源类别】野生种质资源

【分　　布】产于贺兰山、罗山、六盘山及中卫、固原、盐池、同心、海原。分布于我国黑龙江、吉林、辽宁、河北、陕西、甘肃、青海、新疆、四川、云南、西藏等地。

【形态特征】多年生草本。根褐紫色。茎丛生，高 15～25cm，带紫红色，被白色柔毛，基部具残留棕褐色托叶和叶柄。基生叶多数，丛生，奇数羽状复叶，小叶 9～13（15），小叶长椭圆形，羽状深裂，每边有裂片 3～7，长椭圆形或线形，先端尖或钝，边缘稍反卷，上面暗绿色，下面密被白色绒毛和柔毛呈灰白色；托叶膜质，与叶柄合生，鞘状抱茎；茎生叶具小叶 3～9。聚伞花序；萼片、副萼片背面疏被长、短柔毛；花瓣 5，黄色，先端微凹；雄蕊 20，不等长；花柱短，近顶生。瘦果褐色具皱纹。

【生物学特性】中旱生植物。生于向阳山坡、路边、沟谷、河滩，为山地草原、草甸草原的伴生种；耐践踏、耐牧，适砂质土、草甸土，pH7.1～8.1；耐冬季 -37℃严寒。分布区海拔 1400～2600m，可升高至 3000～3600（4200）m 的高山带，生于蒿草、圆穗蓼高寒草甸中。4 月中返青，6～7 月开花，8～9 月结果，9 月中成熟。再生性不强。

【饲用价值】中等饲用植物。羊乐食，牛采食，割制成干草羊、牛乐食。

委陵菜

【学　　名】*Potentilla chinensis* Ser.

【别　　名】翻白菜、白头翁

【资源类别】野生种质资源

【分　　布】产于罗山、六盘山及固原、海原、盐池。分布于我国黑龙江、吉林、辽宁、内蒙古、河北、山西、陕西、甘肃、山东、河南、江苏、安徽、江西、湖北、湖南、台湾、广东、广西、四川、贵州、云南、西藏等地。

【形态特征】多年生草本，高 20～30（50）cm。根紫褐色。茎丛生，直立或斜升，被白色柔毛。奇数羽状复叶，基生叶多数，丛生，有长柄，小叶 11～25，长椭圆形或长椭圆状披针形，边缘羽状深裂，裂片三角状披针形，先端尖，边缘稍反卷，下面密生灰白色绒毛，顶生小叶大，两侧小叶向下渐小；茎生叶与基生叶同形而较小、小叶数较少；叶轴上于小叶片间有极小叶片；托叶膜质或草质。聚伞花序顶生，多花；副萼片、萼片两面疏生长柔毛；花径约 10mm，花瓣 5，黄色，先端微凹；雄蕊 20；花柱近顶生。瘦果卵形，有肋纹。

【生物学特性】中旱生植物。常以偶见种出现在草原、草甸草原群落内，也生于山地林缘灌丛、路边。分布区海拔 1400～2500m。花果期 6～8 月。

【饲用价值】中等饲用植物。羊乐食，马、驴采食。因植株低矮，牛很少采食。

▌蒙古扁桃

【学　　名】*Amygdalus mongolica*（Maxim.）Ricker

【别　　名】乌兰 - 布衣勒斯、山樱桃

【资源类别】本地种质资源

【分　　布】产于贺兰山、罗山、香山、南华山、西华山。分布于我国内蒙古（西部）、甘肃（河西走廊）。

【形态特征】染色体数：$2n=2x=16$。灌木，高 1.0～1.5m；多分枝，树皮灰褐色，小枝暗红紫色，顶端成刺。叶近圆形、宽倒卵形、宽卵形或椭圆形，长 5～15mm，宽 4～13mm，边缘具细圆钝锯齿，两面无毛；托叶红色，早落；花单生于短枝上，几无梗；花萼宽钟形，萼片椭圆形；花瓣淡红色；雄蕊多数，子房密被短柔毛，花柱长为雄蕊的 2 倍，下部被柔毛。果实扁卵形，先端尖，密被粗柔毛。

【生物学特性】旱生、强旱生植物。生于半荒漠、荒漠区的干燥石质山、丘坡麓，沟谷，山间盆地，干河床及沙漠边缘固定沙地。在宁夏中部、北部低山区石质山谷作为优势种组成山地旱生灌丛，伴生荒漠锦鸡儿、狭叶锦鸡儿、甘蒙锦鸡儿、小叶金露梅等；也出现于短花针茅荒漠草原。在东阿拉善常见于沙冬青、霸王、绵刺半荒漠中。4 月中、下旬萌发，4 月下旬先叶开花，后生出叶片，5 月中旬结果，5 月下旬果实成熟，进入果后营养期，11 月上旬枯黄。用核果播种，当年幼苗高 30～40cm，主根深 40cm 左右，4～5 年长成成株，高达 150～200cm。

【饲用价值】中等饲用植物。叶和嫩枝羊、牛、驴、骆驼采食。本种是荒漠地区重要的饲用灌木之一，亚洲中部戈壁荒漠特有种。在冬季和干旱缺草季节里，是羊和骆驼的主要采食对象。

▌马蔺

【学　　名】*Iris lactea* Pall. var. *chinensis*（Fisch.）Koidz.

【别　　　名】双颖鸢尾、马莲、马兰花

【资源类别】野生种质资源

【分　　　布】全区产。分布于我国各地。

【形态特征】多年生密丛草本，具短根茎，外包大量红紫色折断的残留老叶、叶鞘及纤维；须根粗壮，灰黄色。叶基生，剑形，长 18～50cm，宽 4～6mm，顶端渐尖，基部鞘状，带红紫色。花茎高 10～30cm；苞片 3～5 枚，黄绿色，边缘白膜质，内含 2～4 花，紫蓝色；花被裂片 6，2 轮，外轮较内轮者大；雄蕊 3，生外轮花被裂片基部；花柱 1，上部 3 分枝，扁平，花瓣状，顶端 2 裂，裂片狭三角形。蒴果圆柱形，有 6 条纵棱，顶端具喙；种子为不规则多面体，棕褐色。

【生物学特性】耐盐中生植物，广布种。广布于森林、森林草原、草原、半荒漠、荒漠及高寒地带，生于山坡、沟谷、荒野、河滩、泉水边、溪水边、田边、路旁；习生于草甸，轻、中度盐化草甸；常在低地轻盐化草甸构成群落优势种。在平原低洼地、沙漠湖盆、宁夏黄河冲积平原、阶地，宁南黄土丘陵、山地的低洼地，与芨芨草、小果白刺、披针叶黄华、苦豆子、细枝盐爪爪形成盐生植被；在内蒙古东部，与羊草、海乳草等，在内蒙古中部、西部，与星星草、布顿大麦草、芨芨草等组成盐生草甸；盐化稍重地段则与角果碱蓬、碱蒿、西伯利亚滨藜组成盐生草甸；在祁连山、西藏高原，沿低湿沟谷地、河流两岸、湖滨低地形成高寒带的盐化草甸。适壤质、轻壤质及碎石、砾石质浅色草甸土、盐化草甸土、草甸盐土，不耐干旱、过度沙化、潮湿、重度盐化的生境。4 月初萌发，5～6 月开花，8 月底种子成熟，9～10 月可采集种子。人工栽培可改良轻度盐碱地。当年播种，需越冬后次年春季出苗，当年枝叶繁茂，第 3 年才开花结籽。

【饲用价值】中等饲用植物。幼嫩期家畜较少采食，生长旺盛期叶片变粗硬，适口性降低，羊多不采食，仅骆驼常年采食。可放牧，宁夏农民、内蒙古牧民多习惯秋霜后割制青干草。经霜后适口性增加，可放牧也可刈割调制青干草，冬季饲喂怀孕、哺乳母羊和羔羊。果后营养期含粗蛋白质 2.56%、粗脂肪 2.66%、粗纤维 25.07%、无氮浸出物 61.70%、粗灰分 8.01%。

▌大苞鸢尾

【学　　　名】*Iris bungei* Maxim.

【别　　　名】彭氏鸢尾、本氏鸢尾

【资源类别】野生种质资源

【分　　　布】产于贺兰山东麓及银川、吴忠、中卫、灵武、盐池。我国内蒙古、山西、甘肃有分布。

【形态特征】多年生草本。根茎块状，密被纤维状折断的宿存叶鞘，棕褐色或棕色，须根较粗壮，灰黄色或白色。叶线形，长 20～65mm，宽 3～5mm，先端渐尖；茎生叶基部鞘状抱茎。花茎直立，高 15～25cm；苞片 3，草质，淡绿色或灰绿色，边缘白膜质，鞘状膨大，呈纺锤形；花 2 朵，蓝紫色，花被裂片 6，2 轮；雄蕊 3，花药浅棕色；花柱分枝花瓣状，先端 2 裂，裂片披针形。蒴果圆柱状长卵形，有 6 条纵棱，先端具喙；种子卵圆形或近圆锥形，黑褐色。

【生物学特性】强旱生植物。分布于荒漠草原带及向草原带的过渡地带，生于山麓洪积扇、固定沙丘（地），在地表有覆沙和小砾石的平坦固定沙地、滩地、丘间平地、湖盆边缘常形成群落优势种。在宁夏海拔 1240～1360m、降水量 200～250mm、有覆沙的淡灰钙土上，作为优势种与短花针茅、牛枝子、短翼岩黄芪、甘草、红砂组成沙地荒漠草原；也伴生于刺叶柄棘豆、短花针茅、牛枝子、细弱隐子草、甘草，或沙芦草、长芒草、远志、冷蒿，或红砂、珍珠柴、刺叶柄棘豆、红砂等荒漠草原中；在内蒙古中部、西部生于戈壁针茅或沙生针茅荒漠草原中。4 月上、中旬返青，4 月下旬至 5 月中旬开花，5 月中、下旬结果，6 月中旬成熟，进入果后营养期，10 月下旬枯黄，生育期 175 天，生长期 190～200 天。

【饲用价值】中等饲用植物。春季萌发较早，叶青嫩，羊喜食；开花期，花及少量嫩叶绵羊、山羊乐食，生长后期则不吃。其他各类家畜对青鲜状态的叶片极少采食或不吃。秋霜以后以至整个冬季，叶片保留良好，适口性明显改善，羊、骆驼喜食，马、驴、牛乐食，成为良好的冬牧场，牧民称之为"度荒草"。牧民多习惯在秋霜后割制干草，冬春季用来饲喂孕期或哺乳期母羊和羊羔。大苞鸢尾具有良好的营养价值，果后营养期粗蛋白质含量可达 8.99%～13.78%，粗灰分含量较高，钙含量尤其高。

小花灯心草

【学　　名】*Juncus articulatus* L.

【别　　名】灯心草、娃灯心草

【资源类别】野生种质资源

【分　　布】产于贺兰山、六盘山、南华山及平罗、贺兰、盐池。分布于我国河北、陕西、甘肃、新疆、山东、河南、湖北、四川、云南、西藏等地。

【形态特征】一年生草本，高 15～20cm，具须根。茎直立或斜升，丛生，基部红褐色。叶基生和茎生，线形，先端尖，边缘向上反卷。二歧聚伞状花序，花生于枝侧或小枝顶端；每花下具 3 片卵形或狭卵形膜质苞片，先端尖或具刺尖；花被片 6，颖状，2 轮，外轮线状披针形，先端尖，背部稍厚，边缘膜质，内轮线状长椭圆形，膜质；雄蕊 6，稀 3，长为花被的 1/3～1/2；花柱极短，柱头 3。蒴果三角状椭圆形，3 瓣裂。种子褐色。

【生物学特性】湿生植物。生于海拔 1400～3200m 的山谷、泉边、河滩、湖滨盐化沼泽草甸。6～8 月开花，8～9 月结果。

【饲用价值】中等饲用植物。营养期叶量较多，牛、羊、马乐食。花果期茎秆变粗硬，适口性降低，家畜多不采食。经霜后茎秆仍显青绿，枯黄慢，适口性变好，可延长家畜采食时间。

天蓝韭

【学　　名】*Allium cyaneum* Regel

【别　　名】野葱

【资源类别】野生种质资源

【分　　布】产于贺兰山、罗山、南华山。分布于我国陕西、甘肃、青海、湖北、四川、西藏等地。

【形态特征】多年生草本，具根茎；鳞茎圆柱形，外皮暗褐色，老时破裂成纤维状，呈不明显网状。叶半圆柱状。花葶高15～25cm，下部被叶鞘；总苞单侧开裂或2裂；伞形花序半球形，花2至数朵，无小苞片；花被片6，天蓝色或蓝紫色；雄蕊6，花丝等长，长于花被，内轮花丝基部扩展成狭三角形，全缘而无齿；子房近球形或倒卵形，基部具3凹穴。

【生物学特性】中生植物。生于海拔1500～5000m的山坡、沟谷林下、林缘草甸。花果期7～9月。

【饲用价值】中等饲用植物。叶片、花葶多汁柔嫩，适口性好，营养丰富，各类家畜均喜食。冬季保存不好，影响其饲用价值。

碱韭

【学　　名】*Allium polyrhizum* Turcz. ex Regel

【别　　名】碱葱、多根葱、蛇葱、石葱

【资源类别】野生种质资源

【分　　布】产于贺兰山及石嘴山、吴忠、盐池、同心。广布于我国黑龙江、吉林、辽宁、山西、内蒙古、甘肃、青海、新疆等地。

【形态特征】多年生草本，具根茎；鳞茎圆柱状，丛生，外皮黄褐色，破裂成纤维状，近网状。叶半圆柱状，比花葶稍短。花葶圆柱状，高15～35cm，基部被叶鞘；总苞2～3裂，宿存；伞形花序半球状，多花；花梗等长；花被片6，2轮，紫红色或淡紫红色，稀白色；花丝近等长或略长于花被片，基部合生，内轮花丝近基部扩展，两侧各具1尖齿，外轮花丝锥形；子房卵形。

【生物学特性】强旱生植物。主要分布于半荒漠地带，生于向阳干旱山坡石质残丘坡地、沙滩地；常伴生于短花针茅、戈壁针茅、沙生针茅群落，耐轻盐碱化，可生于湖盆边缘轻盐化低地，与芨芨草、虎尾草混生。在荒漠草原中，其比例达20%～40%，局部地段，也可成为优势种；在草原化荒漠中，其比例只占6%～9%；进入荒漠地带，数量更减少，仅见于山麓、山间盆地底部。分布区海拔1200～2500m，年降水量150～250mm，土壤可为砂壤质、壤质、黏质土乃至轻盐碱土，在表土强沙化地段生长不良。抗旱性强，根系多而粗，近地表的茎基部具枯死的鳞茎皮，可防旱，抗热，减少水分蒸发。干旱时，可保持休眠，躲过干旱，遇雨萌发。一般4月下旬至5月上旬萌发，6 月上、中旬叶片长齐成小丛状，7 月上、中旬至 8 月开花，7 月末至 9 月种子成熟，10 月中旬初霜后枯黄。

【饲用价值】中等饲用植物。茎叶多汁柔嫩，适口性好，营养价值高，整个生育期羊、马、牛乐食，骆驼喜食。据牧民反映，家畜采食后能使肉味鲜美，降低腥膻味。不足之处是种子成熟后，茎叶很快干枯，齐地面脱落，冬季很少残留，不能常年采食，影响饲用价值。

蒙古韭

【学　　名】*Allium mongolicum* Regel

【别　　名】蒙古葱、沙葱

【资源类别】野生种质资源

【分　　布】产于贺兰山东麓海拔 1800m 以下的山麓洪积扇及银川、吴忠、中卫、平罗、盐池。分布于我国辽宁、内蒙古、陕西、甘肃、青海、新疆等地。

【形态特征】染色体数：$2n=2x=16$。多年生草本，具根茎；鳞茎圆柱形，丛生，外皮黄褐色，撕裂成松散的纤维状。叶圆柱状至半圆柱状，较花葶短。花葶粗壮，高 15～30cm，近基部被叶鞘；总苞单侧开裂，膜质，宿存；伞形花序球状至半球状，多花，花梗近等长；花被片 6，2 轮，淡红色至紫红色，花丝等长，内轮花丝近基部约 1/2 扩大成卵形或卵球形，不具齿；花柱不伸出花被外。

【生物学特性】旱生、沙生植物。主要分布于荒漠或草原带的边缘。喜沙地、表面覆沙的生境，在覆盖疏松砂质冲积土的低凹地形上生长旺盛；在石质山、丘坡地则生长在充满砂土的裂隙中；在有薄层覆沙的戈壁上，呈零星分布。不耐盐碱，不升至山地，也不分布于年降水量少于 50mm 的地区。在半荒漠地带，常作为伴生种出现在沙化的短花针茅、戈壁针茅、沙生针茅草场；在局部雨水供给较多处，可形成小片占优势的单优群落。一般 5 月中、下旬萌发，7 月上旬至 8 月中旬开花，7 月中旬至 9 月上旬结果。果后叶枯，霜前全株枯黄，其发育与当年的降水密切相关。

【饲用价值】优等饲用植物。本种为季节性放牧饲草，叶子霜冻后不能保留，冬季饲用价值不大。由于有带刺激性辛辣味，各种家畜都不宜长时间单一地采食；与其他饲草混合放牧可提高食欲，增加采食量。整个营养期羊喜食，骆驼也十分喜食，并有抓膘作用。放牧采食后，山羊、绵羊肉味鲜美，马采食较差，牛很少采食。马、羊、骆驼采食蒙古韭可减少鼻咽腔寄生虫的感染。据报道，马、驴因采食小花棘豆中毒后，在有蒙古韭的草地上放牧可以解毒。本种营养物质高，是一种粗蛋白质、粗脂肪、钙、磷含量较高的牧草。骆驼在花期大量采食会发生肚胀，严重者会造成死亡。

砂韭

【学　　名】*Allium bidentatum* Fisch. ex Prokh.

【别　　名】双齿韭

【资源类别】野生种质资源

【分　　布】产于贺兰山东麓沙地。分布于我国黑龙江、吉林、辽宁、河北、山西、内蒙古、新疆等地。

【形态特征】染色体数：$2n=4x=32$。鳞茎圆柱形，外皮膜质，破裂成纤维状；花淡红或紫红色，花丝略短于花被片；叶半圆柱状；伞形花序半球形；内轮花丝扩展部呈卵状矩圆形，占花丝总长的4/5，两侧各具1钝齿。

【生物学特性】旱生植物。生于海拔600～2000m的向阳山坡、山麓洪积扇，为草原或荒漠草原的伴生种。7～9月开花。

【饲用价值】优等饲用植物。本种为季节性放牧饲草，叶子霜冻后不能保留，冬季饲用价值不大。由于有带刺激性辛辣味，各种家畜都不宜长时间单一地采食；与其他饲草混合放牧可提高食欲，增加采食量。整个营养期羊喜食，骆驼也十分喜食，并有抓膘作用。放牧采食后，山羊、绵羊肉味鲜美，马采食较差。

野韭

【学　　名】*Allium ramosum* L.

【资源类别】野生种质资源

【分　　布】产于贺兰山、六盘山。分布于我国黑龙江、吉林、辽宁、河北、山东、山西、内蒙古、陕西、甘肃、青海、新疆等地。

【形态特征】染色体数：$2n=2x$，$4x=16$，32。鳞茎圆柱形；但鳞茎外皮呈网状；叶三棱状线形，背部具纵棱，中空；花序球形或半球形，花白色或淡红色，中脉淡红色；花丝基部加宽部分呈三角形，内轮花丝无齿。

【生物学特性】旱中生、中旱生植物。生于海拔600～3500m的山坡、沟谷草地，是草甸草原、草原化草甸的伴生种或偶见种。7月开花。

【饲用价值】优等饲用植物。饲用价值与砂韭基本相同。

矮韭

【学　　名】*Allium anisopodium* Ledeb.

【别　　名】矮葱、山葱

【资源类别】野生种质资源

【分　　布】产于贺兰山、罗山、香山、麻黄山。分布于我国黑龙江、吉林、辽宁、内蒙古、河北、山东、新疆。

【形态特征】染色体数：$2n=8x=16$。多年生草本，具横生根茎；鳞茎近圆柱形，丛生，皮外紫褐色、黑褐色或灰黑色，膜质，不规则破裂，内皮常紫红色。叶半圆柱状，因中央纵棱隆起，有时呈三棱状狭线形，较花葶短或等长。花葶圆柱状，高15～35cm，具纵棱，光滑，下部被叶鞘；总苞单侧开裂；伞形花序半球状，松散，花梗不等长；花被片6，2轮，淡紫色，长3.9～5.0mm；花丝近等长，内轮花丝基部1/2扩展为卵形，不具齿，外轮花丝基部稍扩大；子房卵球形。

【生物学特性】旱中生植物。分布于森林草原、草原带，生于海拔 1200～1800m 的山坡、固定沙丘（地），是草原群落的伴生种或偶见种，一般不进入半荒漠带。6～7 月开花，7～8 月结果。

【饲用价值】中等饲用植物。青嫩期到枯黄后，羊、牛、马、骆驼乐食。冬春季保存差，几乎无饲用价值。

山丹

【学　　名】*Lilium pumilum* DC.

【别　　名】山丹丹、细叶百合

【资源类别】野生种质资源

【分　　布】产于贺兰山、罗山、香山、南华山、月亮山及固原、海原、盐池。分布于我国河北、山西、黑龙江、辽宁、吉林、内蒙古、山东、河南、陕西、甘肃、青海等地。

【形态特征】多年生草本，高 20～50cm，地下茎直伸；鳞茎圆柱形或长卵形。茎直立，被小乳头状突起。叶散生（非基生或轮生）于茎中部，线形，无柄，1 脉。花单生或数朵成总状花序，顶生，具长梗及叶状苞片；花被片 6，鲜红色或深橘红色，反卷；雄蕊 6，花丝细长，花药长约 9mm；子房圆柱形；花柱长约 1.5cm，柱头 3 裂。蒴果长椭圆形。

【生物学特性】中生植物。生于海拔 400～2600m 的向阳山坡、林间草地、林缘灌丛、草甸、草甸草原，也生于草原带固定沙地。6～7 月开花，8～9 月结果。

【饲用价值】中等饲用植物。幼嫩期至初花期羊乐食，牛、马也采食。鳞茎味甘甜，含淀粉较高，家畜喜食。

花蔺

【学　　名】*Butomus umbellatus* L.

【别　　名】荻薅

【资源类别】野生种质资源

【分　　布】产于黄灌区。分布于我国黑龙江、吉林、辽宁、内蒙古、河北、山西、陕西、新疆、山东、江苏、河南等地。

【形态特征】多年生草本，高 40～100cm，根状横生，具多数须根。叶基生，挺水生长，长线形，3 棱，长 35～80cm，全缘，基部扩展成鞘，边缘膜质。花葶圆柱形，直立；伞形花序顶生，苞片 3，花梗细长；花两性，花径 3～4cm，花瓣 6，花被片 6，外轮 3，绿紫色；内轮 3，浅紫红色；雄蕊 9，花药带红色；心皮 6，排列成 1 轮，柱头纵折状。蓇葖果顶端具喙。

【生物学特性】喜阳光充足，喜温暖，在 15～30℃生长良好，生于水塘、塘溪、沟边积水的沼泽地。7～8 月开花，9～10 月结果。

【饲用价值】中等饲用植物。茎叶柔软，羊乐食，牛也采食。球茎猪吃。

东方泽泻

【学　　名】*Alisma orientale*（Samuel.）Juz.

【别　　名】水泽、如意花

【资源类别】野生种质资源

【分　　布】产于黄灌区。分布于我国东北、华北、西北、华东。

【形态特征】多年生草本，高 20～70cm，具短缩根茎，生多数须根。叶全部基生，叶片椭圆形或卵状椭圆形，先端尖，基部楔形、圆形或稍心形，全缘。叶柄长 15～30cm，基部扩展为鞘状，常带紫色。花小型，两性，常有 3～6 轮分枝，每轮具 2～3 枚，披针形或线形小苞片；轮生分枝顶端成小花梗不等长的伞形花序，总体成为圆锥花序。萼片 3，绿带褐色，宽卵形，宿存；内轮花被片近圆形，倒卵形，膜质，较萼片小，白色，脱落；雄蕊 6；雌蕊多数，离生。瘦果多数，扁平，倒卵形，褐色。

【生物学特性】湿生植物。生于湖滨、河流沿岸、池沼、水沟边、稻田。分布区海拔 500～2800m。7～9 月开花，8～9 月结果。

【饲用价值】中等饲用植物，茎秆柔软，适口性良好，采集后煮熟可喂猪，晒制青干草，马、牛、羊乐食。

野慈姑

【学　　名】*Sagittaria trifolia* L.

【别　　名】狭叶慈姑、慈姑、慈果子

【资源类别】野生种质资源

【分　　布】黄灌区普遍分布。分布于我国各地。

【形态特征】多年生草本，高 50～100cm。根茎横生，较粗壮，顶端膨大成球茎。叶基生，挺水，箭头形状，全缘；叶柄粗壮，长 20～60cm，基部扩大成鞘状，边缘膜质。总状花序或圆锥花序；花序上部为雄花，具细长花柄；下部为雌花，具短花柄，苞片卵形或卵状披针形，基部合生；萼片 3，卵形，花后脱落；花瓣 3，宽卵形或近卵形，白色；雄蕊多数，花药瑾紫色；雌蕊多数，密集成球形；蒴果斜宽倒卵形，扁平，两侧具翅，喙向上直立。

【生物学特性】挺水水生植物。生于浅水池沼、河湖边缘、沟渠、稻田。6～8 月开花，8～9 月结果。

【饲用价值】良等饲用植物。茎叶青嫩柔软，羊、牛乐食，也可喂猪和草鱼。

眼子菜

【学　　名】*Potamogeton distinctus* A. Benn.

【别　　名】大叶黑眼子菜

【资源类别】野生种质资源

【分　　布】产于黄灌区。分布于我国东北、华北、西北、华东、华中、西南。

【形态特征】多年生草本。茎细弱。茎上部叶浮于水面，长椭圆形或长椭圆状披针形，先端渐尖，全缘，叶脉明显，具长柄；托叶膜质透明，线状披针形，与叶柄离生；茎下部叶沉水，线状长圆形或线状披针形，先端渐尖，全缘，有长柄。托叶长8cm，穗状花序长2～3cm，花密集，总花梗长3～10cm，着生于浮水叶腋；花两性，花被片4，圆形，绿色；雄蕊4，无花丝，离生于花被片基部。小坚果倒卵形，背部具3条脊棱，中间1条具狭翅，先端具短喙。

【生物学特性】广布的浮水水生植物。生于静水湖泊、池沼浅水处、稻田、排水沟中。花果期7～9月。

【饲用价值】中等饲用植物。茎叶柔软，纤维素含量低，猪、鸡、鸭、鹅喜食，草鱼也吃。

小眼子菜

【学　　名】*Potamogeton pusillus* L.

【别　　名】线叶眼子菜、丝藻

【资源类别】野生种质资源

【分　　布】遍布黄灌区。分布于我国黑龙江、吉林、内蒙古、河北、陕西、甘肃、河南、山东、江苏、安徽、江西、福建、台湾、湖南、四川、云南、西藏等地。

【形态特征】多年生草本，茎细弱，略扁平，多分枝。叶全部沉水，细丝形，长1.5～4.0cm，宽近1mm，先端突尖，基部渐狭成极短叶柄或无柄，全缘，中脉，在背部突起；托叶膜质，与叶柄离生。穗状花序极短，由1～3轮间断花簇组成；总花梗顶生；花两性，花被片4，雄蕊4，无花丝，着生花被片基部。小坚果倒卵形，背部无脊棱，顶端具短喙。

【生物学特性】沉水水生植物。生于溪水边、池沼、排水沟、稻田。7～8月开花，8～9月结果。

【饲用价值】中等饲用植物。茎叶青嫩肉质，适口性好，猪乐食，鸡、鸭、鹅也吃。

穿叶眼子菜

【学　　名】*Potamogeton perfoliatus* L.

【别　　名】无抱茎眼子菜

【资源类别】野生种质资源

【分　　布】广布于黄灌区。分布于全国各地。世界广布种。

【形态特征】多年生草本。茎多分枝。叶互生，全沉于水下，花序下叶对生，卵形或卵状披针形，长2～5cm，宽1.0～2.5cm，先端钝至急尖，基部心形，抱茎，全缘或有波皱，无柄；托叶薄膜质，筒状抱茎，后裂成纤维状脱落。穗状花序长 1.5～2.5cm，密生小花，总花梗生叶腋，梗长 2.5～5.0cm，与茎同粗；花两性，花被片 4，圆形，雄蕊4，无花丝。小坚果倒卵形，背部有 3 脊，不明显，顶端具短喙。

【生物学特性】沉水水生植物。生于池沼、排水沟、河边浅水缓流处。6～7 月开花，8～9 月结果。

【饲用价值】中等饲用植物。茎秆柔嫩，适口性良好，鸡、鸭、鹅、猪喜食。有文献报道，全草含粗蛋白质 13.54%～16.62%、粗脂肪 0.63%～1.27%、无氮浸出物45.45%～59.15%、粗纤维 13.75%～15.85%、钙 2.1%～11.0%、磷 0.53%～0.62%、胡萝卜素 113mg/kg（干重），且含类胡萝卜色素，可制作良好的猪、鸡饲料。

华扁穗草

【学　　名】*Blysmus sinocompressus* Tang et Wang

【别　　名】扁穗草

【资源类别】野生种质资源

【分　　布】产于贺兰山、六盘山及盐池、海原。分布于我国东北、华北、西北、西南。

【形态特征】多年生草本，高 5～25cm，具匍匐根茎。秆直立，丛生，扁三棱形，基部具褐色残存叶鞘，秆下部生叶。叶通常短于秆，平展或内卷，边缘具细小齿。苞叶叶状，较花序短或稍长。穗状花序，单一顶生；小穗 3 至十余个，两行或近两行密集排列；鳞片近两行排列，锈褐色，膜质；具 3～6 条卷曲、具倒生刺的下位刚毛，长为小坚果的 3 倍；雄蕊 3；柱头 2。小坚果宽倒卵形，平凸状。

【生物学特性】中湿生植物。生于山地林下、河溪边、间山盆地、低洼地、沼泽、沼化草甸；耐轻盐碱，也生于低湿盐化草甸。本种为山谷、低洼地半沼泽习见建群植物。花果期 6～9 月。

【饲用价值】良等饲用植物。适口性良好，青嫩时牦牛、牛、马、羊乐食；枯黄后也采食。冬季保存好，属于放牧型牧草。据分析，成熟期含粗蛋白质占风干物质的17.57%，粗脂肪占 4.61%，无氮浸出物占 36.00%，钙占 1.25%，磷占 0.26%。

嵩草

【学　　名】*Kobresia myosuroides*（Villars）Fiori

【别　　名】北方嵩草、别氏嵩草

【资源类别】野生种质资源

【分　　布】产于贺兰山。分布于我国黑龙江、吉林、内蒙古、河北、山西、甘肃、青海、新疆、四川、云南、西藏等地。

【形态特征】多年生草本，高 10～20cm，具短根茎，秆密丛生，下部近圆柱形，上部钝三柱形，基部具黑褐色残存叶鞘。叶狭细，丝状。花序简单穗状，线状圆柱形；枝小穗 10～20 个，顶生小穗雄性，侧生小穗雄雌顺序排列，基部雌花的上部具 1～2 朵雄花，稀仅具 1 朵雌花；鳞片椭圆形或倒卵状椭圆形；先出叶腹面下部 1/3 边缘愈合；雄蕊 3；花柱 3。小坚果倒卵状椭圆形或倒卵形，双凸状或扁三棱状，顶端具短啄。

【生物学特性】寒中生植物。生于山地海拔 1700m 以上的石质山坡、沟谷溪水边、潮湿草甸、沼泽地，尤其多生于海拔 3000～4000m、地表多碎石的亚高山、高山草甸，成为建群种。在我国西北或蒙古国高山上，与沟叶羊茅组成高寒草甸草原群落，形成高寒草甸与高寒草原的过渡类型。花果期 6～8 月。

【饲用价值】良等饲用植物。草质柔软，适口性好，叶多，耐牧，是良好的放牧型牧草。羊、马、牛、牦牛四季喜食。冬季保存良好，以嵩草为优势种的草场也是良好的冬春牧场。

细叶薹草

【学　　名】*Carex duriuscula* C. A. Mey. subsp. *stenophylloides*（V. Krecz.）S. Y. Liang et Y. C. Tang

【别　　名】砾薹草、水草

【资源类别】野生种质资源

【分　　布】产全区。分布于我国黑龙江、吉林、河北、内蒙古、陕西、甘肃、新疆、山东、河南、安徽、湖北等地。

【形态特征】多年生草本，高 6～25cm，具细长匍匐根茎。秆丛生，钝三棱形，具纵棱，基部具褐色或浅棕色残存叶鞘，有时细裂成纤维状。叶片扁平或内卷成针状，边缘粗糙。穗状花序卵形或矩圆形；小穗 3～7 个，密集，卵形，雄雌顺序排列；雄花鳞片长椭圆形，雌花鳞片卵形或宽卵形；果囊卵形或卵状椭圆形，平凸状，革质，淡褐色或紫褐色，具 2 齿，基部具短柄。小坚果卵形，褐色，双凸状，柱头 2。

【生物学特性】中旱生、旱中生植物。适应性广泛，生于砂质草原、砾石质山地草原、荒漠草原、沙漠边缘固定沙丘（地），也生于盐碱化草甸、干河床、荒漠河岸林中，田边，路旁；是短花针茅、沙生针茅、石生针茅、长芒草、蓍状亚菊、冷蒿、女蒿等荒漠草原或草原的伴生种。4 月初返青，4 月中、下旬开花，5 月下旬至 6 月种子成熟，进入果后营养期。

【饲用价值】良等饲用植物。返青早，茎叶质地柔软，适口性好，为春季抢青牧草，羊、牛、马四季乐食。青嫩期尤其喜食，再生草适口性更好，干枯后适口性也不降低。冬季保存好，适宜放牧利用。

主要参考文献

安惠惠, 马晖玲, 李坚, 等. 2012. 农杆菌介导的 *Lyz-GFP* 基因对匍匐翦股颖 Penn A-1 转化和表达的研究. 草业学报, 21（2）: 141-148.

白淑娟, 周卫星, 钟小仙. 2002. 宁杂 4 号美洲狼尾草选育研究. 杂粮作物, 22（1）: 19-22.

白亚利. 2016. 40 份新麦草种质资源评价与遗传多样性分析. 呼和浩特: 内蒙古农业大学硕士学位论文.

宝音贺希格, 王忠武, 阿拉塔. 2010. 我国牧草育种研究进展. 畜牧与饲料科学, 31（Z1）: 331-334.

蔡伟, 王焱, 伏兵哲, 等. 2018. 宁夏引黄灌区苜蓿品种对土壤微生物数量及酶活性的影响. 基因组学与应用生物学, 37（10）: 4349-4356.

曹兵, 李小伟, 李涛. 2011. 宁夏罗山维管植物. 银川: 黄河出版传媒集团（阳光出版社）.

陈传芳, 李义文, 陈豫. 2004. 通过农杆菌介导法获得耐盐转甜菜碱醛脱氢酶基因白三叶草. 遗传学报, 31（1）: 97-101.

陈宏. 2004. 基因工程原理与应用. 北京: 中国农业出版社.

陈默君, 贾慎修. 2002. 中国饲用植物. 北京: 中国农业出版社.

陈山. 1994. 中国草地饲用植物资源. 沈阳: 辽宁民族出版社.

陈志宏, 李新一, 洪军. 2018. 我国草种质资源的保护现状、存在问题及建议. 草业科学, 35（1）: 186-191.

陈志宏. 我国牧草种质资源鉴定工作快速推进. 中国畜牧兽医报, 2016-07-10（004）.

程荣花, 邓菊芬, 吴维群, 等. 2007. ^{60}Co γ 射线对白三叶种子发芽影响的研究. 草业与畜牧, 7: 17-20.

储嘉琳. 2016. 国家牧草种质资源库禾本科牧草颖果的分类学研究. 郑州: 河南农业大学硕士学位论文.

戴军, 郑家明, 张鹏. 2004. 生物技术在牧草育种上的应用. 辽宁农业科学,（3）: 32-33.

董建芳, 马丽, 莎依热木古丽. 2014. 野生牧草种质资源的采集与清选方法. 新疆畜牧业,（4）: 62-63.

董宽虎. 2010. 山西牧草种质资源. 北京: 中国农业科学技术出版社.

窦玉梅. 2011. 野生牧草种质资源的保护与开发. 黑龙江农业科学,（10）: 104-105.

杜连莹. 2010. 实践八号搭载 8 个苜蓿品种生物学效应研究. 哈尔滨: 哈尔滨师范大学硕士学位论文.

杜笑村, 仁青扎西, 白史且, 等. 2010. 牧草种质资源综合评价方法概述. 草业与畜牧,（11）: 8-10, 20.

段雪梅, 田新会. 2009. 辐射对巫溪红三叶种子发芽率及幼苗生长的影响. 贵州农业科学, 37（6）: 123-125.

费永俊, 吴亭谦. 2009. ^{60}Co 辐射在高羊茅表型和子代上的响应. 中国草地学报, 31（4）: 53-56.

冯鹏, 刘荣堂, 历卫宏, 等. 2008. 紫花苜蓿种子含水量对微卫星搭载诱变效应的影响. 草地学报, 16（6）: 605-608.

伏兵哲, 高雪芹, 蔡伟, 等. 2018. 宁夏引黄灌区种植不同苜蓿品种对土壤速效养分的影响. 中国草地学报, 40（2）: 20-26.

付彦荣, 韩益, 孙振元, 等. 2004. ^{60}Co γ 辐射对五叶地锦幼苗生长和 M1 代性状的影响. 中国农学通报, 20（6）: 73-76.

富象乾. 1986. 中国饲用植物研究史. 内蒙古农牧学院学报, 1: 19-31.

高洪文, 王赞, 等. 2010. 豆科多年生草本类牧草种质资源描述规范和数据标准. 北京: 中国农业出版社.

葛娟, 齐丽杰, 赵惠新, 等. 2005. Ar$^+$ 离子注入对紫花苜蓿发芽、生长及幼苗脂质过氧化的影响. 种子, 24（2）: 38-41.

关宁, 王涌鑫, 李聪, 等. 2009. 含硫氨基酸基因植物表达载体的构建及对百脉根的转化. 分子植物育种, 7（2）: 257-263.

郭爱桂, 刘建秀, 等. 2000. 辐射技术在国产狗牙根育种中的初步应用. 草业科学, 17（1）: 45-47.

郭慧慧, 任卫波, 解继红, 等. 2013. 卫星搭载后紫花苜蓿 DNA 甲基化变化分析. 中国草地学报, 35（5）: 29-33.

郭海林, 刘建秀. 2008. 杂交狗牙根诱变后代综合评价. 草地学报, 16（2）: 145-149.

海棠, 马鹤林. 1994. 几种三叶草的辐射敏感性及适宜辐射剂量的研究. 内蒙古草业,（3）: 45-46.

海棠, 长岁, 布仁吉雅, 等. 2004. 4 种优良禾本科牧草品种适宜辐射剂量及敏感性的研究. 内蒙古草业, 14（4）: 36-37.

韩海波. 2011. 内蒙古野生扁蓿豆种质资源的鉴定与评价. 北京: 中国农业科学院硕士学位论文.

韩蕾，孙振元，钱永强，等．2004．神州 3 号飞船对草地早熟禾生物学特性的影响．草业科学，21（5）：17-19.

韩利芳，张玉发．2004．烟草 *Mn-SOD* 基因在保定苜蓿中的转化．生物技术通报，（1）：39-46.

韩胜芳，谷俊涛，肖凯．2007．高效表达黑曲霉 *PhyA* 基因改善白三叶草对有机态磷的利用．作物学报，33（2）：250-255.

韩燕，张洪江．2014．新疆优良牧草种质资源及其开发利用．新疆畜牧业，（4）：57-58.

郝凤，刘晓静，毛娟，等．2009．抗冻蛋白基因 *AFP* 表达载体构建及转化紫花苜蓿初报．草地学报，17（6）：20-29.

河为平，王春疆，张鹏．2014．绿帝 1 号杂交沙打旺选育报告．草原与草业，26（1）：44-48.

贺红霞，林森晶，王铭，等．2007．乙肝表面抗原基因表达载体的构建及对百脉根的转化．农业生物技术学报，15（1）：115-118.

洪军，陈志宏，李新一，等．2017．我国牧草种质资源收集保存现状与对策建议．中国草地学报，39（6）：99-105.

侯建华，云锦凤．2005．羊草、灰色赖草及其杂种 F1 生物学特性．草地学报，13（3）：175-179.

侯向阳．2013．中国草原科学．北京：科学出版社.

胡繁荣，赵海军，张琳琳，等．2004．空间技术诱变创造优质抗逆黄叶高羊茅．核农学报，18（4）：286-288.

胡化广，刘建秀，郭海，等．2006．我国植物空间诱变育种及其在草类植物育种中的应用．草业学报，（1）：15-21.

胡晓宁，白艳艳，宋江湖，等．2016．陕西省榆林市近年来草种引进调查报告．畜牧与饲料科学，37（5）：22-23.

扈新民，李亚利，高彦辉．2011．航天诱变及其在辣椒育种中的应用及展望．中国蔬菜，（24）：14-18.

黄春琼，刘国道，白昌军．2015．热带牧草种质资源收集、保存与创新利用研究进展．草地学报，23（4）：672-678.

黄春琼．2010．狗牙根种质资源遗传多样性分析及评价．海口：海南大学博士学位论文.

黄慧德，易克贤．2001．^{60}Co-γ 辐射对柱花草种子发芽的影响．热带农业科学，92（4）：22-25.

黄洪云．2012．离子束介导大豆球蛋白基因转化无芒雀麦．种子，31（8）：10-14.

纪亚君．2009．青海省牧草育种研究进展．草业科学，26（11）：86-92.

贾继增．1996．分子标记种质资源鉴定和分子标记育种．中国农业科学，29：1-10.

贾炜珑，胡鸢雷，张彦芹．等．2007．海藻糖合酶基因转化黑麦草及耐旱性研究．分子植物育种，5（1）：27-31.

蒋尤泉．1993．牧草遗传资源概论．中国草地，1：1-5.

蒋尤泉．1994．牧草．中国农学会遗传资源委员会．中国作物遗传资源．北京：中国农业出版社：1215-1253.

蒋尤泉．1996．我国牧草种质资源的研究成就及展望．东北师范大学学报（自然科学版），3：93-96.

蒋尤泉．2001．牧草遗传资源研究概况．洪绂曾，任继周．草业与西部大开发．北京：中国农业出版社：79-82.

颉红梅，郝冀方，卫增泉，等．2004．重离子束对牧草的改良．辐射研究与辐射工艺学报，22（1）：61-64.

康俊梅，张铁军，王梦颖，等．2014．紫花苜蓿 QTL 与全基因组选择研究进展及其应用．草业学报，6：304-312.

康玉凡，申庆宏．1998．我国苜蓿品种的适宜辐射剂量．内蒙古农牧学院学报，19（2）：68-74.

孔政，赵德刚．2008．苦瓜几丁质酶基因 - 益母草抗菌肽基因遗传转化黑麦草．分子植物育种，6（2）：281-285.

李传山，张婷婷，宋书峰，等．2007．串叶松香草高效再生体系的建立与兔出血症病毒 YL 株外壳蛋白基因 *VP60* 对其遗传转化．生物技术通报，（5）：173-178.

李聪，王兆卿．2002．空间诱变对沙打旺消化率的遗传改良效应研究．中国国际草业发展大会暨中国草学会第六届代表大会论文集，61-63.

李凤光，齐广，黄静．2000．苜蓿辐射变异初探．塔里木畜牧学院学报，10（1）：45-48.

李红，李波，李雪婷，等．2013．卫星搭载对苜蓿突变株蛋白表达的影响．草业科学，30（11）：1749-1754.

李克昌，吴源清．2007．宁夏草业科学研究．银川：宁夏人民出版社.

李克昌．2012．宁夏主要饲用及有毒有害植物．银川：黄河出版传媒集团（阳光出版社）.

李培英，孙宗玖，等．2007．^{60}Co γ 射线对新农 1 号狗牙根辐射诱变初探．草原与草坪，125（6）：22-25.

李世林，杨舸，易秀莉，等．2008．根癌农杆菌介导的盐生杜氏藻 *DsNRT2* 基因转化紫花苜蓿的初步研究．四川大学学报，45（2）：409-412.

李晓芳．1998．我国牧草饲料种质资源利用状况．中国牧业通讯，（12）：24-25.

李旭谦，陆福根，辛有俊．2013．青海省优良牧草种质资源．青海草业，22（2）：47-52，56.

李艳琴，徐敏云，王振海，等．2008．牧草品质评价研究进展．安徽农业科学，11：4485-4486，4546.

李造哲，于卓，马青枝，等. 2004. 披碱草和野大麦杂种 F1 与 BC1F1 代的生物学及农艺特性研究. 中国草地, 26（5）: 9-14.

李志亮，杨清，叶嘉，等. 2012. 利用 *P5CS* 基因转化白三叶的研究. 生物技术通报,（5）: 61-65.

李志勇，李鸿雁，师文贵，等. 2010. 牧草种质资源营养器官解剖结构及抗旱性的研究进展. 安徽农业科学, 38（11）: 5583-5585.

李志勇，宁布，杨晓东，等. 2004. 内蒙古牧草种质资源的收集保存. 内蒙古草业,（3）: 1-2.

李志勇，宁布. 2004. 我国牧草种质资源的管理. 内蒙古草业,（2）: 36-37.

李志勇，孙启忠，李鸿雁，等. 2010. 分子标记技术在牧草种质资源研究中的应用. 草原与草坪, 30（5）: 91-96.

李志勇. 2011. 扁蓿豆种质资源遗传多样性机理的研究. 北京: 中国农业科学院博士学位论文.

梁英彩. 1999. 桂牧 1 号杂交象草选育研究. 中国草地, 1: 19-22.

刘刚. 2007. 牧草种质资源综合评价方法概述. 中国草学会青年工作委员会学术研讨会论文集, 4.

刘国志. 2016. 金花菜种质资源评价及遗传多样性研究. 扬州: 扬州大学硕士学位论文.

刘杰淋，李道明，唐凤兰，等. 2008. ^{60}Co γ 射线辐射敖汉苜蓿诱变效应的研究. 黑龙江农业科学,（5）: 3-4.

刘磊. 2013. 野生植物资源图谱. 呼和浩特: 内蒙古大学出版社.

刘瑞峰，张志飞，王利宝，等. 2008. 低能离子 N$^+$ 注入下高羊茅种子发芽率的变化. 草业科学, 25（5）: 52-54.

刘文辉，贾志锋，魏小星，等. 2017. 青藏高原牧草种质资源保护利用研究. 青海科技, 24（1）: 32-35.

刘香萍，李国良，崔国文. 2006. 紫花苜蓿抗寒性研究进展. 饲科博览,（12）: 11-14.

刘晓静，郝凤，张德罡，等. 2011. 抗冻基因 *CBF2* 表达载体构建及转化紫花苜蓿的研究. 草业学报, 20（2）: 193-200.

刘新亮. 2011. 两种披碱草属牧草种质资源遗传多样性研究. 北京: 中国农业科学院硕士学位论文.

刘旭，蒙永亮，张子文，等. 2008. 农作物种质资源基本描述规范和术语. 北京: 中国农业出版社.

刘亚萍，计巧灵，周小云，等. 2006. 氮离子束注入对燕麦 M1-M2 代幼苗耐盐性的影响. 生物技术, 16（2）: 73-76.

刘艳芝，王玉民，刘莉，等. 2002. *Bar* 基因转化草原 1 号苜蓿的研究. 草地学报, 12（4）: 273-275, 280.

刘艳芝，韦正乙，邢少辰，等. 2008. *HAL1* 基因转化苜蓿再生植株及其耐盐性. 吉林农业科学, 33（6）: 21-24.

刘艳芝，邢少辰，王玉民，等. 2006. *Bar* 基因转化豆科牧草百脉根的研究. 吉林农业科学, 31（5）: 45-47, 55.

刘杨，张永亮，王子富，等. 2015. 中国牧草种质资源遗传多样性研究进展. 内蒙古民族大学学报（自然科学版）, 30（2）: 136-139.

刘洋. 2004. 棉花铝诱导蛋白基因 *GhAlin* 对紫花苜蓿的遗传转化. 重庆: 西南农业大学硕士学位论文.

娄燕宏. 2015. 高羊茅农艺和品质性状的遗传多样性及其 SSR 标记的关联分析. 长沙: 湖南农业大学博士学位论文.

卢广，张青文，田颖川. 2004. 转抗蚜 *GNA* 基因苜蓿的研究. 植物保护, 30（6）: 23-26.

罗小英，崔衍波，邓伟，等. 2004. 超量表达苹果酸脱氢酶基因提高苜蓿对铝毒的抗受性. 分子植物育种, 2（5）: 621-626.

吕德扬，范云六，俞梅敏. 2000. 苜蓿高含硫氨基酸蛋白转基因植株再生. 遗传学报, 27（4）: 331-337.

吕杰，李冠，王新. 2004. 低能离子注入对紫花苜蓿种子发芽及幼苗生理生化变化的影响. 种子, 23（8）: 32-34.

马德滋，刘慧兰，胡福秀，等. 2007. 宁夏植物志. 2 版. 银川: 宁夏人民出版社.

马鹤林，海棠，申庆红，等. 1995. 89 个豆科牧草种和品种适宜辐射剂量及敏感性分析. 中国草地,（2）: 6-11.

马惠平，赵永亮，杨光宇. 1998. 诱变技术在作物育种中的应用. 遗传, 20（4）: 48-50.

马建军. 2012. 宁夏草业研究（2005-2010）. 银川: 黄河出版传媒集团（阳光出版社）.

马建中，鱼红斌，伊虎英. 1997. 中国北方主要牧草品种的辐射敏感性与辐射育种适宜剂量的探讨. 核农学通报, 18（3）: 101-105.

马生健，徐碧玉，曾富华，等. 2006. 高羊茅抗真菌病基因转化的研究. 园艺学报, 33（6）: 1275-1280.

马秀妹. 1986. 沙打旺早熟品种选育试验报告. 中国科学院集刊, 8（3）: 9-35.

马学敏，张治安，邓波，等. 2011. 不同含水量紫花苜蓿种子卫星搭载后植株叶片保护酶活性的研究. 草业科学, 28（5）: 783-787.

马玉宝，闫伟红，徐柱，等. 2014. 川、藏地区野生牧草种质资源考察与搜集. 中国野生植物资源, 33（3）: 36-39.

孟丽娟. 2015. 引进红三叶种质资源的表型和遗传多样性研究. 兰州: 甘肃农业大学硕士学位论文.

密士军, 郝再彬. 2002. 航天育种研究的新进展. 黑龙江农业科学, (4): 31-33.

南丽丽, 负旭疆, 李晓芳, 等. 2010. 牧草种质资源中心库存资源的多样性及其利用. 中国野生植物资源, 29 (6): 23-28.

南丽丽, 负旭疆, 李晓芳, 等. 2010. 牧草种质资源中心库库存资源经济价值多样性. 草业科学, 27 (6): 108-114.

聂利珍, 郭九峰, 孙杰. 2012. 沙冬青脱水素基因转化紫花苜蓿的研究. 华北农学报, 27 (3): 96-101.

庞宗美. 2011. 盐源县野生牧草种质资源收集、保存与利用. 四川畜牧兽医, 38 (10): 31-32.

曲同宝, 邓川, 王丕武. 2009. CMO 与 BADH 双基因表达载体构建及转化羊草的研究. 中国生物工程杂志, 29 (11): 48-52.

全国草品种审定委员会. 2017. 中国审定登记草品种集 (1999-2016). 北京: 中国农业出版社.

全国畜牧总站. 2012. 低温草种质库管理技术. 北京: 中国农业出版社.

任继周. 2001. 我国牧草种质资源保护和良种繁育体系建设之梗概. 首届中国苜蓿发展大会论文集, 4.

任卫波, 韩建国, 张蕴薇. 2006. 几种牧草种子空间诱变效应研究. 草业科学, 23 (3): 72-76.

任卫波, 韩建国, 张蕴薇, 等. 2006. 航天育种研究进展及其在草上的应用前景. 中国草地学报, 28 (5): 91-97.

任卫波, 王蜜, 陈立波, 等. 2008. 卫星搭载对苜蓿种子 PEG 胁迫萌发及生长的影响. 草地学报, 16 (4): 428-430.

余建明, 梁流芳, 张保龙, 等. 2005. 农杆菌介导法获得草地早熟禾转 Bt 基因植株. 江苏农业学报, 21 (2): 102-105.

师尚礼. 2003. 甘肃省天然草地植物种质资源潜势分析与保护利用. 草业科学, (5): 1-3.

师文贵, 李志勇, 李鸿雁, 等. 2009. 国家多年生牧草种圃资源收集、保存及利用. 植物遗传资源学报, 10 (3): 471-474.

师文贵, 李志勇, 卢新雄, 等. 2009. 牧草种质资源繁殖更新技术规程. 草业科学, 26 (10): 134-139.

师文贵, 李志勇, 王育青, 等. 2008. 牧草种质资源整理整合及共享利用. 植物遗传资源学报, 9 (4): 561-565.

石红霄, 陈志宏, 李志勇, 等. 2018. 西藏自治区雀麦属种质资源考察与收集. 植物遗传资源学报, 19 (4): 612-618.

苏加楷, 耿华珠, 等. 2004. 野生牧草的引种驯化. 北京: 化学工业出版社.

苏加楷. 1986. 加强牧草种质资源保护的建议. 中国草业可持续发展战略——中国草业可持续发展战略论坛论文集, 2004: 4.

苏盛发. 早熟沙打旺品种选育报告. 中国草原, 5 (1): 41-48.

苏玉春, 陈光, 白晶, 等. 2010. 农杆菌介导的 xynB 基因转化苜蓿的初步研究. 中国草地学报, 32 (4): 113-116.

宿宇, 王建光, 卢新雄. 2012. AFLP 分析人工老化对扁蓿豆遗传完整性的影响. 草地学报, 1: 125-129.

孙鏖, 李雄, 邓荟芬, 等. 2011. 加快建立湖南牧草种质资源圃的建议. 湖南农业科学, (8): 40-41.

孙斌. 1998. 浅议甘肃省牧草种质资源的保护和利用. 草与畜杂志, (3): 33.

孙建萍, 袁庆华. 2006. 利用微卫星分子标记研究我国 16 份披碱草遗传多样性. 草业科学, 23 (8): 40-44.

孙美红, 刘霞. 2006. 中国牧草育种工作研究进展. 中国农学通报, 22 (7): 23-26.

唐军, 周汉林, 王文强, 等. 2018. 狼尾草属牧草育种及分子生物学研究进展. 热带作物学报, 39 (11): 2313-2320.

唐立郦, 朱延明, 才华, 等. 2012. GsZFP1 基因植物表达载体构建及对苜蓿的遗传转化. 作物杂志, (4): 41-44.

田福平, 时永杰, 张小甫, 等. 2010. 我国野生牧草种质资源的研究现状与存在问题. 江苏农业科学, (6): 334-337.

田青松. 2004. 中国苜蓿资源和育种概况. 中国草学会第六届二次会议暨国际学术研讨会论文集, 1.

王宝琴, 王小龙, 张永光, 等. 2005. FMDV vp1 基因在豆科牧草百脉根中的转化与表达. 中国病毒学, 20 (5): 526-529.

王传海, 郑有飞, 王鑫, 等. 2005. UV-B 辐射增加对黑麦草生长及产量影响的初步研究 (简报). 草业学报, 14 (1): 78-81.

王殿魁, 李红, 罗新义. 2008. 扁蓿豆与紫花苜蓿杂交育种研究. 草地学报, 16 (5): 458-465.

王国山, 顾恒琴, 侯忠. 1997. 对作物品种资源工作的认识与思考. 国外农学 - 杂粮作物, (3): 34-36.

王慧君, 玛尔孜亚. 2010. 牧草种质资源的保护与搜集. 新疆畜牧业, (10): 52-53.

王健. 2010. 白三叶卫星搭载诱变效应的研究. 兰州: 甘肃农业大学硕士学位论文.

王柳英. 2002. 青海省牧草种质资源研究现状、问题及对策. 青海畜牧兽医杂志, (5): 27-28.

王蜜，任卫波，郭慧琴，等. 2010. 卫星搭载对紫花苜蓿二代种子诱变效应的研究. 安徽农业科学，38（20）：10743-10744.

王蜜. 2010. 紫花苜蓿种子空间诱变变异效应的研究. 呼和浩特：内蒙古农业大学硕士学位论文.

王树彦，云锦凤，徐军，等. 2004. 加拿大披碱草与老芒麦及其杂种的生长规律和形态特性. 草地学报，12（4）：294-297.

王铁梅，张静妮，卢欣石. 2007. 我国牧草种质资源发展策略. 中国草地学报，（3）：104-108.

王炜，张永光，潘丽，等. 2007. 口蹄疫病毒 P12A-3C 免疫原基因在百脉根中的遗传转化与表达. 中国人兽共患病学报，23（3）：236-247.

王文恩，包满珠，等. 2007. ^{60}Co γ 射线对狗牙根干种子的辐射效应（简报）. 草地学报，15（2）：187-189.

王文恩，包满珠，等. 2009. ^{60}Co γ 射线对日本结缕草干种子的辐射效应研究. 草业科学，26（5）：155-160.

王文恩，张俊卫，等. 2005. ^{60}Co γ 辐射对野牛草干种子的刺激生长效应. 核农学报，19（3）：191-194.

王小丽，李志勇，李鸿雁，等. 2010. 利用 ISSR 分子标记检测老化扁蓿豆种质遗传完整性的变化. 草原与草坪，6：84-88.

王小丽. 2010. 种子老化影响扁蓿豆种质资源遗传完整性的研究. 兰州：甘肃农业大学硕士学位论文.

王晓龙，米福贵. 2014. 内蒙古牧草种质资源概述. 畜牧与饲料科学，35（1）：48-50，69.

王欣欣，卢萍，黄帆，等. 2015. 牧草种质资源遗传完整性的研究进展. 种子，34（11）：44-48.

王焱，蔡伟，兰剑，伏兵哲，等. 2018. 12 个苜蓿品种抗旱性综合评价. 草原与草坪，38（2）：80-88.

王焱，沙柏平，李明雨，等. 2019. 苜蓿种质资源萌发期抗旱指标筛选及抗旱性综合评价. 植物遗传资源学报：1-17.

王月华，韩烈保，等. 2006. γ 射线辐射对高羊茅种子发芽及酶活性的影响. 核农学报，20（3）：199-201.

王月华，韩烈保. 2006. ^{60}Co-γ 射线辐射对早熟禾种子发芽及种子内酶活性的影响. 中国草地学报，28（1）：54-57.

王志锋，徐安凯，于洪柱. 2004. 牧草种质资源保护意义及其方法. 吉林畜牧兽医，（8）：18-20.

翁伯琦，徐国忠，郑向丽，等. 2004. ^{60}Co γ 射线辐照处理圆叶决明种子对其生物学特性的影响. 核农学报，18（3）：197-200.

吴关庭，陈锦清，胡张华，等. 2005. 根癌农杆菌介导转化获得耐逆性增强的高羊茅转基因植株. 中国农业科学，38（12）：2395-2402.

吴关庭，胡张华，陈笑芸，等. 2004. 高羊茅辐射敏感性和辐照处理对其成熟种子愈伤诱导的影响. 核农学报，18（2）：104-106.

吴仁润，卢欣石. 1992. 中国热带亚热带牧草种质资源. 北京：中国科学技术出版社.

肖海峻. 2008. 牧草种质资源初级核心种质的构建. 北京市畜牧兽医学会，天津市畜牧兽医学会，河北省畜牧兽医学会. 京津冀畜牧兽医科技创新交流会暨新思想、新观点、新方法论坛论文集，5.

徐春波，王勇，赵来喜，等. 2013. 我国牧草种质资源创新研究进展. 植物遗传资源学报，14（5）：809-815.

徐春波，王勇，赵来喜，等. 2013. 我国牧草种质资源重要性状分子标记研究进展. 生物技术通报，（10）：18-23.

徐冠仁. 1992. 植物诱变育种. 北京：中国农业出版社.

徐国忠，郑向丽，叶花兰，等. 2009. 决明属牧草辐射诱变育种研究. 中国草学会牧草育种委员会第七届代表大会论文集，287-292.

徐国忠，郑向丽，叶花兰，等. 2009. 决明属牧草新品种的选育. 热带作物学报，30（8）：1190-1195.

徐恒刚，张萍，李临杭，等. 1997. 对牧草耐盐性测定方法及其评价指标的探讨. 中国草地，5：53-55，65.

徐炜，李晓芳，陈志宏，等. 2010. 常温下超干贮藏对披碱草种子生理生化特性的影响. 草地学报，18（3）：399-404.

徐远东，何玮，王琳，等. 2010. 辐射诱变育种在牧草和草坪草中的应用. 草业与畜牧，6（175）：1-4.

徐云碧. 2014. 分子植物育种. 北京：科学出版社.

徐云远，贾敬芬，牛炳韬. 1996. 空间条件对 3 种豆科牧草的影响. 空间科学学报，（16）：136-141.

徐柱，师文贵，袁清，等. 2002. 我国牧草种质资源数据库及其信息网络发展构想. 中国草地，（5）：78-81.

徐柱. 2001. 中国牧草种质资源评价与利用. 21 世纪草业科学展望——国际草业（草地）学术大会论文集，4.

闫茂华，王蔓丽，陆长梅，等. 2007. 狐米草低能重离子突变系营养成分分析. 核农学报，21（5）：466-469.

严欢，张新全．2008．2种牧草种子空间诱变效应研究．安徽农业科学，36（2）：486-487，580．

严学兵，王成章，郭玉霞．2008．我国牧草种质资源保存、利用与保护．草业科学，25（12）：85-92．

严学兵．2007．我国牧草种质资源保存、利用与保护．中国草学会饲料生产委员会2007年会暨第十四次学术研讨会论文集，8．

严学兵．2014．我国牧草种质资源研究与利用的现状．饲料与畜牧，（9）：11．

阎贵兴．2001．中国草地饲用植物染色体研究．呼和浩特：内蒙古人民出版社．

燕丽萍，夏阳，梁慧敏，等．2009．转 BADH 基因苜蓿 T1 代遗传稳定性和抗盐性研究．草业学报，6（18）：65-71．

燕丽萍，夏阳，毛秀红，等．2011．转 BADH 基因紫花苜蓿山苜 2 号品种的抗盐性鉴定及系统选育．植物学报，46（3）：293-301．

杨凤萍，梁荣奇，张立全，等．2006．抗逆调节转录因子 DREB1B 基因转化多年生黑麦草的研究．西北植物学报，26（7）：1309-1315．

杨红善，常根柱，包文生．2013．紫花苜蓿的航天诱变．草业科学，30（2）：253-258．

杨红善，常根柱，柴小琴，等．2012．紫花苜蓿航天诱变田间形态学变异研究．草业学报，21（5）：222-228．

杨家华，纪亚君．2009．我国牧草种质资源遗传多样性研究进展．安徽农业科学，37（2）：554-556．

杨茹冰，张月学，徐香玲，等．2007．^{60}Co γ 射线辐射苜蓿种子的细胞生物学效应研究．核农学报，21（2）：136-140．

杨水莲，刘卫东，马涛，等．2009．假俭草 ISSR-PCR 反应体系的建立与优化．草原与草坪，（1）：11-14．

杨震，庞伯良，谭林．2006．我国空间诱变育种研究进展．湖南农业科学，（6）：19-21．

姚立新，朱锐，马雯彦，等．2009．植物抗旱、抗寒性鉴定与生理生化机理研究进展．安徽农业科学，25：11864-11866．

伊虎英，鱼红斌．1989．辐射诱发超早熟沙打旺的选育．草业科学，6（3）：18-21．

易自力，陈智勇，蒋建雄，等．2006．多年生黑麦草遗传转化体系的建立及其转化植株的获得．草业学报，15（4）：1-3．

尹吉东，常洁，张美艳，等．2016．德宏州野生牧草种质资源现状及利用．草地学报，24（4）：923-927．

尹淑霞，王月华，周荣荣．2005．^{60}Co γ 射线辐射对黑麦草种子发芽及 POD 同工酶的影响．中国草地，27（1）：75-79．

游国卿．2010．不同保存条件下雀麦属多年生牧草种质资源遗传完整性研究．呼和浩特：内蒙古农业大学硕士学位论文．

于靖怡，云锦凤，解继红，等．2010．氮离子束对鹅观草属植物萌发特性及幼苗生长的影响．安徽农业科学，38（1）：146-147，162．

于卓，云锦凤，李造哲．2002．加拿大披碱草与野大麦及其属间杂种细胞遗传学研究．现代草业科学进展 - 中国国际草业发展大会暨中国草原学会第六届代表大会论文集，33-37．

于卓，赵晓杰，赵娜，等．2004．蒙农青饲 2 号高丹草选育．草地学报，12（9）：175-182．

余增亮，何建军，邓建国，等．1989．离子注入水稻诱变育种机理初探．安徽农业科学，39（1）：12-16．

云锦凤，米福贵，杨青川，等．2004．牧草育种技术．北京：化学工业出版社．

云锦凤．2001．牧草及饲料作物育种学．北京：中国农业出版社．

翟夏杰，张蕴薇，黄顶，等．2016．中美牧草育种的现状与异同．草业科学，33（6）：1213-1221．

张本瑜．2016．73 份俄罗斯百脉根种质资源的适应性及生产性能评价．兰州：甘肃农业大学硕士学位论文．

张改娜，贾敬芬．2009．豌豆清蛋白 1（PA1）基因的克隆及对苜蓿的转化．草业学报，18（3）：117-125．

张怀山．2011．狼尾草属牧草种质资源的开发利用．中国草食动物，31（3）：43-44．

张吉宇，袁庆华，王彦荣，等．2006．胡枝子属植物野生居群遗传多样性 RAPD 分析．草业学报，14（3）：214-218．

张继友．2014．中国王草种质资源经济价值研究．海口：海南大学博士学位论文．

张坤．2014．不同燕麦种质资源农艺性状、生产性能及基因组 ISSR 研究．西宁：青海大学硕士学位论文．

张美艳，薛世明，蔡明，等．2017．西双版纳野生牧草种质资源调查及评价．草地学报，25（1）：155-164．

张美艳．2015．西双版纳野生牧草种质资源调查及评价．中国热带作物学会第九次全国会员代表大会暨 2015 年学术年会论文摘要集，1．

张仁平，于磊．2009．我国牧草种质资源研究与利用．草食家畜，（1）：69-71．

张万röntgen．2018．我国牧草种质资源收集保存现状与对策建议．中国畜牧兽医文摘，34（5）：20．

张晓东，林廷安．1992．γ 射线对苜蓿离体培养与植株再生的影响．核农学报，6（2）：139-146．

张新全，张锦华，杨春华，等. 2002. 四川省牧草种质资源现状及育种利用. 四川草原，（1）：6-9，15.

张新全. 2002. 我国鸭茅种质资源及育种利用. 现代草业科学进展——中国国际草业发展大会暨中国草原学会第六届代表大会论文集，5.

张新全. 2008. 优良牧草种质资源挖掘、新品种选育及应用. 农区草业论坛论文集，7.

张雪. 2014. 无芒雀麦种质资源的评价及遗传多样性研究. 北京：中国农业科学院硕士学位论文.

张彦芹，贾炜珑，杨丽莉，等. 2005. ^{60}Co 辐射高羊茅性状变异研究. 草业学报，14（4）：65-71.

张彦芹，贾炜珑，杨丽莉，等. 2006. 高羊茅耐寒突变体的诱发与鉴定. 草地学报，14（2）：124-128.

张一弓，张荟荟，付爱良，等. 2012. 新疆牧草种质资源现状及发展前景. 草食家畜，（2）：5-9.

张义. 2013. 浅谈野生牧草种质资源的重要性. 中国畜牧兽医报，2013-09-08（006）.

张瑜，白昌军. 2011. 我国热带地区的牧草推广应用. 热带农业科学，31（1）：9-12.

张月学，刘杰淋，韩微波，等. 2009. 空间环境对紫花苜蓿的生物学效应. 核农学报，2009，23（2）：266-269.

张云玲，依甫拉音·玉素甫，玛尔孜亚，等. 2017. 新疆豆科野生优良牧草种质资源搜集及筛选. 草学，（2）：63-66，83.

张蕴微，任卫波，刘敏，等. 2004. 红豆草空间诱变突变体叶片同工酶及细胞超微结构分析. 草地学报，12（3）：223-226.

张蕴微，韩建国，任为波，等. 2005. 植物空间诱变育种及其在牧草上的应用. 草业科学，22（10）：59-63.

张占路，唐益雄，薛文通，等. 2008. 百脉根表达 H5N1 亚型禽流感血凝素的研究. 中国农业科学，41（1）：303-307.

张子仪. 中国饲料学. 北京：中国农业出版社.

赵桂琴，慕平，Paul C. 2005. 苜蓿花叶病毒外壳蛋白基因在白三叶中的表达及转基因植株的抗病性分析. 农业生物技术学报，13（2）：230-234.

赵桂琴，慕平，王锁民，等. 2008. 转液胞膜 AtNHX1 基因的白三叶耐盐性研究. 农业生物技术学报，16（5）：847-852.

赵桂琴，慕平. 2004. 苜蓿花叶病毒外壳蛋白基因对红三叶的遗传转化及转基因植株的抗病性分析. 西北植物学报，24（10）：1850-1855.

赵桂琴. 2002. 早熟禾的人工杂交及杂种优势预测研究. 草业学报，11（1）：51-55.

赵景峰，杨晓东，宁布，等. 1999. 内蒙古牧草种质资源保存策略. 内蒙古草业，（1）：32-33.

赵来喜. 2009. 优异牧草种质资源收集、评价利用的潜力及对策. 中国草地学报，31（4）：13-19.

赵宇玮，步怀宇，郝建国，等. 2008. AtNHX1 基因对草木樨状黄芪的转化和耐盐性表达研究. 分子细胞生物学报，41（3）：213-221.

赵志文，赵强，崔德才. 2005. 转反义磷脂酶 DC 基因白三叶草的获得. 生物技术通报，1：47-51.

郑殿升，刘旭，卢新雄等. 农作物种质资源收集技术规程. 北京：中国农业出版社.

郑兴卫. 2015. 新疆野生苜蓿种质资源遗传多样性研究. 北京：中国农业科学院博士学位论文.

支中生，高卫华，等. 1999. 苏丹草辐射敏感性及适宜剂量预测. 内蒙古草业，（3）：54-57.

支中生，高卫华，张恩厚. 1999. γ射线对苏丹草的影响. 内蒙古草业，2：36-38.

支中生，张恩厚，高卫华，等. 1999. 激光处理对苏丹草生长的影响. 内蒙古草业，5：62-65.

中国草学会牧草遗传资源专业委员会. 2003. 新世纪牧草遗传资源研究——2002年学术研讨会论文集. 呼和浩特：内蒙古人民出版社.

中国农业科学院草原研究所. 1990. 中国饲用植物化学成分及营养价值表. 北京：农业出版社.

中国植被编辑委员会. 1983. 中国植被. 北京：科学出版社.

周国栋，李志勇，李鸿雁，等. 2011. 老芒麦种质资源的研究进展. 草业科学，28（11）：2026-2031.

周艳春，王志锋，于洪柱，等. 2011. 吉林省野生牧草种质资源的考察与搜集. 草业科学，28（2）：196-200.

周艳春. 2009. 吉林省野生牧草种质资源的考察与搜集. 2009中国草原发展论坛论文集，3.

祖日古丽·友力瓦斯，董志国，张博. 2016. 新疆野生牧草种质资源的利用与开发. 农业开发与装备，（4）：44.

Bao A K, Wang S M, Wu G Q, et al. 2009. Overexpression of the *Arabidopisis* H$^+$-PPase enhanced resistance to salt and drought stress in transgenic alfalfa (*Medicago sativa* L.). Plant Science, 176: 232-240.

Christiansen P, Gibson J M, Moore A, et al. 2000. Transgenic *Trifolium repens* with foliage accumulating the high sulphur protein, sunflower seed albumin. Transgenic Research, 9: 103-113.

Cunningham S M, Nadeau P, Castonguay Y, et al. 2003. Raffinose and stachyose accumulation, galactinol synthase expression, and winter injury of contrasting alfalfa germplasma. Crop Science, 43 (2): 562-570.

Ealing P M, Hancock K R, White D W R. 1994. Expression of the pea albumin 1 gene in transgenic white clover and tobacco. Transgenic Research, 3 (6): 344-354.

Han S F, Gu J T, Xiao K. 2007. Improving organic phosphate utilization in transgenic white clover by over expression of *Aspergillus niger PhyA* gene .Frontiers of Agriculture in China, 1 (3): 265-270.

Hightower R, Raden C, Penzes E, et al.1991.Expression of anti freeze proteins in transgenic plants. Plant Molecular Biology, 17 (5):1013-1021.

Horst W J, Schenk M K, Burkert A, et al. 2002. Phytate as a source of phosphorus for the growth of transgenic *Trifolium subterraneum*. Plant Nutrition, 92: 560-561.

Kuthleen D H, Wlly J B, Greef D. 1990. Engineering of herbici deresi stant alfalfa and evaluation under field condition. Crop Science, 30: 871-886.

Lepage C, Mackin L, Lidgett A, et al. 2000. Development of transgenic white clover expressing chimeric bacterial levansucrase genes for enhanced tolerance to drought stress. Abstracts 2nd International Symposium Molecular Breeding of Forage Crops. Victoria: Lorne and Hamilton, 80.

Li H Y, Li Z Y, Cai L Y, et al. 2013. Analysis of genetic diversity of Ruthenia Medic (*Medicago ruthenica* (L.) Trautv.) in Inner Mongolia using ISSR and SSR markers. Genetic Resources Crop and Evolution, 60: 1687-1694.

Li W F, Wang D L, Jin T C, et al. 2011.The vacuolar Na^+/H^+ antiporter gene *SsNHX1* from the halophyte *Salsola soda* confers salt tolerance in transgenic alfalfa (*Medicago sativa* L.). Plant Molecular Biology Reporter, 29 (2): 278-290.

Liu Z H, Zhang H M, Li G L, et al. 2011. Enhancement of salt tolerance in alfalfa transformed with the gene encoding for betaine aldehyde dehydrogenase. Euphytica, 178: 363-372.

McKersie B D, Bowley S R, Harjanto E, et al. 1996. Water deficit tolerance and field performance of transgenic alfalfa overexpressing superoxide dismutase. Plant Physiology, 111: 1177-1181.

McKersie B D, Chen Y, de Beus M, et al. 1993. Superoxide dismutase enhances tolerance of freezing stress in transgenic alfalfa (*Medicago sativa* L.). Plant Physiology, 103: 1155-1163.

McManus M T, Laing W A, Watson L M, et al. 2005. Expression of the soybean (Kunitz) trypsin inhibitor in leaves of white clover (*Trifolium repens* L.). Plant Science, 168 (5): 1211-1220.

Rafiqul M, Khan I, Ceriotti A, et al. 1996.Accumulation of a sulphur-rich seed albumin from sunflower in the leaves of transgenic subterranean clover (*Trifolium subterraneum* L.). Transgenic Research, 5 (3): 179 -185.

Samis K, Boweley S, Mckersie B. 2002. Pyramiding Mn-superoxide dismutase transgenes to improve persistence and biomass production in alfalfa. Journal of Experimental Botany, 53:1343-1350.

Sharma S B, Hancock K R, Ealing P M, et al. 1998. Expression of a sulfur-rich maize seed storage protein, zein, in white clover (*Trifolium repens*) to improve forage quality . Molecular Breeding, 4: 435-448.

Voisey C R, Dudas B, Biggs R, et al. 2000. Transgenic pest and disease resistant white clover plant. In: Spangenberg G. Molecular Bleeding for Forage Crops. Dordrecht: Kluwer Academic Publishers, 239 -250.

Xie W G, Zhao X H, Zhang J Q, et al. 2015. Assessment of genetic diversity of Siberian wild rye (*Elymus sibiricus* L.) germplasms with variation of seed shattering and implication for future genetic improvement. Biochemical Systematics and Ecology, 58:211-218.

Williams J G, Kubelik A R, Livak K J, et al. 1990. DNA polymorphisms amplified arbitrary primers are useful as genetic markers. Nucleic Acids Res, 18: 6531-6535.

Zhang J Y, Broeckling C D, Blancaflor E B, et al. 2005. Overexpression of WXP1, a putative *Medicago truncatula* AP2 domain containing transcription factor gene, increases cuticular wax accumulation and enhances drought tolerance in transgenic alfalfa (*Medicago sativa*). Plant Journal, 42 (5): 689-707.

中文名索引

拉丁学名索引